公共安全天空地大数据技术丛书

天空地大数据公共安全事件预警预测应用

齐 力 戴 杰 吴松洋 刘 娜 等 编著

科学出版社

北 京

内 容 简 介

针对目前公共安全事件大数据预警应用系统中天基数据资源种类偏少、前端感知数据结构化能力偏低、预测预警模型的实战性不强、通用平台与具体业务应用场景的适配性不高等问题，本书利用天空地海量多源异构数据汇聚与关联架构、全天候关注目标检测追踪与理解，基于认知转化的公共安全事件演化预测建模等关键技术，基于天空地一体化公共安全事件智能感知与理解系统，围绕应急处突、交通枢纽异常管控、石化园区异常管控、无人机管控、天空地应急指挥平台、危险品监管应用平台等领域应用，汇聚特定业务应用所需的各类数据，结合特定业务功能和实战业务需求修正公共安全事件预警预测模型，开展综合应用探索，对天空地大数据公共安全事件预警预测应用系统的数据资源、技术体系、服务架构与模式、应急链构建、关键技术、系统模型、硬件装备、平台软件、系统集成等的有效性进行系统性验证。

本书可供公共安全研究领域的读者借鉴。

图书在版编目（CIP）数据

天空地大数据公共安全事件预警预测应用/齐力等编著. —北京：科学出版社，2024.6
（公共安全天空地大数据技术丛书）
ISBN 978-7-03-078568-8

Ⅰ.① 天…　Ⅱ.① 齐…　Ⅲ.① 空间信息技术－公共安全－预警系统－研究　Ⅳ.①P208

中国国家版本馆 CIP 数据核字（2024）第 102896 号

责任编辑：刘　畅　陈　芳/责任校对：张小霞
责任印制：彭　超/封面设计：苏　波

科 学 出 版 社 出版
北京东黄城根北街 16 号
邮政编码：100717
http://www.sciencep.com

武汉市首壹印务有限公司印刷
科学出版社发行　各地新华书店经销
*
开本：787×1092　1/16
2024 年 6 月第 一 版　　印张：16 1/2
2024 年 6 月第一次印刷　　字数：385 320
定价：98.00 元
（如有印装质量问题，我社负责调换）

《天空地大数据公共安全事件预警预测应用》
编 委 会

主 编 齐 力 戴 杰 吴松洋 刘 娜

编 委 （按姓氏拼音排序）

林逸航 欧阳小涛 王玉雪

颜志国 郑 坤 邹孟华

"公共安全天空地大数据技术丛书"序

　　社会公共安全是影响社会稳定和长治久安的重要因素,是我国社会可持续发展和群众安居乐业的重要保障。经过长期发展,我国社会公共安全面貌已经得到大幅提升,但是某些典型事件的发生,特别是突发公共安全事件的发生,可能严重危及社会安全,需要采取预警和应急处置措施来应对治安管理、事故灾难、公共卫生等各类社会安全事件。公共安全事件往往具有突发性强、事物内在关系关联复杂、社会负面影响大、发生前具有征候性等特点,一直是政府管理和学术研究关注的重点内容。对于公共安全事件内在发展的机制探寻,是一个多领域、多部门、多学科融合发展的课题。

　　要推动这一目标的实现,必须采取多方协同的方式推进。随着我国推进"一带一路"空间信息走廊建设,以及加强"军民资源共享和协同创新"政策的提出,综合利用多源观测手段,以军警民紧密协同合作的形式,提升我国公共安全事件响应与处理能力业已成为国家重大需求。综合利用军警民天空地多源异构观测大数据,完成对公共安全事件的智能感知与理解,提升公共安全事件预测预警能力,符合国家大数据和军民融合战略,是社会公共安全事件管理的重大需求。

　　本丛书面向社会公共安全事件理解中的重大问题开展深入阐述,从军警民融合、全天候目标感知、公共安全事件理解预测、服务平台4个层面规范和指导公共安全事件的感知理解和预警预测服务。天空地技术的融合,依赖于天空地海量多源异构数据汇聚与关联架构,实现跨时空、多尺度、多粒度的多源异构天空地观测数据的采集、汇聚与关联;通过有效融合多源异构观测数据,深度挖掘观测数据中的敏感语义信息,实现公共安全事件的演化预测;建立具有"跨网协同""跨系统协同""跨领域协同"能力的公共安全事件智能感知和理解系统,构建军警民深度融合机制并验证系统实战能力。

　　本套丛书内容是项目组多年研究成果的总结,具有很高的学术价值和技术引领作用。在社会发展转型的关键阶段出版本套丛书,加强了社会公共安全防范领域的理论和技术基础,有助于提升我国在反恐、治安管控等领域的全天候监测与预警能力,促进我国天空地大数据应用体系的完善,推动天空地大数据的市场应用。

　　希望本套丛书的读者共同思考和探讨社会公共安全的发展问题,通过推动军警民数据融合、技术发展和应用生态建立,促进军警民天空地一体化大数据的突破和广泛应用,有效提升业务感知与决策能力、智能化响应和处置能力。希望我国公共安全事业与本套丛书同步发展,不断探索核心关键技术,促进军警民天空地自主融合创新走上新的台阶,为"两个一百年"奋斗目标而不断努力奋进。

樊邦奎

中国工程院院士

2022 年 8 月

前　言

本书源自国家重点研发计划"基于天空地一体化大数据的公共安全事件智能感知与理解"项目的研究成果，是"公共安全天空地大数据技术丛书"中的一本。经过"十三五"公安信息化建设和国家平安城市等一系列大型工程建设，我国采集了基于天基卫星、空基无人机和地面摄像机的视频、图像、结构化数据等海量公共安全数据，如何有效融合这些数据，实现对公共安全事件的精准预警预测，成为需要研究的关键问题。本书从海量多模态数据在异构网络的安全采集、管理、传输到如何汇聚进行探讨，进而介绍如何利用人工智能、大数据等知识体系，实现对天空地一体化大数据的挖掘与分析，从而构建典型公共安全事件的预警预测模型，融入到支撑数据协同链的系统平台中，最终实现不同公共安全管理场景的时间预测。本书能够指导围绕天空地一体化数据的融合、分析、管理信息化系统的规划、建设与运行维护工作，也可作为公共安全领域相关研究人员学习实战场景和需求的工具书。

本书共 10 章：第 2～5 章侧重介绍天空地大数据处理基础技术，包括公共安全大数据、深度学习、视频结构化描述、大数据安全相关的基础技术；第 6～9 章侧重介绍公共安全事件预警预测协同链创建技术，主要包括天空地大数据汇聚、数据分析、预警技术、数据协同等技术方法；第 10 章介绍公共安全事件预警预测在交通枢纽异常管控、石化园区异常管控、危化品监管应用平台、无人机管控平台、天空地应急指挥平台等领域的应用。

本书由齐力、戴杰、吴松洋和刘娜共同撰写，颜志国负责整体内容的校对工作，林逸航、欧阳小涛、王玉雪、邹孟华等同志对本书的插图、文字和前后表述一致性进行了核对。武汉大学马国锐教授对本书进行了主审，提出了许多宝贵意见，对此谨表衷心的谢意。

由于研究涉及多方面的影响因素，还有许多问题需要深化研究，本书难免存在不完善之处，敬请读者指正。

作　者
2024 年 4 月

目　　录

第1章　绪论 1

第2章　**公共安全大数据基础技术** 3

  2.1　公共安全大数据的定义和特点 3

    2.1.1　公共安全大数据的定义 3

    2.1.2　公共安全大数据的特点 4

  2.2　大数据分析关键技术 4

    2.2.1　多源数据采集治理技术 4

    2.2.2　海量数据分布式存储与实时处理技术 5

    2.2.3　基于实体-联系的海量数据融合技术 7

    2.2.4　海量多源异构数据分布式检索技术 8

    2.2.5　基于预写日志的数据记录跟踪技术 10

    2.2.6　大数据统一访问分布式 SQL 查询 10

    2.2.7　大数据清洗技术 12

  2.3　大数据可视化 17

    2.3.1　设备支持与集成 18

    2.3.2　数据处理和分发 19

    2.3.3　大屏可视化呈现 20

    2.3.4　交互性 21

    2.3.5　安全性 21

  参考文献 22

第3章　**深度学习技术基础** 24

  3.1　深度学习概念与机理 24

    3.1.1　人工神经网络 24

    3.1.2　深度结构神经网络 25

    3.1.3　深度学习 25

  3.2　卷积神经网络 29

    3.2.1　卷积 30

    3.2.2　非线性变换（激活函数） 32

    3.2.3　池化 33

  3.3　反向传播算法 34

  3.4　深度学习的正则化 35

  3.4.1 早停 ·········· 36

  3.4.2 参数范数惩罚 ·········· 36

  3.4.3 数据增强 ·········· 37

  3.4.4 集成 ·········· 38

  3.4.5 Dropout ·········· 38

 3.5 深度模型的优化 ·········· 38

  3.5.1 深度模型优化的基础概念 ·········· 39

  3.5.2 深度模型优化的挑战 ·········· 39

  3.5.3 常用的优化方法 ·········· 40

 3.6 深度学习的应用 ·········· 42

  3.6.1 计算机视觉 ·········· 42

  3.6.2 语音识别 ·········· 48

  3.6.3 自然语言处理 ·········· 49

 参考文献 ·········· 50

第4章 视频结构化描述基础技术 ·········· 54

 4.1 相关概念及发展概况 ·········· 54

 4.2 视频结构化描述架构 ·········· 55

 4.3 模式识别层的规范重构 ·········· 58

  4.3.1 规范重构关键问题 ·········· 58

  4.3.2 模式识别语义辅助 ·········· 58

  4.3.3 模式识别数据语义规范 ·········· 61

 4.4 视频资源层的语义互联 ·········· 63

  4.4.1 视频资源层语义互联的关键问题 ·········· 63

  4.4.2 视频资源层语义互联的模型基础 ·········· 64

 4.5 业务需求层的智能聚融 ·········· 65

  4.5.1 业务需求层智能聚融的关键问题 ·········· 65

  4.5.2 视频资源语义标注 ·········· 66

  4.5.3 业务需求语义情景构建 ·········· 68

 4.6 视频结构化描述技术在公共安全应用前景 ·········· 68

  4.6.1 在视频侦查技术中的应用 ·········· 69

  4.6.2 在交通管控中的应用 ·········· 69

  4.6.3 在网络舆情分析中的应用 ·········· 70

 参考文献 ·········· 70

第5章 大数据安全基础技术 ·········· 72

 5.1 相关概念及发展概况 ·········· 72

 5.2 数据采集安全技术 ·········· 73

 5.3 数据存储安全技术 ·········· 75

      5.3.1   隐私保护 ··· 75

      5.3.2   数据加密 ··· 75

      5.3.3   数据备份与恢复 ······································ 77

5.4   数据挖掘安全技术 ··· 78

      5.4.1   身份认证 ··· 78

      5.4.2   访问控制 ··· 79

      5.4.3   关系型数据库安全策略 ····························· 80

      5.4.4   非关系型数据库安全策略 ·························· 81

5.5   数据发布安全技术 ··· 83

      5.5.1   安全审计 ··· 83

      5.5.2   数据溯源 ··· 86

5.6   防范 APT 攻击 ··· 87

      5.6.1   APT 攻击的概念 ···································· 87

      5.6.2   APT 攻击特征 ······································· 88

      5.6.3   APT 攻击的一般流程 ····························· 88

      5.6.4   APT 攻击检测 ······································· 89

      5.6.5   APT 攻击的防范策略 ····························· 91

5.7   安全大模型 ··· 93

      5.7.1   情报解读和漏洞分析 ······························· 93

      5.7.2   快速响应与决策处理 ······························· 94

参考文献 ·· 94

第 6 章   数据汇聚 ·· 97

6.1   相关概念及发展概况 ····································· 97

6.2   数据内容及特点分析 ····································· 97

      6.2.1   数据类型 ··· 97

      6.2.2   采集数据所处的网络及特征 ···················· 100

      6.2.3   汇聚数据特点 ······································· 101

      6.2.4   汇聚数据挑战 ······································· 102

6.3   数据元素统一描述与演化 ······························ 103

      6.3.1   公共安全视频图像信息联网共享应用标准体系简介 ·· 103

      6.3.2   公共安全视频图像信息联网与应用标准体系简介 ·· 105

      6.3.3   公共安全行业视频图像应用重要标准 ·········· 106

6.4   数据安全汇聚 ·· 122

      6.4.1   视频数据安全融合的必要性 ···················· 122

      6.4.2   安全融合应用原则 ································· 122

      6.4.3   数据安全汇聚架构 ································· 123

参考文献 ·· 125

第7章　数据分析 ·· 127

  7.1　天空地数据分析能力概述 ·· 127

  7.2　视频图像分析技术 ·· 128

     7.2.1　人员检测和识别 ·· 128

     7.2.2　车辆检测和识别 ·· 130

     7.2.3　人流量估计 ·· 133

     7.2.4　火焰烟雾检测 ·· 133

  7.3　语音识别技术 ·· 134

     7.3.1　语音转文字 ·· 134

     7.3.2　语音情感分析 ·· 136

  7.4　社交网络分析技术 ·· 136

     7.4.1　社交网络关系分析 ·· 136

     7.4.2　人员行为特征分析 ·· 138

     7.4.3　网络舆情监测 ·· 139

  7.5　大模型技术 ·· 141

     7.5.1　大模型构建 ·· 141

     7.5.2　基于大模型的内容分析 ·· 143

     7.5.3　基于大模型的语义检索和推理应用 ·· 144

  7.6　数字孪生建模与分析技术 ·· 145

     7.6.1　地理信息数据管理 ·· 145

     7.6.2　三维建模 ·· 148

     7.6.3　空间分析 ·· 150

     7.6.4　地理信息系统可视化 ·· 151

  参考文献 ·· 152

第8章　预警技术 ·· 155

  8.1　预警技术概述 ·· 155

     8.1.1　预警模型的构建 ·· 156

     8.1.2　预警技术的应用场景 ·· 157

     8.1.3　预警技术在公共安全领域的发展趋势 ·· 157

  8.2　预警技术的挑战与机遇 ·· 158

     8.2.1　预警技术面临的挑战 ·· 158

     8.2.2　预警技术发展的机遇 ·· 159

  8.3　基于公共安全大数据的预警技术 ·· 159

     8.3.1　基于时空数据的预警技术 ·· 160

     8.3.2　基于社交网络数据的预警技术 ·· 162

     8.3.3　基于文本数据的预警技术 ·· 164

     8.3.4　基于图像数据的预警技术 ·· 165

8.4 面向目标的分析与预警技术 ·································· 166

    8.4.1 行为分析技术 ····································· 166

    8.4.2 区域场景分析技术 ································· 168

参考文献 ··· 169

第9章 数据协同 ·· 171

9.1 数据协同的定义和意义 ····································· 171

    9.1.1 数据协同的定义 ··································· 171

    9.1.2 数据协同的意义 ··································· 172

9.2 数据协同的发展历程 ······································· 172

9.3 大数据的协同挖掘技术 ····································· 173

    9.3.1 协同过滤算法 ····································· 173

    9.3.2 协同聚类算法 ····································· 174

    9.3.3 协同分类算法 ····································· 175

9.4 数据协同平台的架构和设计 ································· 176

    9.4.1 数据的整体策划 ··································· 176

    9.4.2 建立数据标准 ····································· 176

    9.4.3 建立数据中心 ····································· 177

    9.4.4 数据协同平台建设 ································· 178

9.5 公安数据协同平台 ··· 179

    9.5.1 设计需求 ··· 179

    9.5.2 系统架构 ··· 179

    9.5.3 系统组成 ··· 180

    9.5.4 关键模块 ··· 180

    9.5.5 重点人员布控与抓捕数据协同 ····················· 183

    9.5.6 重点车辆布控与抓捕数据协同 ····················· 183

    9.5.7 人流密度监测数据协同 ····························· 184

    9.5.8 群体异常事件监测数据协同 ························· 185

9.6 数据协同的挑战和机遇 ····································· 186

    9.6.1 数据协同的挑战 ··································· 186

    9.6.2 数据协同的机遇 ··································· 187

参考文献 ··· 187

第10章 应用 ·· 189

10.1 交通枢纽异常管控应用 ···································· 189

    10.1.1 重点人员的识别与定位 ···························· 189

    10.1.2 人员精准轨迹描述和溯源 ·························· 191

    10.1.3 人群异常行为告警 ································ 191

10.2 石化园区异常管控应用 ···································· 194

10.2.1　人员管理 ……………………………………………… 195

10.2.2　车辆管理 ……………………………………………… 197

10.2.3　重点部位管理 ………………………………………… 202

10.2.4　火灾烟雾检测 ………………………………………… 204

10.3　危化品监管应用平台 ………………………………………… 205

10.3.1　重大危险源备案子系统 ……………………………… 205

10.3.2　监测指标管理子系统 ………………………………… 207

10.3.3　危化品园区（企业）监管系统 ……………………… 209

10.3.4　可视化展示子系统 …………………………………… 215

10.3.5　监测预警子系统 ……………………………………… 218

10.4　无人机管控平台 ……………………………………………… 225

10.4.1　非合作无人机管控系统 ……………………………… 226

10.4.2　合作无人机管控系统 ………………………………… 231

10.5　天空地应急指挥平台 ………………………………………… 242

10.5.1　业务流程 ……………………………………………… 242

10.5.2　系统设计 ……………………………………………… 243

10.5.3　系统接口 ……………………………………………… 245

10.5.4　系统功能 ……………………………………………… 246

第1章 绪 论

公共安全事件是指在公共场合突然发生的紧急情况，可能导致严重的人员伤亡、财产损失、生态环境破坏和社会安全威胁的事件。这类事件可分为自然和人为两类，而本书主要关注人为公共安全事件。根据事件的主体，人为公共安全事件可进一步细分为个人事件和群体事件。这些事件的特点包括发生时间和地点的不确定性，破坏性强，对社会影响深远，若不能及时采取有效的控制措施，将会造成极大的危害。

自2001年"9·11"恐怖袭击事件以来，基于天空地一体化大数据发展的公共安全事件智能感知与理解技术，是公共安全防范与处理领域的主要发展趋势。美国政府已将大数据技术纳入国家安全战略，用于监测和预警恐怖主义活动、黑客攻击、公共卫生事件和舆情危机等。美国建立的禁飞系统被用于预测搭乘飞机的旅客是否存在恐怖袭击的可能性。在洛杉矶，警员每天都会收到大数据系统生成的犯罪热点地图。以色列情报机构通过分析海量的视频、图片、文字和音频数据，提炼出行动性情报线索，运用大数据技术进行反恐和军事打击行动，为高级别情报分析员提供决策支持。

公共安全大数据平台是军警民在互联网、大数据、云计算、社交网络等信息技术融合发展的高级形态。它具备全面透彻的感知、宽带泛在的互联以及智能融合的应用等特征。针对这一需求，国内外的软件公司、研究组织和机构纷纷推出了各自的解决方案。如Palantir公司推出的Palantir Gotham平台，主要用于国防安全领域，为美国政府在追捕本·拉登过程中起到了至关重要的情报分析作用。

国际标准化组织（International Organization for Standardization，ISO）、国际电工委员会（International Electrotechnical Commission，IEC）和国际电信联盟（International Telecommunication Union，ITU）等，正在制定参考标准和规范，支持大数据一体化、业务智能感知和互操作。国内如阿里巴巴、浪潮等公司也都基于云和大数据技术推出了自己的数据一体化解决方案。国外大学如美国斯坦福大学、美国伊利诺伊州立大学、日本大阪大学，以及国内的香港中文大学、清华大学、复旦大学、西安交通大学、南京大学都成立专门的大数据技术研究机构，以支持利用云和大数据等最新IT技术来解决公共安全、政务等领域问题。

然而，大数据在公共安全领域要实现高效、可信的预测预警任重道远。受限于事物本身的复杂性、不确定性以及认知模型的限制，目前大数据分析出错的事例屡见不鲜。美国禁飞系统在2003~2006年超过5 000次将无辜者识别为恐怖分子。我国通过金盾工程、公安大数据分析、高分公安遥感应用等在公共安全大数据应用领域取得了显著的成果，但总体上还处于探索阶段，真正发挥大数据强大功能的实际应用案例不多。智能感知和理解系统是实现人与公共安全平台互联的中介面，在公共安全体系中具有重要的作用。但由于公共安全相关业务系统还是以业务分割的形式进行建设，涉及公安、边防、网安等多个业务层面，条块分割严重，系统间数据难以共享，形成了事实上相互孤立的信息孤岛群。民用图像和视频数据的关注目标检测、跟踪、识别和行为分析的方法存在多源异构数据理解浅、数据关联弱和利用率低的问题，往往导致无法获得令人满意的结果。产业生态缺失，业务系统建设缓慢，也限制了公共安全领域应用进一步朝向智能化的发展。

目前公共安全事件预测困难，检测不准，一个重要的原因便是单一感知途径存在目标信息感知不全的局限，因此非常有必要综合利用卫星和航拍影像、地面跨时空视频、网络数据、电磁信息和地理信息等多源异构观测数据。但是要有效利用多源异构天空地感知信息，必须解决它们之间存在的"关联弱"问题。为了达到这个目的，首先要面对的便是公共安全应用中的"数据孤岛"现象，解决数据规模大、类型多、维度丰富带来的数据组织问题，解决数据结构松散、关联关系不完整带来的关联融合问题，以及不同安全级别数据网络的协同管理和集约服务问题。

随着公共安全感知观测数据量和多样性的急速增加，数据中所蕴含深层含义的"理解浅"是亟待解决的重大技术问题。其难点在于：①如何有效连接多源感知手段，获取最优关注目标检测跟踪结果；②如何针对大数据，建立有效的知识与语义表达和理解机制，尽可能地挖掘原始观测数据中的深层和敏感公共安全信息；③在基于深度学习思想的公共安全数据理解理论框架下，如何解决大数据标注难度大的问题。

公共安全事件由复杂的个体、群体和场景构成，要实现空天地大数据公共安全事件演化预测，克服现有模型和方法在时空维度上对公共安全事件"预测难"的理论与技术缺陷，关键技术难点在于离散的空天地大数据如何支持区域场景突发事件连续的态势构建、动态演化与风险预测。为此，需要突破基于知识图谱和深度学习的个体、群体行为理解技术，基于案例推理和贝叶斯网络（Bayesian network）的个体、群体行为的定性定量分析预测技术，基于马尔可夫链进行突发事件风险评估技术等。

在对公共安全事件进行有效感知、理解和预测的基础上，如何构建一套有效的公共安全事件智能感知和理解系统，将直接决定应用效果。针对观测感知手段多样，数据吞吐量巨大以及核心功能耦合紧的特点，系统的搭建必须克服现有体系架构中子系统和功能模块运行中"集成弱"的问题。其难点在于：①如何有效确定时间处理需求与数据特征之间的关系；②如何建立数据操作和语法级智能化拆解及流程的协同操作机制。

在应用过程中，需要针对具体的应用场景特点，解决前期理论研究与系统搭建过程中可能存在的场景应用适配弱而造成的"利用差"问题。其难点在于如何针对应用示范所需要的实际功能，对系统模型特征进行进一步细化，从根本上增强理论与系统的实战性能。

本书主要针对基于天空地大数据的公共安全事件预警预测应用展开论述，首先介绍天空地大数据处理基础技术，包括公共安全大数据、深度学习、视频结构化描述、大数据安全相关的基础技术；其次是公共安全事件预警预测协同链创建技术，主要包括天空地大数据汇聚、数据分析、预警技术、数据协同等技术方法；最后介绍公共安全事件预警预测在交通枢纽异常管控、石化园区异常管控、危化品监管应用平台、无人机管控平台、天空地应急指挥平台等领域的应用。

第 2 章　公共安全大数据基础技术

随着社会的不断发展和科技的持续进步，公共安全领域面临着日益复杂的挑战和广阔的机遇。在这个信息化、智能化的时代，大数据已经成为公共安全工作中不可或缺的重要资源[1]。公共安全大数据不仅包含了传统的结构化数据，如人口统计数据、地理信息数据等，还涵盖了日益增长的非结构化数据，如视频监控数据、社交媒体数据等。这些数据源的不断增加和多样化，为公共安全工作提供了更全面、更实时的信息基础。与此同时，信息技术的飞速发展，尤其是大数据技术的兴起，为公共安全工作提供了新的思路和解决方案。因此公共安全大数据的采集、存储、处理和分析，对提升社会安全防范能力和应对突发事件具有重要意义。

2.1　公共安全大数据的定义和特点

2.1.1　公共安全大数据的定义

公共安全大数据是指公安机关为维护国家安全，维护社会治安秩序，保护公民的人身、财产安全，预防、制止和惩治违法犯罪活动为目标，通过各种手段和渠道获取的以人、车、物、案件等为核心的数据集合和信息资产[2]。这些数据可以是图像、视频、文本、声音等。它是公共安全信息化工作的趋势和重点。

按照数据采集方式来区分，公共安全大数据的主要数据来源有以下三类。

第一类是政府机构数据的共享、交换、开放。

第二类是对象主动产生的数据。这类数据主要是公共安全事件涉及对象为了达到犯案目的，在犯案过程中所主动产生的数据。例如同伙之间的通联数据，案发现场留下的生物特征信息等。这类数据的价值一般最高。

第三类是对象被动产生的数据。这类数据主要是在对象不知情的情况下，通过各种手段方法，从对象身上自动获取的数据。例如人的定位信息，车辆的定位信息等。这类数据的规模最大，种类也最多，但有价值的信息最少。

公共安全大数据涉及的技术是指针对公共安全大数据，采用挖掘、分析、提炼等手段获取其相应的价值，并且进行有效地展示与研判的一系列技术与方法，包括数据采集、预处理、存储、分析挖掘、可视化、数据安全等过程。公共安全大数据的应用，是针对特定的公共安全大数据集，采用特定的技术方法，获取特定相关应用的有效数据价值的过程[3]。

2.1.2 公共安全大数据的特点

公共安全大数据具有一般大数据的 4V 特征，包含以下 4 个方面。

（1）数据量巨大（volume）：公共安全大数据的数据量规模巨大。单以视频监控举例，视频数据有着巨大的容积，以一个城市为例，安装了多台摄像头，每台摄像头每天收集超过 GB 数据量级的高清视频数据[4]。

（2）多样性复杂（variety）：公共安全大数据的数据类型和来源非常多样化，包括科信数据等八大数据库中的信息，涵盖视频、文字、通信等多种模态。随着物联网等新兴技术的迅速普及和新型感知设备的广泛应用，公共安全大数据的组成也在不断演变。此外，随着监控视频应用的日益深入，结构化数据所占比例将逐渐降低，非结构化数据将占据绝大部分的数据量。与此同时，公安工作与时空位置密切相关，如何利用非结构化数据和时空大数据进行数据挖掘和分析，成为实际操作中亟待解决的重要问题。

（3）数据产生速度快（velocity）：公共安全大数据产生的大多是实时性数据，需要极快的处理速度，同时由于案件的快速分析需求，对数据的分析也需要极快的速度。例如视频数据，需要及时地处理与分析。

（4）数据价值密度低（value）：公共安全大数据产生的大量数据是无价值的，有价值的数据往往需要及时地处理与分析。

公共安全大数据除具有上述一般大数据的 4V 特征之外，还包含以下 4 个方面（简称公共安全大数据的 4P 特征）。

（1）强政策性（policy）：公共安全大数据的采集、处理、分析等过程，高度依赖国家相应的法规政策。在法规政策允许范围内的数据，才可以被采集。

（2）强私密性（privacy）：区别于一般数据，公共安全数据中的大部分都涉及与特定对象相关的隐私内容，例如地理位置信息和通联记录等。因此，公共安全大数据具有高度的隐私性，需要借助统计方法或其他数据挖掘技术来提取隐藏的信息和关联性。然而，提取出的价值与相关性必须在个人或组织不愿被外界知晓的信息与公共利益或群体利益之间进行平衡[5]。

（3）高精准性（precision）：公共安全大数据的挖掘分析结果需要极高的精准性，公共安全事件关系人民群众的最高利益，因此必须做到最精准的处理。

（4）高时效性（promptness）：公共安全的趋势主要为事前精准预防预警，事中快速响应，事后准确溯源，因此公共安全大数据的分析、挖掘要求极高的时效性。

2.2 大数据分析关键技术

2.2.1 多源数据采集治理技术

海量多源异构数据蕴含大量的业务应用价值，因其结构多样、离散的特性，人工分析整合处理工作量巨大，迫切需要使用数据整合汇聚工具进行快速清洗、转换、融合，完成数据标准化工作，并将其存储到数据仓库中，实现数据价值挖掘，提炼数据资产，为决策分析提供支持[6]。数据集成平台可实现多源异构资源的快速整合、清洗、转换、标准化、归并、统计，为构建数据仓库、梳理数据资产提供重要支撑。

数据采集治理基于国家、地方、行业、企业等数据标准，助力客户从各类数据源抽取数据，使用解析、清洗、转换、标准化、归并、统计等功能，最终将数据按照预定义的数据模型，加载到数据资产仓库中[7]。通过提供多种类型的数据采集存储服务、数据清洗转换服务、数据治理服务，以及数据资产元数据和数据标准体系的管理，实现数据采集治理的全面管理，满足高效的数据仓库、数据资产治理需求。

多源数据采集治理的功能架构如图 2-1 所示。

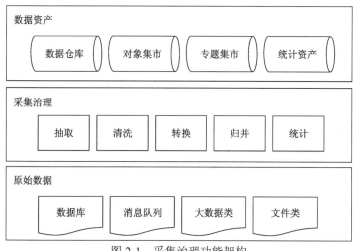

图 2-1　采集治理功能架构

原始数据指未经加工，由各类数据源抽取产生的数据。原始数据模块一般包括数据库、消息队列、大数据与文件等来源。

采集治理模块主要对多源异构数据库进行采集汇聚、治理分析，形成面向应用或用户的资产，包括数据仓库、对象集市、专题集市、统计资产等，也支持对数据资产的二次治理[8]。

数据资产模块对结构化、非结构化的各类数据分门别类地入库整理，形成分层的业务数据资产体系，实现数据资产统一管理和调度。数据资产模块包含数据仓库、对象集市、专题集市和统计资产。数据仓库是对原始数据进行标准化之后形成的标准仓库；对象集市是对数据仓库的资产进行对象抽取、分组，形成的面向实体的数据集市；专题集市从业务角度来对数据仓库资产进行梳理，形成面向业务域的数据集市；统计资产是对数据仓库、对象集市、专题集市中数据进行统计。

2.2.2　海量数据分布式存储与实时处理技术

将 Hadoop 海量数据存储系统和 Storm 流数据实时处理系统部署在同一个服务器集

之上，提供统一的对外数据接口，构建能够同时支持批数据存储和流数据处理的分布式存储平台，如图 2-2 所示。

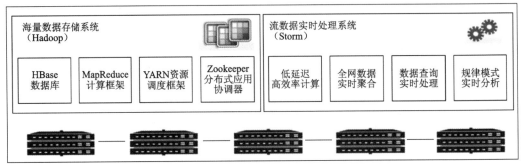

图 2-2   海量数据分布式存储平台

1. Hadoop 海量数据存储系统

采用 Hadoop 构建分布式的海量数据存储与分析系统，能够存储大规模的业务扫描数据等结构化数据，也能够支持结构化及非结构化数据，从而支持"用户驱动模型"类业务[9]。Hadoop 主要组件包括分布式文件系统（hadoop distributed file system，HDFS）、分布式并行计算框架 MapReduce 和分布式列存储数据库 HBase。

HDFS 是一种分布式、可扩展、可移植的文件系统，它建立在 Linux 等常见操作系统的 be 文件系统之上。通过分布式特性，HDFS 能够充分利用集群内各节点的存储能力，将数据存储容量从 TB 级别提升到 PB 级别，为获取大规模社会安全态势感知所需的海量数据提供了有效的存储和管理解决方案。

MapReduce 是用于在海量数据上进行并行化分析的计算框架。它利用多台节点的计算资源来并行地完成对特定查询分析的处理，包含 Map 和 Reduce 两个阶段：在 Map 阶段，由主节点统一分配调度，将数据划分为若干份，并分发到不同工作节点上，由工作节点并发地解决全局分析中不同的局部分析；在 Reduce 阶段，以特定方式将各工作节点完成的局部分析结果归约得到全局分析的结果，从而完成 MapReduce 的计算过程[10]。

HBase 是一种分布式列存储数据库，它建立在 HDFS 之上，提供了简单易懂的海量数据管理工具。与传统的关系型数据库的行式存储方式截然不同，HBase 的列式存储能够轻松分块，进而实现高度并行化的分解和查询，从而达到每秒数亿条的快速数据检索和查询速度。HBase 的分布式特性赋予其强大的可扩展性，存储能力和查询速度可随硬件规模线性增长。此外，HBase 支持 MapReduce 模型的数据检索与分析，同时也支持类 MapReduce 的协处理（CoProcessor）模式[11]。

2. Storm 流数据实时处理系统

平台采用基于 Storm 构建的分布式流数据实时处理系统。分布式流数据实时处理系统具有很强的实时计算能力，即在数据产生的零点几秒到一秒以内，即能产生比对结果，用于支撑"天空地一体化数据态势智能感知""热点事件发现"等实时性要求很强的业务[12]。Storm 是一种分布式流数据处理基础框架，其独特之处在于将所有即时产生的卡口数据保存在内存中，从而彻底避免了磁盘读写可能导致的 I/O 瓶颈。这个系统由多个逻辑计算单元组成，它们相互连接形成一个强大的分析网络。一旦数据采集完成，便会通过这个分析网络实时流转，进行各项比对与分析，最终呈现出具体的分析结果。流数据实时处理系统有两个主要特点：一方面是计算随着数据的产生而进行，是由"数据驱动"，即时产生即时分析；另一方面是数据的分析过程很快，对于大多数业务的处理时间可控制在零点几秒到一秒以内。因此，采用基于 Storm 构建的流数据实时处理系统，适用于支撑实时性要求比较高、但对海量历史记录的涉及较少的"数据驱动模型"类业务。

2.2.3 基于实体-联系的海量数据融合技术

为实现海量异构数据的高效融合，项目首先提出一种基于部分标注数据的命名实体识别方法，能够最大限度地利用现有部分标注资源完成实体识别[13]。然后，提出一种基于实体关系的多视图关联模型，建立了关联模型快速构建算法，能更加全面地表达实体之间的关联关系与隐含知识。具体来说，该模型采用关联模式描述实体之间的关联约束，对各数据源中的实体进行特征和属性抽取，形成实体特征关联图，并将该数据源中所有实体的特征进行聚合，形成该数据源的关联视图，再将所有视图进行融合关联形成面向多数据源的多视图关联模型，整个模型架构如图 2-3 所示。

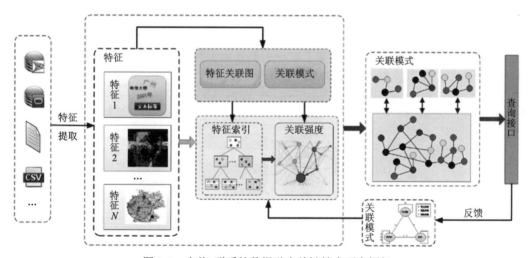

图 2-3　实体-联系的数据融合关键技术研究框架

上述数据融合技术能够挖掘海量多源异构数据的隐含联系，通过构建实体-联系模型，实现具有内在联系的不同数据的高效融合，能够为上层服务提供语义关联度较高的关联数据[14]。基于视频内容的语义关系，采用时空分割、特征提取和对象识别等技术手段，实现视频结构化描述，以生成可供计算机和人类理解的文本信息[15]。同时，借助视频资源的语义互联，实现其与其他信息资源的关联，从而能够运用数据挖掘技术进行高效的分析和语义检索。这一方法不仅赋予视频资源与其他信息系统资源进行语义互联的能力，还构建了完整的视频信息组织、管理和挖掘的业务功能[16]。

2.2.4　海量多源异构数据分布式检索技术

在海量数据融合之后，为了提高上层服务读写数据的速率，本书提出面向多源异构大数据的索引技术。考虑到本书的海量数据分节式存储平台基于多服务器集群的分布式存储系统，传统的单机数据索引技术难以应对海量数据索引的挑战[17]。本书提出了面向海量异构数据的分布式索引技术，主要包括针对结构化数据表与非结构化文本之间的关联索引机制。本书所涉及的天空地一体化时空大数据信息既涉及关系数据等结构化数据，又包含大量的非结构化文本描述。由于在数据融合过程中已实现了两类数据中的实体识别，所以该分布式索引技术将基于实体共现的关联索引模型。通过设计面向实体的辅助索引结构，构建以实体为索引单元的倒排索引和B+树（B+tree）索引，并将这两种索引结构部署到多服务器集群，以满足海量数据查询在并行性、可靠性和可扩展性等方面的需求。

在本书中，我们提出一种新的海量数据分布式索引结构，如图 2-4 所示。这个结构采用基于多数据节点的存储模式，每个数据节点都存储着大量的结构化数据表和文档数据。这两种数据类型之间存在紧密的语义联系。其中的索引设计思想主要是基于实体的共现，即一个实体可能同时出现在非结构化的信息描述中和某个结构化的数据库记录中，通过发现这些共现实体并将其作为关键词，创建了关联索引，这一技术能够实现多源异构大数据的高效检索和分析。索引的结构采用语义网（semantic web）广泛使用的资源描述框架（resource description framework，RDF）图的形式存储，以表示实体与相应的结构化和非结构化资源的标识符之间的对应关系，以及实体之间的语义关系。此外，在各数据节点采用辅助索引机制，创建基于文档的倒排索引和B+树索引分别用于两种类型的数据，进一步提高了数据检索和查询的效率。

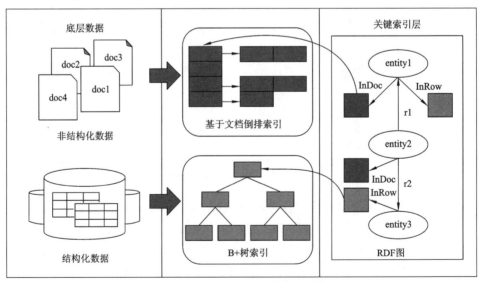

图 2-4　海量数据分布式索引结构

在该索引结构中，RDF 作为关联索引层扮演全局元数据的角色，描述了两种类型资源间的关联关系，为混合数据查询提供了一个统一接口。建立两个独立的二级索引机制用于快速定位资源位置，即辅助索引层，包括用于文档全文检索的倒排索引和用于加速数据库记录存取的B+树索引。当出现混合查询时，如既涉及结构化数据，又涉及非结构化数据查询时，首先访问关联索引层，找到与查询实体匹配的结构化和非结构化资源标识符，然后将其传递给辅助索引，以获取描述该实体的数据库记录和文档集合[18]。

为了上层服务能够快速访问海量多源异构数据，本书将根据数据类型研究面向结构化数据的类结构化查询语言（structured query language，SQL）查询技术和面向非结构化数据的关键字查询技术。当上层服务提交查询请求后，由查询解析组件对查询请求进行解析，然后交由对应的查询引擎负责处理，最后获取相应数据，海量数据查询处理架构图如图2-5所示。

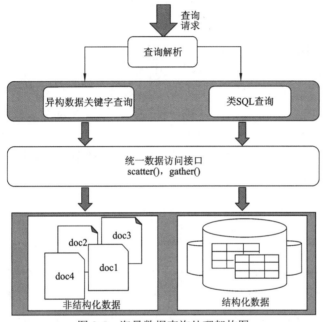

图2-5 海量数据查询处理架构图

在结构化查询语言的设计和查询优化的技术方案中，本书根据天空地一体化时空大数据管理的需求，以SQL为基础，研究一个适合时空大数据管理与监控中常见数据管理需求的扩展的类结构化查询语言，以增加对不确定性及时间、空间维度的支持[19]。针对提出的查询语言，研究查询优化技术，即怎样为给定的查询生成并选择最好的执行计划[20]。在传统的关系数据库上，查询执行计划由一系列的关系操作符，例如表扫描（table scan）、合并（merge）、连接（join）等组成。而在云计算模式下，查询执行计划最终必须通过一系列云计算原语来构成，因此，需要针对这一新的特点展开研究。此外，不同查询执行计划的代价可能有很大区别，如何对其进行准确的估计，进而选择最优的执行计划，是一个需要深入研究的问题。具体包括：

（1）研究基本查询操作（选择、投影和连接等）的实现算法。例如，对于选择（select）操作，可以通过三种不同方式实现：索引查找、随机读取和表扫描。研究如何通过分散（scatter）、聚集（gather）等云计算原语来实现这些操作。

（2）研究利用元数据支持查询优化。元数据可以包括直方图和其他统计信息等。研究如何利用这些信息进行查询操作的选择度估计，并在此基础上，研究各个操作符的代价估计函数，以对不同查询执行计划的代价做出估计和比较，达到选择最优计划的目的。

在异构数据的关键字查询技术方案中，关系数据、Web 数据、可扩展标记语言（extensible markup language，XML）文档都可以用图来表示，意味着可以将数据库、Web 数据、XML 文档的关键字查询以统一的方式来处理，查询结果是子图或树。采用图作为数据模型，把统一的关键字查询问题转化为图上的搜索问题，理论背景明确，易于技术实现。但是对于云存储下的大规模数据，难以用图来统一表示，为实现查询结果的统一性，需要研究利用图上的查询结果，提取新的关键字信息，用于对云上非结构化信息的查询，从而实现将不同类型信息进行无缝动态集成。在图上的查询算法，目前已经有较多研究，重点在于研究 top-k 查询方法，以避免计算出所有的查询结果，提高查询的效果。另外，在云上进行关键字查询的研究尚不多见。在统一计算模式下，需要研究将关键字查询转化为基本的 Scatter-Gather 操作，以返回 top-k 查询结果。可以定义 Scatter 操作是在每个处理器节点上查找一个子数据集中包含关键字 ki 的元组，将这些元组作为中间结果，将中间结果的存储地址传给执行第一步 Gather 操作的处理器节点。Scatter 操作分为两步：第一步是将 Gather 操作得到关于关键字 ki 的中间结果根据子数据集之间存在的主外键关系作 Join 操作，可得到关键字 ki 在整个数据集的查询结果；然后将这个查询结果的地址传给执行第二步规约操作的处理器节点，该节点对所有关键字 ki 的查询结果做 Join 操作，得到最终的查询结果。

2.2.5 基于预写日志的数据记录跟踪技术

预写日志（write ahead log，WAL）指的是做一个操作之前先将这件事情记录下来，是关系型数据库中用于实现事务性和持久性的一系列技术[21]。实际工程中执行操作数据量会比较大，操作繁琐，而且写数据不一定是顺序写，如果每一次操作都要等待结果缓存到可靠存储（比如磁盘）中才执行下一步操作的话，效率较低，如果在做真正的操作之前，先将这件事记录下来，持久化到可靠存储中（日志一般很小，并且是顺序写，效率很高），然后再去执行真正的操作，可以为非内存型数据提升极高的效率。

与此同时，WAL 保证了数据的完整性，在硬盘数据不损坏的情况下，WAL 允许存储系统在崩溃后能够在日志的指导下恢复到崩溃前的状态，避免数据丢失。

2.2.6 大数据统一访问分布式 SQL 查询

Presto 是一款由 Facebook 推出的基于 Java 开发的开源分布式 SQL 查询引擎，旨在支持交互式分析查询，具有处理 GB 到 PB 级数据量的能力。Presto 本身并不存储数据，但是可以接入多种数据源，并且支持跨数据源的级联查询。Presto 整体架构如图 2-6 所示。

客户端（client）：包括 presto-cli 客户端以及 Java 数据库连接（java database connectivity，JDBC）驱动、开放式数据库连接（open database connectivity，ODBC）或其他语言实现的驱动（driver）。

发现服务（discovery service）：是将协调器（coordinator）节点和工作节点（worker）结合到一起的服务。Worker 节点启动后向发现服务器（discovery server）服务注册，coordinator 从 discovery server 获得可以正常工作的 worker 节点。

协调器（coordinator）：主要用于接收客户端提交的查询，解析查询语句，执行词法分析生成查询执行计划，并生成 stage 和 task 进行调度；然后合并结果，把结果返回给客户端（client）。

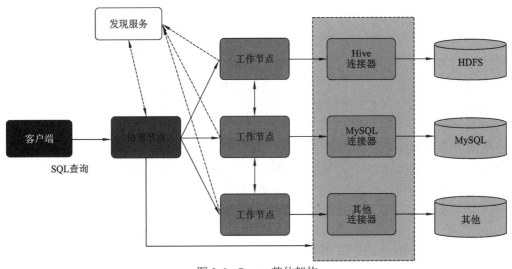

图 2-6　Presto 整体架构

工作节点（worker）：主要负责与数据的读写交互以及执行查询计划；coordinator 和 worker 可一起启动，这样小规模的集群或伪分布式可以节省一些资源。

Presto 具有如下特点：

（1）多数据源、混合计算支持：支持众多常见的数据源，并且可以进行混合计算分析。

（2）大数据：完全的内存计算，支持的数据量完全取决于集群内存大小，与 SparkSQL 配置把溢出的数据持久化到磁盘不同，Presto 是完完全全的内存计算。

（3）高性能：低延迟高并发的内存计算引擎，比 Hive（无论 MR、Tez、Spark 执行引擎）、Impala 执行效率高得多。

（4）支持美国国家标准化学会（American National Standards Institute，ANSI）SQL：与 Hive、SparkSQL 都是以持久层查询语言（hibernate query language，HQL）为基础，Presto 是标准的 SQL，用户可以使用标准 SQL 进行数据查询和分析计算。

（5）扩展性：有众多串行外设接口（serial peripheral interface，SPI）扩展点支持，开发人员可编写用户自定义函数（user-defined functions，UDF）、用户自定义表格函数（user-defined table functions，UDTF），甚至可以实现自定义的 connector，实现索引下推，借助外置的索引能力，实现特殊场景下的大规模并行处理（massively parallel processing，MPP）。

（6）流水线：基于 PipeLine 进行设计，在大量数据计算过程中，终端用户无须等到所有数据计算完成才能看到结果，一旦开始计算就可立即产生一部分结果返回，后续的计算结果会以多个 Page 返回给终端用户。

2.2.7　大数据清洗技术

　　信息处理技术的不断发展使得各行各业都建立了大量的计算机信息系统，从而积累了大量数据。为了确保这些数据能够有效地支持组织的日常运作和决策，必须提升数据质量，确保数据可靠无误，准确地反映现实世界的状况。数据是信息的基础，而良好的数据质量是各种数据分析，如联机分析处理（on-line analytical processing，OLAP）、数据挖掘等有效应用的基本前提。然而，人们经常抱怨"数据丰富，信息贫乏"[22]，这主要有两个原因：一是缺乏有效的数据分析技术，二是数据质量不高，如数据输入错误、不同来源数据引起的不同表示方法、数据间的不一致等。这些问题导致现有数据中存在各种脏数据，包括拼写问题、打印错误、不合法值、空值、不一致值、简写、同一实体的多种表示（重复）以及不遵循引用完整性等。

　　数据的整合清洗包含了从原始数据到最终数据集（将被用于建模的数据）的所有操作，也称为数据预处理。该任务可以执行多次，并且没有预先规定的执行顺序。预处理包括表、记录、属性选择以及构建模型数据的转换与清洗等。数据预处理非常耗时，通常情况下，在利用数据挖掘有用的信息之前，数据研究者需要花费大量的时间处理杂乱的数据。

1. 大数据清洗方式

　　数据清洗按照实现方式，可分为以下 2 种。

　　（1）手动清洗：手动清洗是通过人工逐条检查和处理数据的方式进行的。在手动清洗过程中，数据分析人员会仔细检查每一条记录，并根据预定的清洗标准进行处理。这可能包括手动填充缺失值、手动删除异常值、手动识别和解决重复值、手动修正格式错误等操作。手动清洗通常需要较多的时间和人力投入，但在处理复杂或特殊情况时具有更高的灵活性和准确性。

　　（2）自动清洗：自动清洗是利用算法和程序自动识别和处理数据中的问题。在自动清洗过程中，使用各种数据清洗工具和技术，如数据挖掘算法、机器学习模型等，对数据进行自动化的处理。这可能包括自动填充缺失值、自动检测和删除异常值、自动识别和合并重复值、自动格式化数据等操作。自动清洗通常具有较高的效率和速度，特别适用于处理大规模数据集，但在某些复杂情况下可能会出现处理错误或误判的情况，需要人工介入进行修正。

2. 大数据清洗范围

　　数据清洗按照清洗范围，可分为以下 2 种。

　　（1）全局清洗：在全局清洗中，对整个数据集进行处理。这意味着所有记录和字段都被检查和清洗。全局清洗通常用于确保整个数据集的一致性和准确性，以满足广泛的分析和应用需求。在这种清洗中，可能会涉及对数据格式的统一、缺失值和异常值的处理、重复值的识别和去除，以及数据标准化等操作。全局清洗可能需要耗费较长的时间和资源，但能够确保整个数据集的质量。

（2）局部清洗：主要针对特定的子集或特定的字段进行处理。这种清洗方式更加灵活，具有针对性，能够根据特定需求和分析目的来选择清洗的范围。局部清洗可以在整个数据集中选择性地处理某些部分，或者只处理特定字段的数据。局部清洗针对某个特定时间段的数据进行清洗，或者仅清洗某个特定字段的数据格式等，或者根据概率统计学原理查找数据异常的记录，如姓名、地址、邮政编码等，解决某特定应用领域的问题[23]。局部清洗通常更加高效，因为它只涉及部分数据，但可能会限制清洗的适用范围和覆盖面。

在上述数据清洗的各种实现方式中，对数据进行局部清洗具有广泛的适用性和实用性。但无论采用何种方法，数据清洗通常包括三个主要阶段：数据分析和定义阶段，搜索和识别错误记录阶段，以及错误的修正阶段。

3. 大数据清洗工具

数据清洗的工具主要有以下 3 种。

（1）特定功能的清洗工具：特定功能的数据清洗工具在处理特定领域的数据质量问题中发挥着重要作用。特定功能的清洗工具有：①针对姓名和地址数据的清洗工具，例如 datacleaner，能够有效转换数据格式，确保数据一致性，特别适用于金融、医疗等行业的客户信息管理；②消除重复记录的工具，根据预先设定的匹配规则，通过自动识别和合并重复记录，保证数据的唯一性，提高数据的准确性和完整性。这些特定功能的工具不仅提高了数据质量，还提升了数据处理效率，为企业的数据管理和决策提供了可靠的基础。

（2）ETL 工具：目前存在许多用于数据仓库的提取、转换和加载（extract, transform, load，ETL）处理的工具，如 copy-manager、datastage、extract、wermart 等。这些工具构建在数据库管理系统（data base management system，DBMS）之上，通过知识库统一管理数据源、目标模式、映射关系和转换规则等元数据。它们通过本地文件、DBMS 网关、ODBC 等标准接口从操作型数据源提取数据，并提供规则语言和预定义的转换函数库来定义数据转换和映射步骤。虽然这些工具通常缺乏内置的数据清洗功能，但用户可以通过应用程序接口（application programming interface，API）指定清洗操作。ETL 工具通常不自动探测错误数据和数据不一致，但用户可以通过维护原始数据和运用集合函数（如 sum、count、min、max 等）来确定数据特征。这些工具提供了丰富的转换工具库，包含了各种数据转换和清洗所需的函数，如数据类型转换、字符串处理函数、数学、科学和统计函数等。此外，规则语言还包括了 if-then 和 case 结构来处理异常情况，例如拼写错误、缩写、缺失或模糊值以及超出范围的值。ETL 工具为数据仓库的 ETL 过程提供了强大的支持，能够高效地实现数据提取、转换和加载，并提供了丰富的转换函数库和规则语言，以满足各种数据处理需求。虽然它们缺乏自动探测错误数据和数据一致性的功能，但用户可以通过定制化的数据清洗操作来处理异常数据和确保数据质量。

（3）其他工具：除了传统的 ETL 工具，还有其他工具可以辅助数据清洗。其中包括基于引擎的工具、数据分析工具和业务流程再设计工具、数据轮廓分析工具以及数据挖掘工具等。这些工具能够提供不同方面的支持，帮助用户更好地处理和分析数据。

4. 大数据清洗方案

大数据清洗方案包含 4 个步骤：首先进行数据集检查，剔除重复数据，以确保数据的唯一性和一致性；随后进行数据完整性检查，识别和处理缺失值，以提高数据的完整性和准确性；接着进行数据有效性和一致性验证，根据专家规则确定数据的合理取值范围和统一标准，确保数据的准确性和一致性；最后进行孤立点检测及删除，消除干扰信息和异常数据，提高数据质量和可信度。通过这 4 个流程的串联，可以有效地清洗数据，为后续的数据分析和应用提供可靠的数据基础[24]。具体步骤如下。

（1）清洗重复数据：这是数据清洗过程的重要环节，通过识别和剔除数据集中重复的记录，确保数据的唯一性和一致性。利用数据库管理系统的唯一性限制功能，筛选和删除重复的数据，以提高数据质量和准确性。

（2）数据完整性检查：在此步骤中，首先识别数据集中存在的缺失值，并采用均值估算法等技术来填补这些缺失值，以确保数据的完整性和准确性。这包括计算缺失值所在数据项前一定数量的数据的平均值，并将该平均值作为缺失值的填充值。通过数据完整性检查，可以消除数据中的缺失值，从而提高数据的可用性和质量。

（3）数据有效性、一致性验证：根据专家规则，确定各属性项的合理取值范围及统一标准的定义方式，对不同系统间的数据进行有效性和一致性检验，剔除不满足约束条件的记录，将不同定义方式的属性项按专家规则进行统一。

（4）孤立点检测及删除：数据孤立点检测通过统计学方法和相应的距离计算算法来识别预处理数据中的异常值，并根据业务需求进行删除、修正或标记。

通过一站式的数据清洗整合服务，可实现数据质量的提高。针对真实数据中的无效值、格式不统一、唯一性校验、缺失值处理、拼写错误、数据错位等复杂问题，通过清洗、缩减、标准化、离散化等数据预处理方法，避免系统"无用输入，无用输出"的现象，如图 2-7 所示。

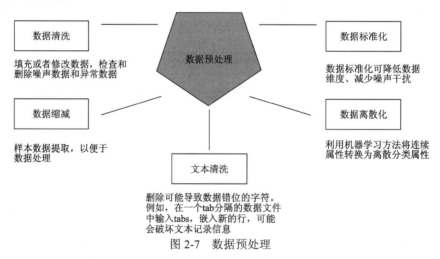

图 2-7 数据预处理

（1）缺失值：针对数据中的缺失值，提供以下解决思路：①删除含有缺失值的记录，属于以减少样本量来换取信息完整性的方法；②利用假设值填补缺失值，例如可使用未知类别或数字 0；③如果缺失值是数字，可以用平均值替换缺失值；④如果缺失值是类别，用出现次数最多的值替换缺失值；⑤利用回归算法，将回归值替换缺失值。

（2）异常值：针对异常值，着重分析导致其产生的原因，因为在很多应用中，异常值不应该被忽略，它可能是数据真实的观察结果，起到关键作用。例如，在信用卡诈骗检测应用中，异常的消费数据表明出现了与客户平时消费方式不同的消费行为。确认系统异常值原因后，一种情况是保留并记录异常，另一种情况是删除异常，包括以下两种常见方法：①清除丢弃异常值；②极值调整，即利用最近的非可疑值替换异常值。

（3）数据标准化：在数据标准化时，主要有 min-max 标准化、零均值标准化和小数定标标准化，在离散化数据时，可以通过分箱将连续属性转成分类属性，以便在某些机器学习中使用，数据缩减减少了需要处理的数据，可提高数据处理速度，可通过两种方法实现，包括：①对数据记录进行抽样，只从数据中选择代表性子集；②属性抽样，即只从数据中选择最重要的属性。

（4）数据聚合：将数据分组，并存储每个组的数据量。例如，在过去的 20 年里，一家连锁餐厅的每日收入可以被汇总到每月的收入中，以减少数据的规模。

由于涉及的数据分属不同的部门，很多数据涉及个人隐私，或者国家安全等，在进行数据分析之前必须进行脱密处理，使得这些数据不能被用来联系到个人，或者导致国家公众安全受到威胁。

通过以上方法，可基本解决原始数据中 80%左右的基本问题，而进一步的数据挖掘和深入分析，通常需要业务专家的深度参与。

5. 序列数据处理模型

结构化的原始数据便于程序化处理。但存在海量带有时间序列的数据，如音频、视频等，需要更复杂的处理模型。

循环神经网络（recurrent neural network，RNN）是一类专门用于处理序列数据的神经网络模型。因为在现实生活中许多事件都具有时间先后关系，而普通神经网络无法处理这种先后关系。与传统的前馈神经网络相比，RNN 的循环结构使得前面的信息能够以"记忆"的方式影响后面的事件，使其能够对序列数据中的先后顺序进行建模和记忆，因此在自然语言处理、时间序列预测、语音识别等领域发挥着重要作用。循环神经网络单元如图 2-8 所示。

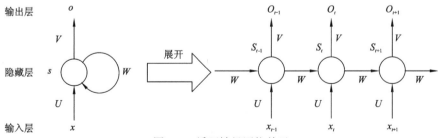

图 2-8　循环神经网络单元

最基本的循环神经网络（RNN）结构简单，每个单元通过将上一时刻单元的输出和当前时刻的输入简单组合而成。然而，基本的 RNN 存在长期依赖问题，即历史信息在传递过程中逐渐消失，导致网络无法记住相隔距离较远的输入信息。为了解决这一问题，研究者提出了改进模型，其中最著名的是长短期记忆网络（long short-term memory，LSTM）和门控循环单元（gated recurrent unit，GRU）。

长短期记忆网络是一种特殊的循环神经网络，旨在解决传统 RNN 存在的长期依赖问题。LSTM 引入了遗忘门、输入门和输出门来控制信息的流动，每个门都有一个可学习的权重，通过这些门来控制信息的保留和丢弃，有效地解决了梯度消失和梯度爆炸的问题。遗忘门决定了要从细胞状态中丢弃哪些信息，输入门则确定了要从输入中存储哪些信息到细胞状态中，而输出门则决定了细胞状态的哪些部分将作为网络的输出。通过这种机制，LSTM 网络能够在长序列中保持信息的长期记忆，对于处理需要长期记忆的任务非常有效。

门控循环单元是一种简化版的 LSTM，旨在解决 LSTM 中参数较多的问题。相比于 LSTM，GRU 只包含两个门控装置：更新门和重置门，如图 2-9 所示。

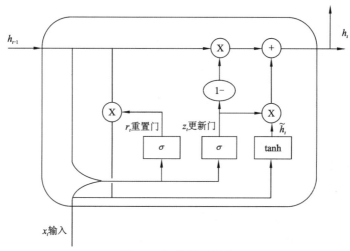

图 2-9　门控循环单元

更新门控制了当前时刻信息与前一时刻信息之间的更新程度，而重置门则控制了当前时刻输入与前一时刻隐藏状态之间的关系。计算公式如下：

$$r_t = \sigma(W_r \cdot [h_{t-1}, x_t]) \tag{2-1}$$

$$z_t = \sigma(W_z \cdot [h_{t-1}, x_t]) \tag{2-2}$$

$$\tilde{h}_t = \tanh(W \cdot [r_t * h_{t-1}, x_t]) \tag{2-3}$$

$$h_t = (1 - z_t) * h_{t-1} + z_t * \tilde{h}_t \tag{2-4}$$

式中：x_t 当前时刻输入信息；h_{t-1} 上一时刻隐藏状态；h_t 传递到下一时刻隐藏状态；r_t 重置门；z_t 更新门；$\tilde{h}_t$ 候选隐藏状态；σ 为 sigmoid 函数；tanh 为 tanh 函数。

LSTM 和 GRU 作为 RNN 的两种重要变体，对于解决序列数据中的长期依赖性问题起到了至关重要的作用，成为了许多序列建模任务的首选模型。它们的引入和发展极大地推动了 RNN 技术的发展，并为各种序列数据处理任务提供了有效的解决方案。

2.3 大数据可视化

2018 年全国公安厅局长会议明确要求，公安机关必须将大数据作为创新发展的大引擎、培育战斗力生成的新增长点，大力实施公共安全大数据战略，着力打造数据警务、建设智慧公安，全面推动公安工作质量变革、效率变革、动力变革，实现公安机关战斗力的跨越式发展[25]。

金盾工程建设以来，我国公共安全信息化建设取得了巨大成果，经过多年的发展，公安队伍在信息化建设和应用上取得了长足进步，信息基础设施不断完善，积累了大量的基础数据，但也存在数据分散、信息孤岛、决策和实际数据脱节等诸多管理难点[26]。在当前的工作中，有效整合和充分利用数据以提升监管和决策的准确性、效率和科学性变得愈发迫切。

在大数据时代的背景下，数据已成为宝贵的信息资产。可视化技术的应用成为了将庞大复杂的数据建设可见化、使其真正可知可感的关键环节，从而实现"掌握数据、洞察价值"的目标[27]。

该系统能够充分整合和挖掘用户现有的数据资源，综合展现各项关键数据，支持用户在应急指挥调度、态势监测、告警预警、仿真推演、分析研判等方面的需求。通过帮助用户洞察数据背后的规律，该系统最大程度地增强了监管能力，并提高了研判效率。

可视化系统是基于公安大数据中心建设成果来建立的，逻辑上分为数据层、设备层、服务层和应用层 4 个层次，如图 2-10 所示。

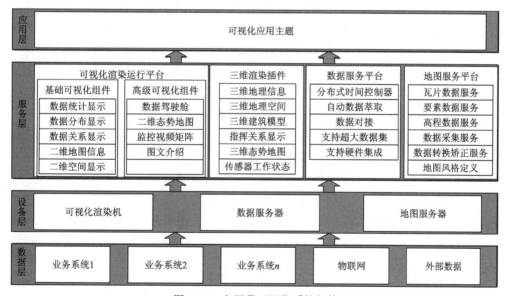

图 2-10 大屏幕可视化系统架构

数据层：数据层是可视化系统与数据中心（数据汇总平台）对接的基础数据，这些数据分别来源于公安当前已建、在建、待建的各类信息化业务系统。在可视化建设前期需针对这些系统做好充分的调研工作，主要包括警综系统、三台合一系统、网吧信息系统、旅馆信息系统、车辆管理系统、人口信息系统、视频联网平台、4G 人像执法记录仪应用系统、GIS 平台、人像识别系统、车辆识别系统、视频解析平台、视图库、运维保障平台、数据治理平台、Wi-Fi 大数据应用平台等。并依据公安大数据划分原则将上述各平台数据按照人、地、事、物、组织五大种类进行划分。再针对不同使用场景将五大种类数据进行有机组合，最终以主题形式呈现出不同可视化界面。

设备层：设备层为可视化系统提供标准、稳定的设备支持。设备包括可视化渲染机、数据服务器、地图服务器。其中可视化渲染机是大屏端图像渲染的专用设备。采用软硬件一体式架构，内置可视化基础软件，经过严密的性能调优、严格的出场测试，避免了自备硬件导致软硬件兼容和性能瓶颈的问题，保障可视化系统平稳高效运行。

服务层：服务层为可视化主题（应用层）提供基础可视化能力，包括效果显示能力、地图接入能力、大屏对接能力、数据接入能力、人机交互能力、数据播放能力、内容组织能力等。服务平台包括可视化渲染运行平台、三维渲染插件、数据服务平台、地图服务平台等。可视化渲染运行平台提供基础显示软件，支持集群渲染，包含多种可视化组件，适用于多种仿真计算模型，有助于快速构建可视化系统。三维渲染插件提供三维显示支持，具备丰富的组件，呈现逼真效果，内置多种仿真模型，支持数据驱动和多级细节显示优化（level of details，LOD），可快速搭建三维可视化场景[28]。数据服务平台支持数据对接、分析建模，集成多数据源接入、分布式存储、数据预计算等功能，为系统提供数据采集、存储、查询等功能。地图服务平台集成地图数据、软件和相关服务，为系统提供地图显示功能，可与大数据可视化渲染机实现无缝集成，提供私有地图数据服务。

应用层：应用层是依据基础业务平台并结合用户相关的实际需求，进行分主题、分场景的呈现。应用层的主题划分紧密围绕用户工作中的需求痛点和关注重点，以场景全覆盖、痛点深剖析为原则，最终达成人员之间高效配合，时间成本明显降低，所有信息化系统的价值得以有效发挥和体现的目标。可视化系统的应用主题包括：综合态势监测主题、治安态势监测主题、重大活动保障主题和交通态势监测主题。

可视化系统所涉及的设备支持应按照客户要求的方式接入公安内网，并分配独立 IP。其中数据分析服务器负责接收数据中心或业务系统推送的实时态势、分析结果数据，将解析后的数据同步分发到大数据可视化渲染集群进行可视化对象实例化，再将可视化对象分布式的布局显示在页面中，多路显示页面构成一个完整主题，最后借助大屏拼接控制器多路信号在大屏上显示。地图数据服务器为可视化系统提供基础地图数据的支持。考虑到大屏可视化系统整体分辨率过高导致操作不便，所以在拓扑中加入一类操控设备（操控台/平板电脑），通过数据通信同步控制可视化渲染集群输出的应用内容。

建立大屏可视化系统需要考虑多个关键方面，包括设备支持、数据处理、可视化呈现和交互性等，以确保系统在公共安全领域的应用是安全且高效的。主要包括设备支持与集成、数据处理和分发、大屏可视化呈现、交互性和安全性。

2.3.1　设备支持与集成

在建立大屏可视化系统时，设备的支持与集成是确保系统高效、安全运行的关键组成部分。这一节将详细探讨网络连接和独立 IP、数据分析服务器性能、数据传输和同步等方面。

为了确保大屏可视化系统的可访问性和网络安全，必须根据客户的网络要求正确配置设备。设备应根据客户的需求正确接入公安内网。这涉及网络拓扑设计和设置，以确保设备可以与其他系统和资源进行通信，无障碍地访问所需的数据源和服务[29]。每个设备应分配独立的 IP 地址。这有助于确保设备可以单独管理和监控，同时避免 IP 地址冲突和混乱。独立 IP 还有助于建立网络策略，确保数据的安全传输。数据分析服务器在大屏可视化系统中扮演关键角色，它必须具备足够的计算和存储资源，以满足实时数据处理的需求。以下是关于数据分析服务器性能的分类描述：数据分析服务器需要强大的计算能力，以迅速处理和分析大规模数据。高性能的 CPU 可以加速数据处理过程，确保数据实时性。大内存容量有助于数据的快速访问和处理。数据分析服务器应配备足够大的内存，以减少数据读取和写入的延迟。高速存储是数据分析服务器的关键要素，以确保数据能够迅速存储和检索。快速的存储设备，如固态硬盘（solid state drive，SSD），有助于加速数据分析过程。

数据传输和同步是确保实时数据从数据中心或业务系统传输到数据分析服务器的关键环节。数据传输必须满足高标准的安全性要求。采用加密协议和技术，如安全套接层/传输层安全（secure socket layer/transport layer security，SSL/TLS），以确保数据在传输过程中的保密性和完整性。另外，访问控制和身份验证应该实施，以限制只有授权用户可以访问传输的数据。数据传输速度对实时数据的快速处理至关重要。采用高带宽网络连接，以确保数据能够在实时或接近实时的基础上传输。数据分析服务器必须能够及时接收和同步数据。采用数据同步技术，确保从数据源到数据分析服务器的数据同步是高效的，避免数据滞后或丢失。

总体而言，设备支持与集成是大屏可视化系统的核心组成部分，直接影响系统的性能和可靠性。通过正确配置网络连接、提供高性能的数据分析服务器以及确保安全、快速的数据传输和同步，可以确保系统能够有效处理实时数据，提供有用的可视化呈现，并支持紧急决策制定。

2.3.2　数据处理和分发

实时态势数据在公共安全领域是至关重要的，因为它们可以来自多个来源，如视频监控、传感器、警务记录等。数据分析服务器必须能够在实时或接近实时的基础上对这些数据进行高效处理和分析，以生成有用的实时洞察[30]。

首先，实时态势数据可能具有不同的格式和来源。数据分析服务器必须能够接收、解码和处理这些不同类型的数据，包括视频流、传感器数据、GPS 坐标、文本信息等。在进行实时处理和分析之前，数据通常需要经过预处理。这可能包括数据清洗、去噪、格式标准化、时间戳同步等操作，以确保数据的质量和一致性[31]。数据分析服务器需要配备实时处理引擎，这些引擎可以处理数据流，执行实时计算和分析，以快速识别模式、异常和关键事件。实时态势数据通常是以数据流的形式传输的，而不是静态数据集。数据分析服务器必须能够处理数据流，并持续更新洞察，以反映不断变化的情况。实时数据处理通常涉及使用模型和算法来检测关键事件和模式。这些模型包括机器学习模型、复杂事件处理（complex event processing，CEP）规则和统计方法。服务器必须能够有效地应用这些模型和算法。当关键事件或趋势被识别时，数据分析服务器应能够实时通知相关的利益相关者，例如，通过警报、消息推送或电子邮件通知。

数据分析服务器应当解析和格式化已处理的数据，以便其能够被大数据可视化渲染集群理解。这可能包括将数据转化为常见的数据格式，如 JSON、XML 或 CSV。根据数据的性质和可视化需求，服务器应选择合适的可视化对象类型，包括图表、地图、文本标签、仪表板等。服务器应将已处理的数据绑定到所选的可视化对象上，以便对象能够反映实时数据的变化。这需要确保数据的及时同步和更新。大数据可视化渲染集群必须具备实时渲染引擎，能够动态生成可视化对象。这可能需要使用图形库和渲染引擎，以确保对象的高质量渲染。对于大屏可视化系统，布局管理是至关重要的。服务器应能够管理多个可视化对象的布局，以确保它们能够合理地分布在显示屏幕上，构建一个完整的可视化主题。大数据可视化渲染集群应当能够实时控制输出，以确保可视化对象能够及时呈现在大屏上。这可能涉及多路信号拼接控制器和调度系统的使用。

综合考虑实时态势数据处理和实例化可视化对象的过程，能够确保系统可以从实时数据中提取有用信息，并通过可视化方式传达给决策者，以支持应急响应和决策制定。这些步骤需要高度的协调和技术支持，以确保系统的高效性和可靠性。

2.3.3　大屏可视化呈现

分辨率管理和多路信号拼接是大屏可视化系统中的关键要素，它们确保可视化内容在大屏上以高质量和协调的方式呈现。分辨率管理确保各个显示屏的分辨率匹配和校准，以避免图像变形或不一致。多路信号拼接将来自可视化渲染集群的多路信号整合在大屏上，以确保内容的完整呈现。

大屏可视化系统通常由多个显示屏组成，这可能涉及液晶显示屏、LED 显示屏或投影设备。在使用不同类型的显示屏时，确保它们的分辨率能够匹配是至关重要的。这需要确保所有显示屏的分辨率设置相同，以避免出现图像变形或不协调的情况。如果系统采用投影设备，高分辨率的投影设备可能是一个有利的选择。高分辨率投影设备能够呈现更多细节和更清晰的图像，尤其对于大型显示屏来说，这一点非常重要。分辨率校准是确保每个显示屏都呈现一致和准确图像的过程。这可能涉及调整显示屏的分辨率、色彩校正和亮度调整。确保分辨率校准可以有效减少图像的扭曲或颜色不一致。

多路信号拼接通常将来自可视化渲染集群的多路信号整合在一起。这些信号可以包括不同的可视化对象、图形和文本，以构建一个完整的可视化主题。确保每个信号源都能够与拼接控制器进行通信。大屏拼接控制器是整个拼接过程的核心。它必须能够接收、处理和整合多路信号，以确保它们在大屏上正确地排列和呈现。这可能需要高质量的信号处理和切换设备，以确保无缝的拼接效果。一旦信号被整合在一起，可能需要进行调整和校准，以确保图像的完整性和一致性。这包括调整各个信号源的位置、尺寸和颜色，以确保它们在大屏上呈现一致的图像。

分辨率管理和多路信号拼接是确保大屏可视化系统呈现高质量可视化内容的关键步骤。这需要合适的硬件和技术支持，以确保可视化内容以清晰、一致和协调的方式显示在大屏上，从而更好地满足用户的需求，提供有用的信息和支持决策制定。

2.3.4 交互性

在大屏可视化系统中，用户界面设计和实时调整是关键步骤，因为它们直接影响用户的体验和系统的灵活性[32]。以下是对这两个方面的详细描述。

（1）用户界面设计是确保用户可以轻松操作操控设备以选择、切换和布局可视化内容的关键因素。用户界面应具备用户友好性，以确保用户可以快速上手，而不需要大量的培训。直观的界面元素、易于理解的图标和文字标签都可以帮助用户快速熟悉系统。提供直观的操作方式是至关重要的[33]。这可能包括触摸屏控制、鼠标和键盘操作、手势控制等，以满足不同用户的习惯和需求。考虑到不同用户和应用场景可能需要不同的操作方式，允许用户定制化用户界面是一个有益的功能。这可以包括自定义按钮、快捷方式和布局。

（2）用户可能需要在应急情况下实时调整可视化布局和内容，以满足特定的需求。操控设备应当具备足够的灵活性，以支持实时调整。这可能需要快速响应的硬件和软件，以确保用户可以即时改变可视化布局和内容。用户应该能够即时保存当前的配置，并在需要时重新加载它们。这有助于用户在不同情境下迅速切换到合适的可视化布局。在大屏可视化系统中，支持多屏幕布局的能力非常关键[34]。用户可能需要同时调整多个屏幕上的内容，以确保信息全面而连贯。在实时调整过程中，提供交互式预览是非常有益的。用户应该能够在调整之前查看更改的效果，以确保满足其需求。

综合考虑用户界面设计和实时调整，能够确保系统对用户友好、灵活且易于使用。这对于应急响应和决策制定至关重要，因为用户需要快速、有效地操作系统以满足不断变化的情境和需求。定制化用户界面和支持实时调整的功能有助于提高系统的适应性和实用性[35]。

2.3.5 安全性

数据和系统安全：在公共安全领域，确保数据和系统的安全至关重要。采用多层次的安全措施，包括强大的加密技术、严格的访问控制和有效的身份验证机制。这些措施旨在防止未经授权的访问和恶意攻击，确保数据的保密性和系统的稳定性。

备份和冗余：考虑到系统的关键性，应设置数据备份和冗余，以确保在硬件或软件故障时仍然能够继续提供服务。

合规性和法规：确保系统符合国家的法规和当地的合规性要求，特别是涉及敏感数据的情况下。

综合来看，大屏可视化系统在公共安全领域的应用需要高度专业化和定制化，以确保满足客户需求，同时保障数据的安全和可靠性[36]。系统的设计和实施需要综合考虑硬件、软件、网络、用户界面和数据处理等多个方面，以提供一套功能强大且高效的工具，帮助公安部门更好地管理情报、做出决策并响应紧急事件。

参 考 文 献

[1] 张梦茜, 王超. 大数据驱动的重大公共安全风险治理: 内在逻辑与模式构建. 甘肃行政学院学报, 2020(4): 37-45.

[2] 李星毅. 大数据技术在公安业务中的发展. 中国安防, 2021(7): 44-50.

[3] Alatba S R, Ettyem S A, Ahmed I, et al. Big data framework for the development of public management application talents using innovative elements in smart cities//2023 Annual International Conference on Emerging Research Areas: International Conference on Intelligent Systems, Kanjirapally, India, 2023.

[4] Jia N, Zhang T, Wang S. Paradigm for urban safety and risk management with big data//Proceedings of 4th International Conference on Wireless Communications and Applications (ICWCA 2020). Singapore: Springer, 2022: 109-118.

[5] 谢邦昌, 姜叶飞. 大数据时代　隐私如何保护. 中国统计, 2013(6): 14-15.

[6] Yu X, Wu Q. Multi-source heterogeneous data association technology to build public safety big data integration research. //2020 International Conference on Big Data Economy and Information Management (BDEIM) , Zhengzhou, China, 2020.

[7] 刘尚钦, 张福浩, 仇阿根, 等. 基于城市信息单元的多源时空数据融合框架. 集成技术, 2023, 12(3): 34-47.

[8] 应妍慧. 大数据背景下突发事件的协同治理研究. 南昌: 南昌大学, 2021.

[9] 张新英. HADOOP 分布式文件系统(HDFS)的应用. 电脑迷, 2018(3): 188.

[10] 赵彦庆, 程芳, 魏勇. 一种海量空间数据云存储与查询算法. 测绘科学技术学报, 2019, 36(2): 185-189.

[11] 陈映村, 程鹏飞. 智慧物流分布式计算模型与创新服务研究. 计算机产品与流通, 2019(2): 151.

[12] 孔亚宁, 李春山, 初佃辉. 面向多源异构数据的跨模态存储与检索系统. 南京大学学报(自然科学), 2022, 58(3): 377-385.

[13] 陈思恩, 张涛, 郭会明, 等. 面向大数据多源信息融合和辅助决策的关键技术及产业化. 厦门: 集美大学, 2022.

[14] 张文英, 耿秋实, 张雪莹, 等. 天空地一体化大数据在社会安全领域的应用. 电脑知识与技术, 2018, 14(10): 55-57.

[15] 徐峥, 江亚运, 李震宇. 交通领域本体的构建及应用. 上海大学学报(自然科学版), 2014, 20(5): 658-668.

[16] 乐华. 大数据时代背景下的一体化警务防控体系建设. 中国安防, 2021(Z1): 85-92.

[17] Su J, Yin W, Zhang R, et al. A multi-source data based analysis framework for urban greenway safety. Tehnicki Vjesnik, 2021, 28(1): 193-202.

[18] 朱春莹. 面向大数据查询的索引技术研究. 济南: 山东大学, 2016.

[19] 车一鸣, 史长斌, 李强, 等. 海量多源异构基础地理实体数据组织管理研究. 测绘科学, 2023, 48(3): 49-56.

[20] 张永田. 案事件时空特征识别与可视分析. 厦门: 福州大学, 2016.

[21] 朱海铭, 黄向东, 乔嘉林, 等. 面向内存表的可动态配置预写日志框架. 计算机科学与探索, 2023, 17(11): 2777-2783.

[22] 王曰芬, 章成志, 张蓓蓓, 等. 数据清洗研究综述. 现代图书情报技术, 2007(12): 50-56.

[23] 谭亚竹. 基于 XML 数据清洗的应用研究. 重庆: 重庆大学, 2006.

[24] 陈永红, 廖欣, 郑欣, 等. 面向健康大数据的数据清洗技术. 现代计算机(专业版), 2017(17): 21-25.

[25] 王利平. 大数据对公安侦查工作的影响及对策研究. 法制博览, 2018(30): 38-40.

[26] 王伟玲. 从重大公共安全事件探析数据治理瓶颈与对策. 领导科学, 2020(22): 54-56.

[27] 姜艳, 段安民, 肖雪露. 大型构筑物水下检测多源数据处理及可视化系统设计与实现. 舰船电子工程, 2023, 43(04): 104-109.

[28] 肖娜, 许中平, 管嘉珩, 等. 基于 3D GIS 的电网资源可视化分析展示技术研究. 长江信息通信, 2022, 35(3): 91-93.

[29] 李超, 于运渌, 雷振伍, 等. 基于 GIS 的公共安全数据可视化管理研究. 计算机应用与软件, 2022, 39(12): 47-51.

[30] 王赛君. 面向公共安全的态势推演系统研究与关键模块实现. 南京: 东南大学, 2018.

[31] 郑凯. 大数据环境下如何实现公共安全视频监控数据的智能分析应用. 行政科学论坛, 2022, 9(9): 55-59.

[32] 余乐章, 夏天宇, 荆一楠, 等. 面向大数据分析的智能交互向导系统. 计算机科学, 2021, 48(9): 110-117.

[33] 孙恭鑫. 面向公共安全的数据分析系统设计与实现. 北京: 中国科学院大学, 2017.

[34] 任小帆. 大数据可视化交互模式构建方法与设计. 南京: 东南大学, 2019.

[35] 王雪文. 基于大数据的个性化学习资源推荐系统研究与实现. 西安: 西安石油大学, 2021.

[36] 麦买提·乌斯曼. 网络数据安全犯罪规范体系的重构. 华东政法大学学报, 2024, 27(1): 72-84.

第3章 深度学习技术基础

随着大数据、高性能计算、机器学习算法三驾马车的进步驱动，人工智能（artificial intelligence，AI）在近几年取得了突破性的进展，以 Alpha Go、人脸识别、语音识别等为代表的 AI 算法、产品的涌现和成功应用，意味着新的一轮人工智能发展潮流的到来。2006 年，加拿大多伦多大学计算机系杰弗里·埃弗里斯特·辛顿（Geoffrey Everest Hinton）在《科学》杂志上发表了《利用神经网络降低数据维度》（Reducing the Dimensionality of Data with Neural Networks）[1]一文，探讨了应用人工神经网络进行数据降维的学习模型，首先提出了深度学习（deep learning）的概念和计算机深度学习模型，掀起了深度学习在人工智能领域的新高潮。2013 年 4 月，《麻省理工学院技术评论》杂志将深度学习列为 2013 年十大突破性技术（breakthrough technology）之首[2]。深度学习引爆的这场革命，将人工智能带上了一个新的台阶，不仅学术意义巨大，而且实用性很强，工业界也开始大规模地投入，包括视频结构化描述等一大批技术、产品走出实验室，在生产生活中得到落地应用，带来巨大的经济和社会效益[3]。

3.1 深度学习概念与机理

3.1.1 人工神经网络

二十世纪八九十年代，人们提出了一系列机器学习模型，应用最为广泛的包括逻辑回归（logistic regression，LR）、人工神经网络（artificial neural network，ANN）、支持向量机（support vector machine，SVM）等，这些模型被视为浅层模型，因为它们通常包含一个隐藏层或没有隐藏层[3]。在处理相对简单的问题时，这些模型被广泛使用。例如，逻辑回归是一种用于解决分类问题的线性模型，它能够输出样本属于某一类别的概率。人工神经网络模型由神经元组成，通过仿真神经元之间的连接和信息传递来实现学习和推理。而支持向量机是一种用于分类和回归分析的监督学习模型，其目标是找到一个最优的超平面来对样本进行分类或回归。在训练这些模型时，常使用反向传播（back propagation，BP）算法[4]计算梯度，并利用梯度下降方法在参数空间中寻找最优解。浅层模型通常具有凸代价函数，理论分析相对简单，训练方法也较容易掌握，因此实现了许多成功应用。

人工神经网络可以看作是深度学习的基础。在 20 世纪 40 年代，随着神经科学研究的深入，人们开始尝试模仿生物神经网络构建具有识别和记忆功能的模型和算法。1943 年，沃伦·斯特吉斯·麦卡洛克（Warren Sturgis McCulloch）和沃尔特·皮茨（Walter Pitts）提出第一个人工神经元的数学模型（MP 模型）[5]。1958 年，在 MP 模型的基础之上，弗兰克·罗森布拉特（Frank Rosenblatt）提出具备自我学习机制的第一代单层感知器模型[6]，并将其应用到实际问题中。然而，该模型存在一定不足之处，主要体现在只能解决线性可分问题，且其学习机制缺乏完备的理论基础。1960年，纳德·威德罗（Bernard Widrow）和特德·霍夫（Marcian Edward "Ted" Hoff）通过叠加隐层（hidden layer，因为这些层中变量的值不在数据中给出，所以将这些层称为隐层，也称隐藏层、隐变量层、隐含层），提出多层感知器模型，解决了原始感知器无法解决的异或问题，构建出更复杂的虚拟神经元网络，然而多层感知器模型缺乏合理的训练方法，这一问题限制了其在实际应用中的发展。直到1986年，大卫·鲁梅尔哈特（David Rumelhart）等提出反向传播算法[3]，形成反向传播神经网络模型（BP网络）。当时，典型的BP网络是三层网络结构：一个输入层、一个隐层和一个输出层，一般将这种网络称为浅结构神经网络，如图3-1（a）所示。

3.1.2 深度结构神经网络

相对于浅结构神经网络，将非线性运算组合水平较高的、包含多个隐层的神经网络称为深度结构神经网络[7]，如一个输入层、三个隐层和一个输出层的神经网络，如图3-1（b）所示，包含多个隐层的多层感知器是深度学习模型的一个很好的范例。对神经网络而言，这里的深度指的是网络学习得到的函数中非线性运算组合水平，或者说隐层的数量。深度学习之所以被称为"深度"，是相对支持向量机（SVM）、提升方法（boosting）、最大熵方法、浅结构神经网络等"浅层学习"方法而言的[8]，深度学习所学得的模型中，非线性操作的层级数更多[9]。深度结构神经网络的这种多层非线性结构，使其具备强大的特征表达能力和对复杂任务的建模能力。

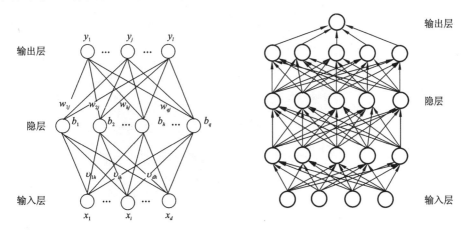

（a）传统的浅结构神经网络　　　　　　（b）含多个隐层的深度结构神经网络
图3-1　传统的浅结构神经网络与现在的深度结构神经网络

3.1.3 深度学习

深度学习指基于样本数据通过一定的训练方法得到包含多个层级的深度网络结构的

机器学习过程[10]。换言之，深度学习是一种通过深度结构的多层神经网络对信息进行抽取和表示，并实现分类、检测等复杂任务的机器学习算法架构。深度结构神经网络作为深度学习算法的核心组成部分，在输入层和输出层之间包含多个隐层，使得算法可以完成复杂的分类关系。深度学习实际上是一种基于多层次抽象表示的特征学习方法。通过一系列非线性的转换，原始数据被逐步转换成更加高级、更加抽象的表达形式。这种层次化的特征学习使得深度学习能够学习和模拟极其复杂的函数关系，从而广泛应用于各种领域。

那为什么要使用深度学习呢？这是由于计算机难以直接处理和理解原始感官输入数据，比如简单的像素值集合所构成的图像，将这样的像素集合映射到对象标签的函数是非常复杂的，直接学习或评估这种映射是不现实的。深度学习通过将复杂的映射任务分解为一系列嵌套的简单映射来解决这一难题。这个方法的灵感来源于人类大脑的工作方式。1981 年的诺贝尔生理学或医学奖，颁发给了大卫·休伯尔（David Hunter Hubel）和托斯坦·维厄瑟尔（Torsten Wiesel），他们发现人类大脑对视觉信息的处理是分级的，如图 3-2 所示。信息首先被视网膜（retina）捕获，然后通过低级 V1 区提取边缘特征，接着在中级 V2 区提取目标的基本形状，然后在高层进行目标的整体识别（如识别整张人脸），最终在更高层的前额叶皮层（prefrontal cortex，PFC）进行目标的分类判断[11]。可以理解为，高层的特征是对底层简单特征的进一步提取和组合，相比之下，高层的特征表达更加抽象和语义化。根据以上内容，我们可以得出结论：人类的视觉系统以及认知过程都采用了深度的结构和处理方式，这种深度结构有助于从原始的感知输入中提取出更高级别、更抽象的特征，从而实现更复杂的认知功能。

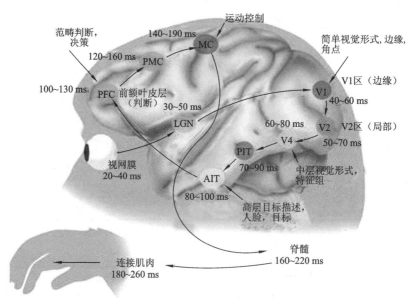

图 3-2 人脑的视觉处理系统

PFC（the prefrontal cortex，前额叶皮层）；PMC（the premotor cortex，前运动皮层）；MC（motor cortex，运动皮层）；

LGN（the lateral geniculate nucleus of the thalamus，丘脑外侧膝状核）；AIT（the anterior inferior temporal cortex，前颞下皮层）；PIT（the posterior inferior temporal cortex，后颞下皮层）

受人类对人脑认知过程的启发，深度学习其实是一种算法思维，与大脑皮层一样，深度学习对输入数据的处理是分层进行的：利用模型中的隐层，通过特征组合的方式，逐层将原始输入转化为浅层特征、中层特征、高层特征直至最终的任务目标。深度学习通过模拟人脑的深层次抽象认知过程，实现计算机对数据的复杂运算和优化，可以完成需要高度抽象特征的人工智能任务，如语音识别、图像识别和检索、自然语言理解等。图 3-3 给出了用于图像分类的深度学习模型示意图。

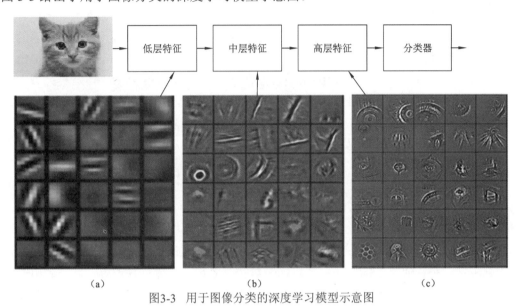

图3-3　用于图像分类的深度学习模型示意图

在图 3-3 中，输入为原始图像（彩色图像时常按 R、G、B 三个通道输入），包含我们能观察到的变量（像素值），因此输入层也称为可见层（visible layer）。输入层之后，是一系列从图像中提取越来越多抽象特征的隐层。图 3-3 中将隐层分为低级（low-level）、中级（mid-level）、高级（high-level）三级，并给出了每级隐藏单元表示的特征的可视化图。给定输入图像，第一级通过比较相邻像素的亮度可以轻易地识别边缘（a）；在第一级描述边缘的基础上，第二级隐层进行搜索角和扩展轮廓（b）；在第二级图像描述的基础上，第三级隐层用来检测特定对象的整个部分（c）；最后，通过多级隐层的特征提取和抽象，深度学习模型能够在图像中准确地识别目标对象，并做出相应的判定。

需要注意的是，我们这里可以说神经网络、深度学习受到神经生理学一些启发，是对人脑认知过程的一种很简单、初级的"模仿"。

深度学习的另外一个理论动机是：如果一个函数可用 k 层结构以简洁的形式表达，那么在采用深度小于 k 的网络结构表达该函数时，可能需要增加指数级（相对于输入信号）规模数量的计算因子，大大增加了计算的复杂度，也将导致训练样本数量有限时网络泛化能力变差[7]。

1. 深度学习的优点

深度学习与浅学习相比具有许多优点，我们可以概括为如下几个优点。

（1）深度神经网络具有优异的特征学习能力。Hinton 教授在其《利用神经网络降低数据维度》[1]一文中给出的一个主要观点是：多隐藏层的人工神经网络具有优异的特征学习能力，学习到的特征对数据有更本质的刻画，从而有利于可视化或分类。为什么深度结构的神经网络具有更加优异的特征学习能力呢？刘建伟等在其论文[7]中总结了深度学习在特征表达方面的必要性：在网络表达复杂目标函数的能力方面，浅层结构的神经网络有时无法很好地表示复杂高维函数，而深度结构神经网络则能够更好地实现这一目标。此外，深度模型由于层次更深、表达能力更强，能够更有效地处理大规模数据。在图像和语音等特征不明显的问题上，深度学习模型能够在大规模训练数据上取得更好的效果。例如，在语音识别方面，深度学习使得错误率下降了大约30%，取得了显著的进步。另外，Hinton 教授领导的团队 2012 年在当前最大的图像数据库 ImageNet 上得出了惊人的结果，在分类问题上将 Top5 错误率由最高 26%大幅降低至 15%，这一突破大大提高了人工智能图像数据处理的准确度。因此深度学习模型具有更强大的特征学习能力，相较于单层学习或表层学习，能够更好地应对复杂的数据处理任务。

（2）深度学习是一种可以自动地学习特征的方法。浅层模型的一个显著特点在于需要依赖人工抽取样本的特征，而特征的选取质量对最终结果有着极大的影响。然而，手工选择特征是一项极其耗时费力的任务，往往需要依靠经验和运气。在浅层学习中，人工经验抽取样本特征后，网络模型学习到的仅是缺乏层次结构的单层特征[8]。相比之下，深度学习框架将特征提取与分类器结合到一个统一的框架中。通过将海量的训练数据输入到深度模型中，深度学习可以学习到更具有语义的高度抽象特征，从而提升分类或预测的准确性。具体而言，深度学习通过无监督学习对每一层进行预训练，然后利用监督学习对整个模型进行逐层微调（fine-tune）学习。这种逐层特征变换的方式能够将样本从原始空间的特征表示转换到新的特征空间，自动地学习到层次化的特征表示。因此，深度学习能够更好地处理大规模数据，并减少手工设计特征的工作量。因此，"深度模型"可以看作是实现目的的手段，而"特征学习"则是其最终目标[3]。

（3）深度神经网络可以通过"逐层预训练"（layer-wise pre-training）来有效克服训练和优化求解的难题。由于深度的增加使得非凸目标函数产生的局部最优解是造成学习困难的主要因素。反向传播基于局部梯度下降，从一些随机初始点开始运行，通常陷入局部极值，并随着网络深度的增加而恶化，不能很好地求解深度结构神经网络问题。2006年，Hinton 等人提出的用于深度信念网络（deep belief network，DBN）的非监督逐层训练算法[10]，随后提出多层自动编码器深层结构，这些都为深度学习模型优化难题带来了有效的解决方法。

（4）深度学习模型可重新迁移训练，可以更容易地适应不同的领域和应用。在信息共享方面，深度学习获得的多重水平的提取特征可以在类似的不同任务中重复使用，相当于给任务求解提供了一些无监督的数据，可以获得更多的有用信息。首先，迁移学习利用预先训练的深度学习网络适应同一领域内的不同应用程序是十分有效的。相比传统机器学习方法，深度学习技术更容易适应不同的领域和应用。例如，一旦掌握了语音识别领域的深度学习理论基础，将深度网络应用于自然语言处理过程就会变得相对简单，因为它们之间的基础知识非常相似。相反，经典的机器学习算法在不同领域和应用之间的知识库基本上是完全不同的，因此跨领域应用这些算法会更加困难。

2. 深度学习的局限性

深度学习虽然在图像分类、语音识别等多个方面取得了突破性进展，但其不是万能的，本身仍然存在诸多局限性。

（1）缺乏理论支持，可理解性差。深度学习算法在成千上万个节点之间建立映射，并给出输入与输出之间的关系，但这种关系却无法被人所理解。即使是开发出此算法的工程师也常常对结果困惑不解。因此，深度学习方法通常以黑盒方式使用，其大部分结论的确认是基于经验而不是理论。同时，对于深度学习架构，也存在一系列的疑问：卷积神经网络为什么是一个好的架构，深度模型构建深度如何确定，是否越深越好；大型的卷积网络中的参数是否存在冗余，如何进行网络的压缩；目前的优化算法如何避免局部最优值。虽然深度学习在越来越多的实际的应用中取得了突出的效果，但深度模型本身存在的一些问题依旧无法得到妥善解决。不管是为了更好地构建深度模型，还是为了更好解释深度模型取得增益的原因，目前阶段的深度学习都亟需更加完善的理论支撑。

（2）深度学习缺乏推理能力。深度学习技术缺乏表达因果关系的手段，缺乏进行逻辑推理的方法。深度学习非常擅长建立输入与输出之间的映射关系，却不擅长总结发现其中的内在逻辑关联。通过大量的训练，深度学习算法可以打败最好的人类棋手，然而这并不代表人工智能对于游戏有着和人一样的领悟能力。深度学习只能通过反复试错，才能够保证准确率，但是升级一下游戏或者版本，准确率就会降低，可以看出深度学习缺乏由此及彼的推理能力、对环境的依赖性太强。总之，深度学习模型并不理解它们的输入，至少没有人类意识上的理解。

（3）深度学习模型训练需要大量的数据。深度学习训练算法需要大量的数据，训练数据量越大，模型的准确性越高。如今大公司之间为了争夺数据，甚至愿意免费提供服务以换取数据，其原因是拥有越多的数据，就拥有越高的算法准确性和越有效的服务，从而可以吸引更多的用户，然后在竞争中形成良性循环。对于深度学习算法来说，缺乏一个"下定义"的过程，即从一个从特殊到一般的提炼过程，好的效果必须依托于成千上万甚至更多的训练样本。

（4）深度学习对数据的过度依赖也会带来一些使用安全性的问题。加里·马库斯（Gary Marcus）说过："深度学习非常善于对特定领域的绝大多数现象作出判断，另一方面它也会被愚弄"。这里涉及对抗样本对于深度学习算法的攻击，通过对交通标志进行一些很小的涂改，深度学习算法就会将停止与限速的交通标记判断错误。

3.2 卷积神经网络

目前典型的深度学习模型有卷积神经网络（convolutional neural network，CNN）、深度信念网络（DBN）和堆栈自编码网络（stacked auto-encoder network，SAN）[12]等，其中最早提出且影响深远的是深度卷积神经网络。19 世纪 60 年代，Hubel 和 Wiesel 的研究揭示了视觉皮层内部的层级结构，并提出了基于猫视觉皮层的结构模型。他们发现，在初级皮层中，存在一些简单细胞，这些细胞对边缘和不同朝向的光刺激产生响应。这些简单细胞相互连接形成更复杂的细胞群,这些复杂细胞对更复杂的图像信息作出响应。这一发现揭示了视觉信息在大脑中处理的分层结构,为后来神经网络和深度学习模型的发展奠定了基础。直到 1980 年,福岛邦彦(Kunihiko Fukushima)提出神经认知机(neocognitron)模型,实现了 Hubel 和 Wiesel 的思想,其仅采用卷积和降采样(池化)的组合结构[13]——卷积神经网络。1998 年,LeCun 应用反向传播算法对卷积神经网络进行训练,并且在邮政编码识别的应用中取得较好的效果[14]。尽管当时的硬件技术和数据集限制了网络模型的深度,只能构建较为浅层的网络模型来处理简单的数字图像。随着 GPU 技术的发展和 ImageNet 数据集的建立,亚历克斯·克里泽夫斯基(Alex Krizhevsky)使用深度卷积网络成功问鼎 2012 年 ImageNet 大规模视觉识别竞赛(ImageNet large-scale visual recognition challenge,ILSVRC)[15],证实了卷积神经网络能较好地处理图像。

经典的卷积神经网络由若干个卷积层和池化层交替构成,进行对象(如图像)特征提取[16]。这些特征提取层使得网络能够逐渐捕捉到图像中的重要特征,并将其表示为高级抽象的特征。随后,这些特征被铺展为一维向量,并输入到由全连接层(也称为多层感知器)组成的分类器中,以完成分类任务。以 CIFAR-10 数据集[17]为例,用一张图像的像素点信息(即 32×32×3 的三维张量)作为输入,输出为所属不同类别(如猫、狗等)的概率值,所有类别的概率之和为 1(可以通过 softmax 函数实现)。在图像识别中,最高概率值对应的类别即为图像的预测类别。如果仅使用全连接网络模型来处理图像信息,需要将 32×32×3 的输入张量铺展为 3 072 的一维向量,并与隐藏层相连接。然而,这种做法会导致模型参数量庞大,并且破坏了图像像素点之间的位置相关性,从而不利于提取有价值的信息。相比之下,卷积神经网络能够更好地解决这些问题。如图 3-4 所示,单层卷积神经网络一般包含卷积运算(convol.)、局部对比归一化(local contrast normalization,LCN,可选)和池化(pooling)三部分。深度卷积神经网络由多个单层卷积神经网络组成,形成可训练的多层网络结构。通过堆叠多个卷积层和池化层,深度 CNN 能够逐渐提取更加复杂、抽象的特征,从而实现更高效的图像分类和识别。

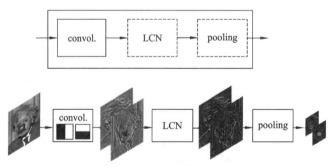

图 3-4 单层卷积神经网络示意图

3.2.1 卷积

卷积层是神经网络中至关重要的一部分,通过卷积层的卷积操作可以完成图像的特征提取。在卷积层中,卷积操作主要用于提取输入信号的不同特征,并利用非线性变换对这些特征进行筛选，从而实现对输入信号的特定模式的观测[8]。其观测模式也称为卷积核（又称滤波器），其定义源于由 Hubel 等基于对猫视觉皮层细胞研究提出的局部感受野概念[18]。卷积操作逐层提取特征时，会更加关注图像的局部细节，然后利用全连接层将各局部特征聚合在一起，从而得到兼顾局部和全局的图像特征。每个卷积核都可以检测输入特征图上所有位置的特定特征，实现在同一个输入特征图上的权值共享[19]。

为了提取输入特征图上不同的特征，通常会使用不同的卷积核进行卷积操作。假设输入是一个 $W×H×D$ 的张量，而卷积核的大小为 $K×K×D$，其中第三个维度与输入张量的相同。具体的卷积过程是：将卷积核在输入张量上按照规定的步长进行滑动，并将卷积核作为神经元的连接权重，同时将相应的输入张量上的元素作为神经元的输入信号。每次卷积核滑动一个位置，就会产生一个输出。最终，一个卷积核对应一个二维张量（也称为子特征图），而 N 个卷积核则对应一个三维张量（即特征图），作为下一层网络的输入。

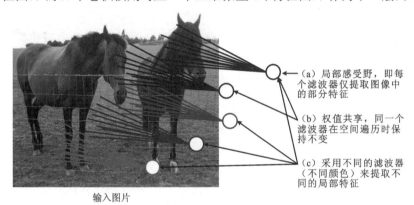

输入图片

图 3-5　针对二维图像进行卷积操作示意图

扫封底二维码见彩图

图 3-5 给出了针对二维图像进行卷积操作的示意图。卷积操作在神经网络中起到了重要作用，它能够有效地保持图像数据的空间位置关系。其局部连接方式有利于提取局部特征（即局部感受野），这符合图像中一个像素点与其周围像素高度相关的特点。在卷积操作中，一个卷积核对应一张子特征图，这意味着同一张子特征图上的神经元共享相同的权重，即同一个卷积核在空间遍历时其权值保持不变。这种方式可以有效地减少模型的参数量，同时能够更好地处理同一特征在不同位置出现的情况。通过采用多个不同的卷积核，可以提取图像中不同的局部特征。在图 3-5 中，不同颜色的卷积核表示不同的局部特征提取器，每个卷积核都可以捕捉图像中的特定特征。这样的设计使得神经网络能够有效地学习到图像的多个局部特征，从而提高模型的表征能力和泛化能力。

卷积在数学上代表两个变量在一定范围内的相乘求和运算，设两个离散变量 $x(n)$ 和 $k(n)$，则 $x(n)$ 和 $k(n)$ 的卷积 $y(n)$ 可表示为

$$y(n) = x(n) * k(n) = \sum_i x(i) \cdot k(n-i)$$

（3-1）

在图像处理中，卷积运算可以等价地表示为内积运算，其中卷积核对图像像素进行分块处理。举例来说，考虑一个 $3×3$ 的卷积核和一个 $6×6$ 大小的图像进行卷积运算，卷积核从图像的左上角开始，以特定的步长在图像内滑动，同时与滑过的像素块进行卷积运算，最终得到一个含有新像素值的图像，如图 3-6 所示。

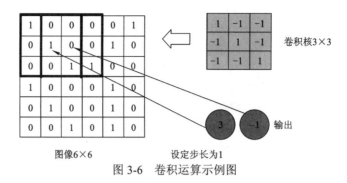

图像6×6　　　　　　设定步长为1

图 3-6　卷积运算示例图

整个运算过程可以用式（3-2）进行表示

$$p_{new} = p_{3\times3} * k_{3\times3}$$
$$= 1\times1 + 0\times(-1) + 0\times(-1) + 0\times(-1) + 1\times1 + 0\times(-1) + 0\times(-1) + 0\times(-1) + 1\times1 \quad (3\text{-}2)$$
$$= 3$$

式中：p_{new} 为图 3-6 中（1，1）位置像素卷积运算后的新值；$p_{3\times3}$ 为与卷积核大小相等的图像块；$k_{3\times3}$ 为一个大小为 3×3 的卷积核；$*$ 则代表卷积运算。卷积核的选取通常遵循两个原则：卷积核大小为奇数，以保留像素点的位置信息；至于步长的选择则没有一定的标准，需要根据具体情况确定。然而，卷积运算会导致图像尺寸减小并丢失部分边界信息。为了确保卷积运算的顺利进行，需要进行填充（padding）操作。一旦确定了步长和卷积核的大小，根据输入数据的尺寸，可以计算出卷积操作后的结果，如式（3-3）所示：

$$size = (N - F + 2P)/S + 1 \quad (3\text{-}3)$$

式中：N 为输入图像的尺寸；F 为卷积核的大小；P 为补零的尺寸；S 为卷积核的滑动步长。图 3-6 中各卷积层的输出便是根据式（3-3）计算得到。

3.2.2　非线性变换（激活函数）

神经元的输出本质上是线性的，但真实世界中的信号大多是非线性的。为了增强神经网络的表达能力，使其输出更接近于真实世界信号，需要在特征提取后引入激活函数进行非线性变换。这样可以为神经元的输出引入非线性。传统卷积神经网络中非线性变换操作采用 sigmoid、tanh 等饱和非线性（saturating nonlinearity）函数[20]，近几年的卷积神经网络中多采用不饱和非线性（non-saturating nonlinearity）函数 ReLU（rectified linear units）[21]。常用的激活函数及其数学表达式如式（3-4）所示：

$$\begin{cases} \text{sigmoid} : s(x) = \dfrac{1}{1 + e^{-x}} \\ ReLU : f(x) = \max(0, x) \\ \tanh : \tanh(x) = \dfrac{e^x - e^{-x}}{e^x + e^{-x}} \end{cases} \quad (3\text{-}4)$$

式中：x 为输入变量；e 为自然常数。

sigmoid 函数是常用的激活函数之一，可以将神经元的输出映射到 0～1 的值域范围内。然而，sigmoid 函数在神经网络反向传播计算梯度时过于复杂，导致收敛速度较慢，并且容易出现梯度消失等问题。tanh 函数与 sigmoid 函数类似，其取值范围在-1~1，且具有零均值性，在实际应用中表现稍好于 sigmoid 函数。相比之下，ReLU 在优化参数时计算量较小，收敛速度比 sigmoid 和 tanh 更快，并且在一定程度上缓解了梯度爆炸和梯度消失的问题。因此，ReLU 常被选为神经网络的激活函数。ReLU 函数的曲线如图 3-7 所示，它能够对神经元的输出进行单侧抑制，使得神经网络更符合生物学原理。

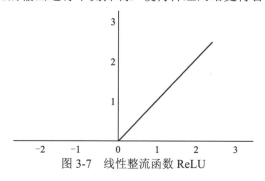

图 3-7　线性整流函数 ReLU

3.2.3　池化

池化（pooling）层通常被置于两个卷积层之间，旨在降低特征维度以减小计算量。在池化操作中，针对子特征图，可选择进行平均池化或最大池化，其滤波器大小通常与步长相同，且无需额外的训练参数，因而可有效降低计算成本。通过池化操作，既保留了图像中的有用信息，又保持了特征尺度的稳定性，同时对数据进行了重采样，降低了维度并在一定程度上避免了过拟合问题。平均池化（mean-pooling）和最大池化（max-pooling）是常见的池化方式，如图 3-8 所示。

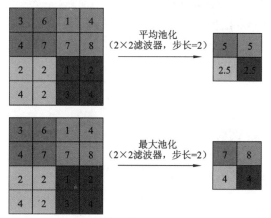

图 3-8　平均池化和最大池化过程

平均池化采用滤波的方式对特定尺寸范围内的像素值进行代数平均，以实现特征降维的目的。这种方法有助于减小由受限的邻域大小而导致的估计值方差增大，更充分地保留了图像的背景信息。相比之下，最大池化更加敏感于图像的纹理特征，它通过保留滤波器范围内的最大像素值来实现特征降维，同时减少了卷积层参数误差引起的估计均值偏移。在本章中，采用了最大池化方法，以降低参数偏移误差并提高视觉位置识别的准确率。

池化操作具有两方面的优势：一是能够有效地缩减特征图的维度，降低模型的复杂度；二是在经过多次池化操作后，即使图像发生微小的平移、旋转或尺度变化，其输出值基本保持不变，从而增强了模型的鲁棒性。然而，尽管池化操作有助于提高模型的鲁棒性，但也伴随着有效信息的丢失。因此，在对精度要求较高的应用中（如语义分割），逐渐不再采用池化操作。

3.3 反向传播算法

当输入 x 被送入到神经网络中，信息经过每一隐层的流动，最终产生输出 y，并计算出代价函数 J，此过程被称为前向传播（forward propagation）。与此对应，反向传播算法（back propagation）则是让信息从代价函数 J 反向进行流动，依次计算神经网络每一层的梯度。

反向传播算法是一种用于多层神经网络参数优化的关键技术。它基于链式法则和梯度下降方法，将误差从输出层向输入层逐层传播，以更新网络中的参数。链式法则是在 17 世纪首次被提出的，用于计算复合函数的导数；而梯度下降是一种 19 世纪引入的迭代近似方法，用于解决优化问题。《并行分布式处理》（*Parallel Distributed Processing*）一书在其中一章提供了第一次成功使用反向传播的一些实验的结果，这对反向传播的普及做出了巨大的贡献，并且开启了一个研究多层神经网络非常活跃的时期。在反向传播的成功之后，神经网络研究获得了普及，并在 20 世纪 90 年代初达到高峰。随后，其他机器学习技术变得更受欢迎，直到 2006 年开始的现代深度学习复兴。以下以多层人工神经网络来说明反向传播算法的具体步骤。

假设人工神经网络中非线性变换操作采用 sigmoid 函数，w_{ji} 表示前一层节点 i 与当前层节点 j 之间的连接权重，代价函数 J 为均方误差函数，则根据人工神经网络结构可知

$$x_j = \sum_i y_i w_{ji} \tag{3-5}$$

$$y_j = \frac{1}{1+e^{-x_j}} \tag{3-6}$$

另外，根据 sigmoid 函数的一个性质

$$\frac{\partial y_j}{\partial x_j} = y_j(1-y_j) \tag{3-7}$$

可以得到

$$\begin{aligned}
\frac{\partial J}{\partial w_{ji}} &= \frac{\partial J}{\partial x_j} \cdot \frac{\partial x_j}{\partial w_{ji}} \\
&= \frac{\partial J}{\partial y_j} \cdot \frac{\partial y_j}{\partial x_j} \cdot y_i \\
&= \frac{\partial J}{\partial y_j} \cdot y_j(1-y_j) \cdot y_i
\end{aligned} \tag{3-8}$$

假定人工神经网络下一层节点为 k，则

$$\frac{\partial J}{\partial y_j} = \sum_k \frac{\partial J}{\partial y_k} \cdot \frac{\partial y_k}{\partial y_j}$$

$$= \sum_k \frac{\partial J}{\partial y_k} \cdot \frac{\partial y_k}{\partial x_k} \cdot \frac{\partial x_k}{\partial y_j} \tag{3-9}$$

$$= \sum_k \frac{\partial J}{\partial y_k} \cdot y_k(1-y_k) \cdot w_{kj}$$

定义

$$\delta_j = \frac{\partial J}{\partial y_j} \cdot y_j(1-y_j) \tag{3-10}$$

则

$$\delta_j = \begin{cases} (y_j - y_{\text{label}}) \cdot y_j(1-y_j), & j \in \text{输出层节点} \\ (\sum \delta_k w_{kj}) \cdot y_j(1-y_j), & j \in \text{隐层节点} \end{cases} \tag{3-11}$$

最终能够得到反向传播算法中以代价函数 J 进行反向流动时的每层参数的梯度：

$$\frac{\partial J}{\partial w_{ji}} = \delta_j y_i \tag{3-12}$$

反向传播算法是以梯度下降策略对人工神经网络进行优化的，因此，当给定代价函数 J 和学习率 α，网络参数的优化过程可以表示为

$$\nabla w_{ji} = w_{ji} - \alpha \frac{\partial J}{\partial w_{ji}} \tag{3-13}$$

以上是最基本的多层人工神经网络的反向传播算法，其余的一些深度模型的反向传播算法与此类似，但其计算开销以及复杂度也在不断加大。由于计算整个数据集的梯度在计算花销上过于庞大，目前在反向传播算法中一般采用小批量数据的随机梯度下降算法代替传统的梯度下降。除此之外，随着深度学习的发展，人为地利用反向传播算法来进行网络优化变得越来越不可实现。最近提出的一些深度学习框架，例如 Pytorch、Tensorflow 都采用了自动微分的功能，能够在前向传播的过程中自动计算并保存每层梯度，这样仅需对网络的前向传播过程进行定义，从而大大降低了搭建深度学习网络的难度。

3.4 深度学习的正则化

深度学习模型通过优化误差函数实现训练数据的拟合，降低在训练数据上的误差，并在测试数据[①]上应用训练好的模型。假设测试数据与训练数据具有相同的分布，因此在训练数据上训练好的模型在测试数据上有希望取得较低的误差，这体现了模型的泛化（generalization）能力，但两种误差并非严格一致。一般而言，随着训练的进行，模型在

---

① 严格来讲，对于机器学习模型来说，数据集除训练数据外，还包含验证数据和测试数据，验证数据用于指示训练好的模型对在未见过的数据上的性能，并用于参数选取，而测试数据是最终应用训练模型时处理的数据。但验证数据和测试数据具有共性，即未被用于训练，为了表达简便，本书并不区分。

训练数据上的误差（简称"训练误差"）逐渐降低，而在测试数据上的误差（简称"测试误差"），通常会先降低到一定程度，之后可能会上升，这种现象称为过拟合（overfitting），图 3-9 是一个过拟合的示例。与之相对的概念是欠拟合（underfitting），即对训练数据拟合较低的情形。

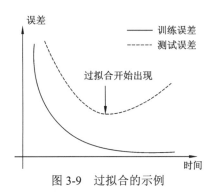

图 3-9　过拟合的示例

为了应对过拟合，降低在测试数据上的误差，提升深度模型的泛化能力，研究人员开发出了一系列策略，它们统称为正则化（regularization）。《深度学习》（Deep Learning）[22]书中对其定义为"任何为降低泛化误差而非训练误差而对学习算法所做的更改"。下文将介绍几种常见的正则化策略，包括早停（early stopping）、参数范数惩罚（parameter norm penalty）、数据增强（data augmentation）、集成（ensemble）、随机失活（dropout）等，关于更全面的正则化介绍，参见《深度学习》[22]。

3.4.1　早停

根据对过拟合现象的描述，在测试误差上升之前停止训练，并使用该状态下的模型参数即可避免过拟合现象，获得具有良好泛化性能的深度模型，这种策略称为早停。在实践中，通常在训练深度模型时，每次验证误差降低到历史最低水平时，保存当前模型参数，在停止训练时，返回取得最低测试误差时的模型参数。一般在测试误差连续上升次数到达指定的数目时停止训练，这样也可以节省模型训练时间。

3.4.2　参数范数惩罚

参数范数惩罚是机器学习中最常用的正则化方法之一，在深度学习之前已被广泛使用。它是指在模型的代价函数 J 中添加参数范数惩罚项 R（也称为正则化项），即模型各参数的范数之和，产生正则化的目标函数 $\tilde{J}$：

$$\tilde{J}(\theta; X, y) = J(\theta; X, y) + \lambda R(\theta) \tag{3-14}$$

式中：λ 为超参数，称之为参数范数惩罚系数，用来调节目标函数参数惩罚项中的权重；θ 为模型参数；X, y 分别为输入数据和标签。优化此目标函数，不仅能让模型拟合训练数据，同时也将模型参数范数限制在较小的范围内。参数范数描述了模型的复杂度，通过限制参数范数，可限制模型的拟合能力，从而不易产生过拟合。需要注意的是，过多的参数范数惩罚可能会导致欠拟合，因此实践中需要通过多次实验选择合适的 λ 值。

我们知道，模型每一层的参数可进一步细分为权重和偏置，参数范数惩罚通常只对权重运用，因此参数范数惩罚也称为权重衰减（weight decay）。这样的原因是拟合偏置要容易得多，它只控制所在网络层的输出，而不像权重那样控制输入和输出的交互，对输入数据扰动更不敏感，不对偏置做正则化也不会对过拟合情况产生大的影响。

参数范数惩罚常用的范数有 L^1 范数和 L^2 范数，其中 L^2 范数最为常见，使用这两种惩罚的正则化策略分别称为 L^1 正则化和 L^2 正则化。L^1 正则化和 L^2 正则化分别使用模型参数的绝对值之和与平方和作为范数惩罚项，对应的范数惩罚项形式分别为

$$R_{L^1}(\theta) = \sum_{w_i \in \mathbf{W}} |w_i| \tag{3-15}$$

$$R_{L^2}(\theta) = \sum_{w_i \in W} w_i^2 \tag{3-16}$$

式中：W 为被惩罚的参数构成的集合，它可以是模型全体参数的一部分，我们还可以对不同的参数施加各自的范数惩罚系数，但这样需要试验更多的模型设置，增加搜索空间。实践中对全体模型权重使用统一的范数惩罚系数就能取得良好的效果。比较两种正则化项对参数的梯度。

$$\frac{\partial R_{L^1}(w)}{\partial w} = \begin{cases} 1 & w > 0, \\ -1, & w < 0 \end{cases} \tag{3-17}$$

$$\frac{\partial R_{L^2}(w)}{\partial w} = 2w \tag{3-18}$$

不难发现，L^2 正则化项对参数的梯度与参数大小成正比，而 L^1 正则化项对参数梯度为常数，相比 L^2 正则化，L^1 正则化更容易让参数逼近 0，让模型参数更加稀疏，这是一个重要的性质，可用于特征选择。参数范数惩罚做法简单，计算代价很低，且有较好的效果，是最常见的正则化方法之一。

3.4.3　数据增强

充足的训练数据是保证深度学习模型泛化能力的关键。实践中可用的训练数据有限，为了获取更多的训练数据，可以利用已有数据，通过一定的变换，人工生成样本，加入训练集中，这种策略称为数据增强。数据增强需要考虑的一个关键点是，在对输入数据做某种变换后，能否在无须人工标注的情况下获取变换后数据的标签。以图像分类为例，可用的数据增强技术有图像翻转、旋转、裁剪、色彩扰动、增加噪声等，这些变换通常不会改变原有图像对应的类别标签，因此变换后的数据可以复用原有标签，使用这些数据也能增强模型对这些变化类型的适应性。对于目标检测任务，依然可以采用以上数据增强技术，但需要根据所做的变换，对标签也做相应的更改，例如图像翻转、裁剪等一般会改变目标的位置。但对于计数问题，使用裁剪就不合理，这种方式很可能改变了区域内的目标数量，而变换后数据的标签无法获取。

3.4.4 集成

集成是机器学习中通用的一种技术，做法是先产生多个模型，再通过某种方式将这些模型的输出结合起来，例如平均、投票。集成起作用的原因是多个训练好的模型通常不会在测试数据上出现相同的错误。要让集成产生较好的结果，需要这些模型本身具有不低的精度，且模型之间具有差异（对理论推导感兴趣的读者可参考《深度学习》[22]或《机器学习》[23]）。不同集成方法构建多个模型的方法不同，它们可大致分为两类：串行生成且单个模型之间相关性强的序列化方法，例如 boosting；可同时生成且单个模型之间相关性弱的并行化方法，例如 bagging。深度学习中常用 bagging，即分别训练多个模型，例如采用不同的模型结构、使用不同的采样集训练，再将模型输出平均起来。这种策略一般能显著降低测试误差，例如在 2012 年 ImageNet 大规模视觉识别竞赛（ILSVRC）中，取得第一名的 AlexNet[23]通过集成 7 个 CNN，将验证集上的错误率从 39.0%降低到 36.7%。需要注意的是，在学术研究中，通常不鼓励使用这种方法，因为它们引入了更大的计算量和参数量，带来的性能提升并非模型本身造成的，不利于公平的比较。

3.4.5 Dropout

Dropout 是由 Srivastava 等[15, 24]提出的一种正则化策略，可以用极低的计算代价显著降低过拟合。如图 3-10 所示，Dropout 的做法是在训练时，对某些或某个隐藏层，将各个神经元以概率 p 丢弃（实践中通过置零神经元响应来实现），从而增强模型对输入扰动的鲁棒性。Dropout 可以近似为一种集成的策略，即该层神经元的个数为 n，由于神经元的丢弃是随机的，该层一共可产生 2^n 种不同的神经元状态，相当于产生了指数级别数量的网络模型用于训练，在测试时，使用完整的网络产生输出，相当于集成所有的网络模型的结果，从而降低过拟合。实践中 p 常取 0.5。

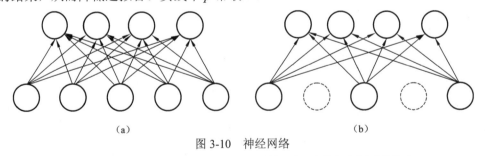

（a） （b）

图 3-10 神经网络

（a）普通神经网络；（b）应用 Dropout 后的神经网络，虚线表示丢弃的神经元

3.5 深度模型的优化

深度模型的优化即寻找神经网络上的一组参数 θ，它能显著地减小代价函数（cost function）$J(\theta)$，该代价函数通常包括整个训练集上的性能评估和额外的正则化项。与纯

优化问题直接最小化目标性能 P 本身不同，它通过减小代价函数 $J(\theta)$ 来间接提高某性能度量 P。

3.5.1　深度模型优化的基础概念

1. 最小化经验风险

一般地，机器学习算法的目标函数（objective function）$J^*(\theta)$ 可以表示为期望泛化误差，又称为风险（risk）

$$J^*(\theta) = E_{(x,y)\sim p_{\text{data}}} L(f(x;\theta), y) \tag{3-19}$$

式中：L 是每一个样本的损失函数（loss function）；$f(x;\theta)$ 是当输入为 x 时的目标输出；p_{data} 是真实数据分布。机器学习算法的目标就是减小期望泛化误差。如果知道真实数据分布 p_{data}，则最小化风险的问题转化为纯优化问题。在实际问题中，往往只拥有一些训练样本，而难以获得真实数据分布。于是通过使用经验分布 $\tilde{p}_{\text{data}}$ 来代替真实数据分布 p_{data}，将问题转化为最小化在训练数据集上的代价函数 $J(\theta)$

$$J(\theta) = E_{(x,y)\sim \tilde{p}_{\text{data}}} L(f(x;\theta), y) \tag{3-20}$$

具体到特定的训练数据集，需要最小化经验风险（empirical risk）

$$E_{(x,y)\sim \tilde{p}_{\text{data}}}[L(f(x;\theta), y)] = \frac{1}{m}\sum_{i=1}^{m} L(f(x^{(i)};\theta), y^{(i)}) \tag{3-21}$$

式中：m 表示训练数据集中的样本数量。

上述基于最小化在训练集上的平均误差的训练过程被称为经验风险最小化（empirical risk minimization）。在深度学习中，直接最小化经验风险很容易导致过拟合，需要在经验风险后面加上正则化（regularization）。这种拥有正则化的经验风险被称为结构风险。

2. 批量和小批量算法

同时使用整个训练数据集来进行优化的算法称作批量或者确定性梯度算法；使用训练集的随机采样样本的优化算法被称为小批量算法或者小批量随机算法，亦简称为随机算法。当训练集的样本数比较多的时候，计算训练集上每个样本的损失然后求和的计算量是很大的，因此小批量算法称为目前深度模型优化算法的主流。使用小批量算法时需要注意随机采样训练样本。

3.5.2　深度模型优化的挑战

1. 局部极小值（local minimum）

在机器学习中，问题通常被转化为优化问题。对于凸优化问题，存在平坦的区域，而不是一个单一的全局最小值点，因此任何局部极小值都可以被视为全局最小值。然而，对于非凸函数，尤其是在复杂的神经网络中，可能存在多个局部极小值，且与全局最小值相差甚远。这些局部极小值可能对模型性能产生严重影响，导致性能下降或训练失败。尽管深度学习模型存在多个局部极小值，但通过使用随机梯度下降等优化算法，可以在一定程度上缓解局部极小值问题，并找到更好的解。随机梯度下降引入了随机性，使得即使在梯度不为零时，仍有可能跳出局部极小值。因此，通过合适的优化算法和策略，以及对模型参数和结构的调整，可以有效地处理非凸函数中的局部极小值问题，从而提高深度学习模型的性能。

2. 高原（plateau）、鞍点（saddle point）和其他平坦区域

高原即一块平坦的区域，这个区域里的梯度均为 0，因此优化算法很难知道从高原的哪个方向去优化来减小梯度。局部极小值和鞍点的梯度均为 0。它们之间不同点在于局部极小值点附近的点均拥有比其更大的代价；鞍点附近的某些点比鞍点有更大的代价，而其他点则有更小的代价。在高维函数中，鞍点可以被视为代价函数在某个横截面上的局部极小点，也可以被视为在另一个横截面上的局部极大点。除极小值、高原和鞍点之外，还存在其他梯度为零的点，所有这些情形都给优化问题带来了一定的挑战。

3. 悬崖（cliffs）和梯度裁剪（gradient clipping）

多层神经网络通常存在像悬崖一样的斜率较大区域，被称为悬崖。当优化算法搜索到斜率极大的悬崖结构时，梯度极大导致梯度更新也极大，从而会很大程度地改变参数的变化也很大，极易导致梯度搜索时的一次梯度更新就完全跳过这类悬崖结构。但是大多数情形，梯度裁剪（gradient clipping）可以避免这类情况的发生。简单来说，就是当梯度很大时，通过梯度裁剪来减少梯度更新的步长，从而使其不完全跳过悬崖结构。

3.5.3 常用的优化方法

1. 随机梯度下降（stochastic gradient descent，SGD）

梯度下降是指沿着整个训练集的梯度方向下降，而随机梯度下降是指沿着随机挑选的小批量数据的梯度下降方向，即将梯度下降应用在小批量算法中。

随机梯度下降算法的步骤如下：

（1）初始化模型参数 $\theta = \theta_0$。

（2）开始迭代更新参数 θ 直到达到停止迭代更新的评判条件。对于第 $t(t \geq 1)$ 次迭代，假设从训练集中采样一个小批量 m 个样本 $\{x^1, \cdots, x^m\}$ 以及其对应的目标 $\{y^1, \cdots, y^m\}$，参数更新的计算如下

$$g_t = \frac{1}{m} \nabla_{\theta_{t-1}} \sum_{i=1}^{m} L(f(x^i; \theta_{t-1}), y^i) \qquad (3-22)$$

$$\theta_t = \theta_{t-1} - \epsilon_t g_t \qquad (3-23)$$

式中：g_t 表示梯度；学习率 ϵ_t 表示梯度更新的步长。

（3）满足停止迭代更新的评判条件，得到最终的模型参数 θ。随机梯度下降算法中的学习率 ϵ 是一个重要的超参数。一般来说，随着迭代次数的增加，学习率应不断衰

减。目前流行的学习率衰减有分段常数衰减和指数衰减两种。

2. 动量（momentum）

动量算法[25]可以加速随机梯度下降算法的收敛，其参数迭代如下：

$$v_t = \alpha_t v_{t-1} - \epsilon_t \nabla_{\theta_{t-1}} \left(\frac{1}{m} \sum_{i=1}^{m} L(f(x^i; \theta_{t-1}), y^i) \right) \tag{3-24}$$

$$\theta_t = \theta_{t-1} + v_t \tag{3-25}$$

式中：动量因子 $\alpha_t \in [0,1)$ 是用来决定之前梯度的贡献衰减得有多快的超参数；速度向量 v_t 累积了以前的梯度；当学习率 ϵ 确定时，α 越大则以前的梯度对当前的影响越大。

动量算法还有另一个变种：Nesterov 动量[26][27]。它与经典动量算法的区别在于计算梯度时引入了动量，如下式：

$$v_t = \alpha_t v_{t-1} - \epsilon_t \nabla_{\theta_{t-1}} \left(\frac{1}{m} \sum_{i=1}^{m} L(f(x^i; \theta_{t-1} + \alpha_t v_{t-1}), y^i) \right) \tag{3-26}$$

在批量梯度下降中，与平滑的凸函数相比，Nesterov 动量的收敛速度比标准动量快。但是，在随机梯度下降中，Nesterov 动量无法提高收敛速度。

3. 自适应学习率算法

学习率代表梯度更新的步长，在优化过程中是一个很重要的参数，也是难以设置的超参数之一。因此，一些自适应学习率算法尝试在优化的过程中自适应地调整学习率。接下来将简单介绍几种自适应学习率算法。

1）AdaGrad

AdaGrad[28]允许学习率基于参数进行调整。AdaGrad 的参数更新过程如下所示

$$g_t = \frac{1}{m} \nabla_{\theta_{t-1}} \sum_{i=1}^{m} L(f(x^i; \theta_{t-1}), y^i) \tag{3-27}$$

$$r_t = r_{t-1} + g_t^2 \tag{3-28}$$

$$\theta_t = \theta_{t-1} - \frac{\epsilon}{\sqrt{r_t + \delta}} * g_t \tag{3-29}$$

式中：ϵ 是全局的学习率；δ 是一个极小的常量用来保证分母不为零；r_0 初始化为零。简单来说，AdaGrad 的动态学习率反比于其所有梯度历史平方值总和的平方根。这种自适应调整的效果是在梯度大的地方学习率下降得快，而在梯度小的地方学习率下降得慢。

2）RMSProp

RMSProp[29]将 AdaGrad 中的梯度累积替换成了指数加权的移动平均：

$$r_t = \rho r_{t-1} + (1-\rho)g_t^2 \tag{3-30}$$

$$\theta_t = \theta_{t-1} - \frac{\epsilon}{\sqrt{r_t + \delta}} * g_t \tag{3-31}$$

相比于 AdaGrad，RMSProp 引入了一个新的超参数 ρ，用来控制移动平均的长度范围，使其能够以指数衰减的形式减弱遥远历史梯度的影响。RMSProp 是一种有效且实用

的深度神经网络优化算法，尤其常用于循环神经网络。

3）Adam

Adam[30]也是一种自适应学习率算法。它可以看作 RMSProp 算法与动量的结合。RMSProp 与动量最直接的结合如下所示：

$$r_t = \rho r_{t-1} + (1-\rho)g_t^2 \qquad (3\text{-}32)$$

$$v_t = \alpha v_{t-1} - \frac{\epsilon}{\sqrt{r_t}} g_t \qquad (3\text{-}33)$$

$$\theta_t = \theta_{t-1} + v_t \qquad (3\text{-}34)$$

上式是 RMSProp 与 Nesterov 动量的直接结合。在 Adam 算法中，动量被集成到梯度一阶矩估计中，如下所示：

$$s_t = \rho_1 s_{t-1} + (1-\rho_1)g_t \qquad (3\text{-}35)$$

$$r_t = \rho_2 r_{t-1} + (1-\rho_2)g_t^2 \qquad (3\text{-}36)$$

$$\hat{s_t} = \frac{s_t}{1-\rho_1^t} \qquad (3\text{-}37)$$

$$\hat{r_t} = \frac{r_t}{1-\rho_2^t} \qquad (3\text{-}38)$$

$$\theta_t = \theta_{t-1} - \epsilon \frac{\hat{s_t}}{\sqrt{\hat{r_t}} + \delta} \qquad (3\text{-}39)$$

式中：s_0 和 r_0 均初始化为零；ρ_1 和 ρ_2 是时刻估计的指数衰减率。

简言之，Adam 算法利用梯度的一阶矩估计和二阶矩估计为不同的参数设计了独立的自适应学习率。相较于其他算法，Adam 对超参数的选择相对更为鲁棒。

目前，在选择优化算法上没有产生共识。上述优化算法均拥有各自的优点。大多数情形下，选择自己熟悉的优化算法以便于调节超参数是一个明智的选择。

3.6 深度学习的应用

在过去的几年里，深度学习的应用基本上覆盖了人工智能的所有领域。得益于大数据和强大的计算力，深度学习相对于传统方法有着巨大的优势。本节将介绍深度学习在计算机视觉、语音识别以及自然语言处理领域中的一些主要应用。作为工具的深度学习，其目标是能够处理各种不同的输入数据，但因为不同任务有其独有的特性，所以在应用过程中，深度学习会根据任务的不同而进行一定的调整。

3.6.1 计算机视觉

1. 图像分类

图像分类是从一组指定的类别集合中，给输入图像赋予一个类别的任务。虽然这是一个比较简单的任务，但仍然是计算机视觉领域比较核心的任务之一。因为该任务具有比较广泛的实际应用；此外，一些看似不相关的任务，比如目标检测、语义分割，也可以简化为分类任务。该任务面临的主要挑战有：视角多样性、尺度多样性、形变、遮挡、光照条件、背景杂乱和类内多样性。

在介绍经典的图像分类算法之前，先简单介绍一下为了促进计算机图像识别技术发展而建立的一个大型图像数据集 ImageNet。直到现在，ImageNet 数据集已经包含超过千万张的图片，基本涵盖了生活中能看见的大部分物体，并且图片含有更多的无关噪声和变化，更具挑战，为计算机视觉的发展提供了强大的数据支撑。并且从 2010 年起，每年 ImageNet 的项目组织方都会举办一场 ImageNet 大规模视觉识别竞赛（ImageNet Large Scale Visual Recognition Challenge，ILSVRC）。在 ILSVRC 竞赛中诞生了大量经典的图像识别算法，这些算法之后也进一步被用于计算机视觉的其他应用中，所以该数据集不仅大大促进了图像分类技术，对整个计算机视觉领域都有着重要的影响。

卷积神经网络（CNN）是目前被用于图像分类的主流结构。其通常由卷积层、池化层、非线性激活函数层以及全连接层组成。最常见的深度卷积神经网络就是堆叠几个[卷积层+非线性激活函数层]，然后接个池化层，并重复这种结构，直到输出适当的图像分辨率，最后，再接上全连接层做最终的分类。代表性结构有 LeNet[19]、AlexNet[15]、GoogleNet[31]、VGGNet[32]和 ResNet[33]。其中，后四种结构都曾先后在大规模图像分类数据集 ImageNet[34]上取得最好的结果。下面简单介绍一下这几种结构的特点。

LeNet：该网络由 LeCun 等人于 1998 年首次提出，用于手写数字的图像分类。由于受到当时计算资源的限制，该网络只有两层卷积，所以严格来说，它并不算是深度神经网络，不过已经拥有现代深度神经网络的雏形了。其结构如图 3-11 所示[19]。

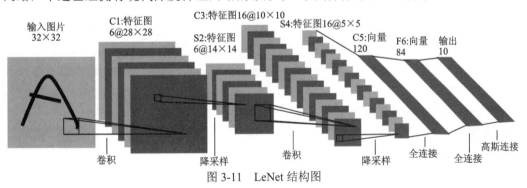

图 3-11　LeNet 结构图

AlexNet：该网络于 2012 年提出，是一个较早将深度学习成功用于处理图像分类问题的网络，相对于传统方法，其准确率有着极大的提升，将错误率从原来的 25%降到了16%。其主要的创新点在于：①采用 ReLU 激活函数，避免了 Tanh 和 Sigmoid 激活函数在稳定区容易出现的梯度消失问题；②使用 Dropout 技术，缓解模型的过拟合问题。其结构如图 3-12 所示[15]。

GoogleNet：该网络由 Google 于 2014 年提出，其主要创新点在于提出了一种"Inception"结构，如图 3-13 所示[31]，它把原来的单个节点拆成一个由不同大小的卷积核构成的小网络，并且减少每种卷积核的数量，从而使整个模型的大小得到控制。当时该模型的错误率只有 6%，之后又相继提出了该模型的后续版本，性能得到了进一步的增强。

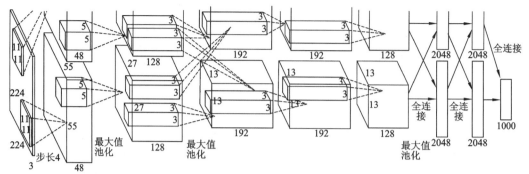

图 3-12　AlexNet 结构图

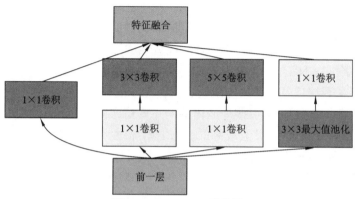

图 3-13　Inception 结构图

VGGNet：VGGNet 其实是一类模型的统称，原论文中共提出了 6 种结构相似，但层数不同的网络。它是由牛津大学 VGG 组于 2014 年提出的模型。相比于 AlexNet 的一个改进是采用多个连续的 3×3 卷积核来代替 AlexNet 中较大的卷积核，从而在保证感受野的同时，还能大大减少模型的参数量。相对于 AlexNet，VGGNet 把错误率降到了 7%。

ResNet：该模型由何恺明等人于 2015 年提出，在 ILSVRC 竞赛中，将错误率进一步降到了 3.57%，这也是在 ImageNet 数据集上，计算机的表现首次超越人类[33]。该模型的主要优势是提出了残差连接的概念，使得即使训练非常深的神经网络也不会发生非常严重的过拟合，从而通过训练 100 层，甚至 1 000 层的深度神经网络来提高性能。其基本单元如图 3-14 所示。

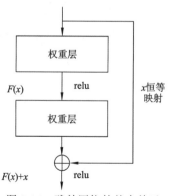

图 3-14　残差网络的基本单元

2. 目标检测

目标检测是从输入图像中定位并分类出感兴趣物体的任务。随着 CNN 的兴起，目标检测也取得了巨大的突破。目前主流的目标检测方法主要分为两大类：两阶段检测器和一阶段检测器。前者的代表性方法有区域卷积神经网络（region-CNN，R-CNN）[35]、fast R-CNN[36]和 faster R-CNN[37]等；后者的代表性方法有 YOLO（you only look once）[38]和 SSD（single shot multibox detector）[42]等。两者的主要区别在于，两阶段检测器需要先生成大量可能包含物体的候选框，然后使用分类器对所有候选框进行分类、过滤和位置修正；一阶段检测器直接同时预测物体的类别和位置。两类方法各有优缺点，两阶段检测器，检测精度更高，但速度稍慢；一阶段检测器，速度很快，但检测精度稍低。下面简单介绍这些经典目标检测器的特点。

R-CNN：第一个将深度学习成功用于目标检测的算法，也是两阶段检测器的开山之作。该方法首先通过 Selective Search 搜寻可能存在物体的区域，得到一系列可能包含目标物体的框，然后在原图上进行截取，并用 CNN 提取特征。提取出特征后使用 SVM 进行分类，最后通过非极大值抑制输出检测结果。该方法的整个流程和传统方法比较类似，主要区别在于用 CNN 提取特征而不是传统的手工特征，得益于此，在 PASCAL VOC（pattern analysis, statistical modelling and computational learning visual object classes）2007 年测试和数据集上，R-CNN 将传统方法的最高 mAP 从 40%提高到 58.5%。但是该方法的缺点是计算量太大，通过选择性搜索（selective search）得到的有效区域往往在 1 000 个以上，这意味着一张图将重复调用 1 000 多次 CNN，非常耗时。此外，得到的 CNN 特征还要保存起来，再使用 SVM 进行分类，空间和时间上的效率都太低。其流程图如图 3-15 所示[35]。

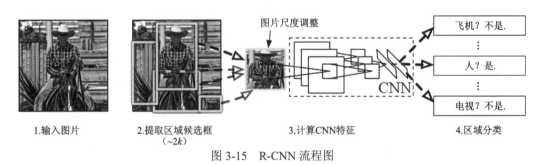

图 3-15　R-CNN 流程图

Fast R-CNN：R-CNN 的一个主要缺点是重复调用 CNN 计算候选框的特征，从而导致时间开销过大。而 Fast R-CNN 首先对整图提取特征，得到一张特征图，然后使用 ROI 池化层，将不同大小的区域映射成同一大小的向量，接着利用该向量去做分类和框的矫正，最后进行非极大值抑制。与 R-CNN 的主要区别是，Fast R-CNN 只用调用一次 CNN 来提取特征，而且分类不再使用 SVM，而是使用神经网络进行分类，此外还引入了框的矫正，对 Selective Search 得到的框进行校准。所以不论是精度还是效率，Fast R-CNN 都远远优于前作 R-CNN。其网络结构如图 3-16 所示[36]。

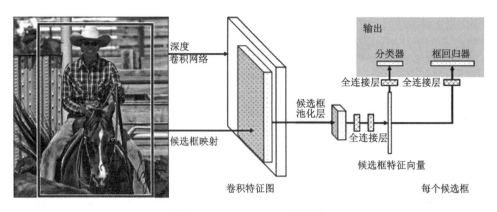

图 3-16　Fast R-CNN 流程图

Faster R-CNN：可以看到，相对于 R-CNN，Fast R-CNN 主要是对如何处理提取出来的候选框进行优化，但是用于提取候选框的 Selective Search 在速度方面依然有很大提升空间。Faster R-CNN 提出使用区域候选网络（region proposal network，RPN）取代 Selective Search，从而在精度和速度方面都取得了极大的提升。其结构如图 3-17 所示[37]。

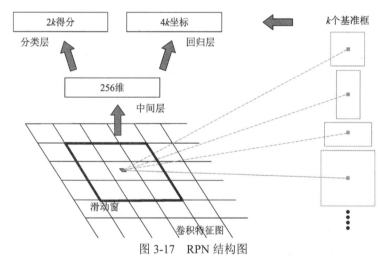

图 3-17　RPN 结构图

RPN 首先使用一个 CNN 提取特征图，然后特征图上的每一个位置通过卷积去预测它所负责的锚点的位置和类别（该阶段只分是物体或者不是物体两类），最后得到候选框。

从 R-CNN，到 Fast R-CNN，再到 Faster R-CNN，不仅检测速度越来越快，检测精度也在不断提升。这一系列工作在目标检测领域也一直一枝独秀，直到 YOLO 和 SSD 的出现，才为目标检测提供了新的思路。

YOLO：虽然 Faster R-CNN 的方法在当时已成为主流的目标检测方法，但在某些实时性要求比较高的情况下，其还不能完全胜任，主要瓶颈在于它分两个阶段进行训练和测试。而 YOLO 提出将图像划分成一个 7×7 的网格，然后在该网格的所有位置上直接回归出该位置所对应的目标框，以及目标所属类别，不再需要提取候选框的过程，从而大大提高了效率。但 YOLO 也存在明显的问题，没有了两阶段检测器中的候选框提取过程，只用 7×7 的网格进行回归并不能得到非常精准的定位。其流程如图 3-18 所示[38]。

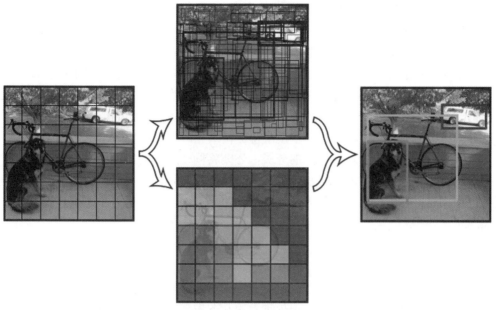

图 3-18　YOLO 流程图

SSD：基于对 YOLO 缺点的分析，SSD 结合 YOLO 中的回归思想以及 Faster R-CNN 中的锚点机制，在特征图上的每一个位置对目标框进行回归和分类，并且将不同大小的目标分到不同分辨率大小的特征图上进行预测，从而很自然地实现了多尺度预测。这样，SSD 既保持了 YOLO 速度快的特性，也保证了定位能跟 Faster R-CNN 一样比较精准。其主要框架如图 3-19 所示[39]。

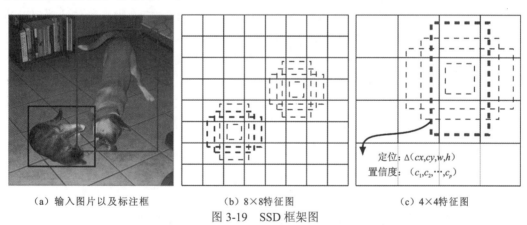

（a）输入图片以及标注框　　　（b）8×8特征图　　　（c）4×4特征图

图 3-19　SSD 框架图

3. 图像分割

图像分割主要分为两个子任务：语义分割和实例分割。首先，两个任务都是图像像素级别的分类。与图像分类不同的是，图像分类是整张图像对应一个类别，分割是对图像中每个像素点进行分类，所以分割的输入输出有着同样的大小。此外，实例分割在语义分割的基础上，还要区分开不同的个体。

与其他计算机视觉任务一样，深度学习在语义分割上也取得了巨大的成功。最初的深度学习方案是对每个像素点周围的图像块进行分类，然后将该图像块的类别作为对应像素点的类别，从而实现整个图像像素级别的分类。但是这种方法效率太低，计算量太大。直到 2014 年，加州大学伯克利分校提出了全卷积网络（fully convolutional networks，FCN）[40]，语义分割才正式进入快速发展。该方法在传统 CNN 的基础上，去掉了所有全连接层，使网络能够预测任意大小的输入图像的分割结果。后来的大部分分割方法都是基于 FCN 的结构，代表性工作有图像分割网络（SegNet）[41]、空洞卷积（dilated convolutions）[42]、语义分割模型（DeepLab）[43][44]、多层次特征精细化网络（RefineNet）[45]等。

实例分割不仅要进行像素级别的分类，还要将同一类别的不同个体区分开来。其主要思路就是在目标检测的基础上加上语义分割，先用目标检测算法检测出图像中每个实例的位置，然后再用语义分割的方法对每个检测框内的内容进行分割。其代表性工作有 Mask R-CNN[46]等。

4. 视频分析

视频分析中的主要任务是视频分类，其中针对人体动作的分类称为动作识别。视频分类与图像分类有诸多类似之处，但处理对象从图像变为视频，数据维度从二维变为三维，从这种数据中提取特征，直接的思路是将图像分类任务中使用的二维卷积更换为三维卷积（3D convolution），构建三维卷积神经网络（3D CNN）提取视频的时空特征，典型方法是 C3D[47]。然而三维卷积相比二维卷积模型的计算复杂度、参数量显著增加，对训练数据的需求也很大，受限于计算能力和数据集大小，3D CNN 在早期并未被广泛使用。更多的研究人员尝试使用 2D CNN 从视频帧中提取特征，并融合视频中多帧的特征来覆盖视频不同阶段的信息。但这种方式只提取了视频的空间特征，而运动特征没有得到较好的表示，为此凯伦·西蒙恩（Karen Simonyan）等提出将反映视频相邻帧之间运动的光流（optical flow）编码为多通道图像，使用另一支 2D CNN 从中提取运动特征，将两种 CNN 的结果融合，用于视频分类，这种方法称为双流（two stream）CNN[48]，并被许多后续方法沿用，例如时序分段网络（temporal segment networks）[49]。随着 Kinetics 等大型数据集的出现和计算能力的提升，3D CNN 模型的性能优势得以体现，并逐渐成为主流。

3.6.2　语音识别

语音识别就是计算机自动将一段声音信号转化成相应的文字内容。作为一种极其方便的人机交互方式，语音识别这方面的研究已经进行了几十年，却在近年来才开始被大规模商用，比如各大互联网公司的语音助手。这都要归功于深度学习使得语音识别能够在复杂的真实环境下仍然保持足够高的准确率，从而满足商用的要求。目前，端到端的深度学习语音系统是该领域的主流研究方向，其中比较有代表性的工作是基于 CTC（connectionist temporal classification）损失函数的方法[50]和基于注意力机制的方法[51]。该过程大致如下：首先将声音信号转化为二维的频谱图，然后用 CNN 提取特征，接着使用循环神经网络（recurrent neural network，RNN）建立声音信号在时间维度上的上下文关系，最后使用 CTC 或者基于注意力机制的方法对其进行解码，从而得到识别结果。

3.6.3 自然语言处理

自然语言处理就是让计算机处理并且理解人类语言，从而执行一些有意义的任务，比如拼写检查、关键词检索、文本挖掘、文本分类、机器翻译、对话系统和情感分析等。与感知不同，自然语言处理重点在于理解和表达自然语言，甚至完成推理，这是一个极其困难的问题，如果计算机能够完全理解自然语言，那也就真正意义上实现了人工智能。但深度学习技术在该领域的成功应用也让我们看到了一丝曙光。接下来简单介绍深度学习在自然语言处理领域的一些典型应用。

1. 情感分析

情感分析是指计算机从给定的素材中，提取出人们在某些话题上的主观态度，比如积极或消极。其目的是通过更好地了解人们的想法从而更好地为人们服务。比如从人们在社交媒体上的评论中，分析出他们对某人物、事件、话题的观点、情绪，可以进行舆情监控，从而净化网络环境。还有从人们在购物网站上的评论中，分析出他们对某商品的态度，为商家如何改善商品和提高服务提供参考。情感分析可以看作是文本分类的一个具体应用，所以目前主流的方法和一般的文本分类方法类似：先对文本中的每个词进行词嵌入；然后使用卷积神经网络、循环神经网络或者递归神经网络对其进行高层语义建模；最终接上分类器进行情感的分类。

2. 问答系统

相对于搜索引擎，问答系统是一种更高级的信息检索形式。人们以自然语言的方式向计算机提问，计算机基于信息检索、知识图谱或者问答知识库得到答案。按照生成答案的机制来分，问答系统分为基于检索式的问答系统和基于生成式的问答系统。其中，基于检索式的问答系统是根据问题去知识库中检索最合适的答案，然后返回。所以其核心任务是文本匹配。该类型问答系统一般有两种解决方案，一种是问题匹配，即在现有知识库中找到与用户问题最相似的问题，然后返回该匹配到的问题所对应的答案；另一种是问题答案对匹配，即直接在知识库中找到最合适的答案，其大致流程如下：首先，对问题和答案进行编码，然后，计算问题和答案之间的匹配度，在训练过程中，加上成对的问题答案对之间的匹配度应该大于不成对的问题答案对这一约束，在测试过程中，直接将与问题最匹配的答案返回。基于生成式的问答系统是根据问题生成由词语序列组成的答案，所以答案不再受限于有限的知识库。其核心任务是序列到序列的生成，广泛采用编码器-解码器的结构。

3. 机器翻译

机器翻译是指计算机将一种语言转换成另一种语言，并且保持意思不变的过程。2014 年，Google 提出序列到序列（sequence to sequence）[52]模型进行机器翻译，从此正式开启了神经机器翻译的新篇章。该方法提出了一种"编码器–解码器"结构的端到端翻译模型，其中，编码器和解码器都是由多个循环神经层堆叠而成。编码器将源语言句子转换成一个固定大小的隐向量，然后解码器将该隐向量解码成目标语言句子。但实际上，目标句子中的每个词只与源句子中的一部分有关，而上述方法在解码时，每个目标词对应的输入却是固定的隐向量。这点违背了机器翻译的本质，所以约书亚·本吉奥（Yoshua Bengio）等人提出"注意力机制"[53]，让解码器自动找到源句子和目标句子词与词之间的对齐关系，这样在生成目标句子中的每个词时，解码器只会选择与该词相关的源语言词。这种基于注意力机制的序列到序列框架非常有效，也被广泛应用到自然语言处理的其他应用中，比如问答系统、文档生成等。之后，不少研究人员开始尝试去掉编解码器中的循环层，从而提高机器翻译的训练和测试效率，其中比较有名的是 Facebook 的 ConvS2S 模型（convolutional sequence to sequence learning）[54]和 Google 的 Transformer 模型[55]。

参 考 文 献

[1] Hinton G E, Salakhutdinov R R. Reducing the Dimensionality of Data with Neural Networks. Science, 2006, 313(5786): 504-507.

[2] Staff T R. 10 breakthroug technologies 2013. MIT Technology Review, 2013. https: //www. technologyreview. com/10-breakthrough-technologies/2013/

[3] 余凯, 贾磊, 陈雨强, 等. 深度学习的昨天、今天和明天. 计算机研究与发展, 2013, 50(9): 1799-1804.

[4] Rumelhart D E, Hinton G E, Williams R J. Learning representations by back-propagating errors. Nature, 1986, 323(6088): 533-536.

[5] Pitts W, McCulloch W S. A logical calculus of the ideas immanent in nervous activity. Bulletin of Mathematical Biology, 1943, 5 (4): 115-133.

[6] Rosenblatt F. The perceptron: A probabilistic model for information storage and organization in the brain. Psychological Review, 1958, 65 (6): 386-408.

[7] 刘建伟, 刘媛, 罗雄麟. 深度学习研究进展. 计算机应用研究, 2014, 31(7): 1921-1930, 1942.

[8] 尹宝才, 王文通, 王立春. 深度学习研究综述. 北京工业大学学报, 2015, 40(1): 48-59.

[9] Bengio Y. Learning deep architectures for AI. Foundations and Trends in Machine Learning, 2009, 2(1): 1-127.

[10] Hinton G E, Osindero S, Teh Y W. A fast learning algorithm for deep belief nets. Neural Computation, 2006, 18(7): 1527-1554.

[11] Thorpe S J, Fabre-Thorpe M. Seeking categories in the brain. Science, 2001, 291(5502): 260-263.

[12] Vincent P, Larochelle H, Bengio Y, et al. Extracting and composing robust features with denoising autoencoders // Proceedings of the 25th International Conference on Machine learning, New York: Association for Computing Machinery, 2008: 1096-1103.

[13] Fukushima K. Neocognitron: A self-organizing neural network model for a mechanism of pattern recognition unaffected by shift in position. Biological Cybernetics, 1980, 36(4): 193-202.

[14] LeCun Y, Boser B, Denker J S, et al. Backpropagation applied to handwritten zip code recognition. Neural Computation, 1989, 1 (4): 541-551.

[15] Krizhevsky A, Sutskever I, Hinton G E. ImageNet classification with deep convolutional neural networks. Communications of the ACM, 2017, 60(6): 84-90.

[16] 李国和, 乔英汉, 吴卫江, 等. 深度学习及其在计算机视觉领域中应用. 计算机应用研究, 2019, 36(12): 1-12 .

[17] Krizhevsky A. Learning multiple layers of features from tiny images. Toronto: University of Toronto, 2009.

[18] Hubel D H, Wiesel T N. Receptive fields, binocular interaction and functional architecture in the cat's visual cortex. The Journal of Physiology, 1962, 160(1): 106-154.

[19] LeCun Y, Bottou L, Bengio Y, et al. Gradient-based learning applied to document recognition. Proceedings of the IEEE, 1998, 86(11): 2278-2324.

[20] Glorot X, Bengio Y. Understanding the difficulty of training deep feedforward neural networks // Proceedings of the Thirteenth International Conference on Artificial Intelligence and Statistics, New York: Proceedings of Machine Learning Research, 2010, 9: 249-256.

[21] Dahl G E, Sainath T N, Hinton G E. Improving deep neural networks for LVCSR using rectified linear units and dropout // 2013 IEE, International Conference on Acoustics, Speech and Signal Processing (ICASSP). New York: IEEE, 2013: 8609-8613.

[22] Goodfellow I, Bengio Y, Courville A. Deep Learning. Cambridge: MIT Press, 2016.

[23] 周志华. 机器学习. 北京: 清华大学出版社, 2016.

[24] Srivastava N, Hinton G, Krizhevsky A, et al. Dropout: A simple way to prevent neural networks from overfitting. Journal of Machine Learning Research, 2014, 15: 1929-1958.

[25] Polyak B T. Some methods of speeding up the convergence of iteration methods. USSR Computational Mathematics and Mathematical Physics, 1964, 4(5): 1-17.

[26] Nesterov Y E. A method for solving the convex programming problem with convergence rate O $(1/k^2)$. Dokl. Akad. Nauk SSSR, 1983, 27(269): 543-547.

[27] Sutskever I, Martens J, Dahl G, et al. On the importance of initialization and momentum in deep learning // Proceedings of the 30th International Conference on International Conference on Machine Learning. Journal of Machine Learning Research, 2013, 28: 1139-1147.

[28] Duchi J, Hazan E, Singer Y. Adaptive subgradient methods for online learning and stochastic optimization. Journal of Machine Learning Research, 2011(12): 2121-2159.

[29] Tieleman T, Hinton G. Lecture 6.5-rmsprop: Divide the gradient by a running average of its recent magnitude. COURSERA: Neural Networks for Machine Learning, 2012.

[30] Kingma D P, Ba J. Adam: A method for stochastic optimization. arXiv: 1412. 6980v9, 2014. https: //doi. org/10. 48550/arXiv. 1412. 6980.

[31] Szegedy C, Liu W, Jia Y, et al. Going deeper with convolutions // 2015 IEEE Conference on computer vision and pattern recognition. New York: IEEE, 2015: 1-9.

[32] Simonyan K, Zisserman A. Very deep convolutional networks for large-scale image recognition. arXiv preprint arXiv: 1409. 1556v6, 2014. https: //doi. org/10. 48550/arXiv. 1409. 1556.

[33] He K, Zhang X, Ren S, et al. Deep residual learning for image recognition//2016 IEEE Conference on Computer Vision and Pattern Recognition. New York: IEEE, 2016: 770-778 .

[34] Deng J, Dong W, Socher R, et al. Imagenet: A large-scale hierarchical image database//2009 IEEE Conference on Computer Vision and Pattern Recognition. New York: IEEE, 2009: 248-255.

[35] Girshick R, Donahue J, Darrell T, et al. Rich feature hierarchies for accurate object detection and semantic segmentation//2014 IEEE Conference on Computer Vision and Pattern Recognition. New York: IEEE, 2014: 580-587.

[36] Girshick R. Fast r-cnn//2015 IEEE International Conference on Computer Vision. New York: IEEE, 2015: 1440-1448.

[37] Ren S, He K, Girshick R, et al. Faster r-cnn: Towards real-time object detection with region proposal networks. IEEE Transactions on Pattern Analysis And Machine Intelligence, 2017, 39(6): 1137-1149.

[38] Redmon J, Divvala S, Girshick R, et al. You only look once: Unified, real-time object detection// 2016 IEEE Conference on Computer Vision and Pattern Recognition. New York: IEEE, 2016: 779-788.

[39] Liu W, Anguelov D, Erhan D, et al. Ssd: Single shot multibox detector// Computer Vision-ECCV 2016, PTI Berlin: Springer-verlag, 2016, 9905: 21-37.

[40] Shelhamer E, Long J, Darrell T. Fully convolutional networks for semantic segmentation. IEEE Transactions on Pattern Analysis And Machine Intelligence, 2017, 39(4): 640-651.

[41] Badrinarayanan V, Kendall A, Cipolla R. SegNet: a deep convolutional encoder-decoder architecture for image segmentation. IEEE Transactions on Pattern Analysis And Machine Intelligence, 2017, 39(12): 2481-2495.

[42] Yu F, Koltun V. Multi-scale context aggregation by dilated convolutions//International Conference on Learning Representations, Hong Kong, 2016.

[43] Chen L G, Papandreou G, Kokkinos I, et al. DeepLab: Semantic image segmentation with deep convolutional nets, atrous convolution, and fully connected CRFs. IEEE Transactions on Pattern Analysis And Machine Intelligence, 2018, 40(4): 834-848.

[44] Chen L C, Papandreou G, Schroff F, et al. Rethinking atrous convolution for semantic image segmentation. arXiv: 1706. 05587v3, 2017. https: //doi. org/10. 48550/arXiv. 1706. 05587.

[45] Lin G, Milan A, Shen C, et al. RefineNet: Multi-path Refinement Networks for High-Resolution Semantic Segmentation//30th IEEE Conference on Computer Vision and Pattern Recognition, New York: IEEE, 2017: 5168-5177.

[46] He K, Gkioxari G, Dollár P, et al. Mask r-cnn//2017 IEEE International Conference on Computer Vision, New York: IEEE, 2017: 2980-2988.

[47] Tran D, Bourdev L, Fergus R, et al. Learning spatiotemporal features with 3rd convolutional networks//2015　IEEE International Conference on Computer Vision, Santiago. New York: IEEE, 2015: 4489-4497.

[48] Simonyan K, Zisserman A. Two-stream convolutional networks for action recognition in videos//28th Conference on Neural Information Processing Systems, Montreal, Canada, 2014.

[49] Wang L, Xiong Y, Wang Z, et al. Temporal segment networks: towards good practices for deep action recognition//14th European Conference on Computer Vision (ECCV), October 08-16, 2016, Amsterdam,

Netherlands. Lecture notes in computer science. Berlin: Springer-verlag, 2016(9912): 20-36.

[50] Graves A, Jaitly N. Towards end-to-end speech recognition with recurrent neural networks//International Conference on Machine Learning. San Diego: Journal of Machine Learning Research, 2014, 32: 1764-1772.

[51] Chan W, Jaitly N, Le Q, et al. Listen, attend and spell: A neural network for large vocabulary conversational speech recognition//2016 IEEE International Conference on Acoustics, Speech and Signal Processing Proceedings. (ICASSP). New York: IEEE, 2016: 4960-4964.

[52] Sutskever I, Vinyals O, Le Q V. Sequence to sequence learning with neural networks//28th Conference on Neural Information Processing Systems, Montreal, Canada, 2014.

[53] Bahdanau D, Cho K, Bengio Y. Neural machine translation by jointly learning to align and translate. arXiv preprint arXiv: 1409. 0473, 2014. https: //doi. org/10. 48550/arXiv. 1409. 0473.

[54] Gehring J, Auli M, Grangier D, et al. Convolutional sequence to sequence learning//34th International Conference on Machine Learning, Sydney, Australia, 2017.

[55] Vaswani A, Shazeer N, Parmar N, et al. Attention is All you Need//31st Annual Conference on Neural Information Processing Systems, Long Beach, USA , 2017.

第4章　视频结构化描述基础技术

随着信息技术的不断发展和应用，视频数据已经成为公共安全领域重要的信息载体之一[1]。然而，传统的视频数据仅仅是一些无序的图像和声音的集合，如何从中获取有效信息成为当前亟待解决的问题[2]。为了更好地利用视频数据，视频结构化描述技术应运而生。视频结构化描述技术旨在将视频数据转化为结构化的信息，从而实现对视频内容的理解、分析和利用。通过对视频内容进行深度挖掘和智能处理，视频结构化描述技术可以提取出视频中的关键信息，包括对象识别、行为分析、事件检测等，为公共安全工作提供强有力的支持[3]。

4.1　相关概念及发展概况

21世纪以来，伦敦地铁爆炸案、"9·11"事件等世界瞩目的恐怖事件频繁发生，促使公共安全成为全世界共同关注的话题。针对公共安全事件的实时监控、评估预测、科学决策、应急处置等设立合适的方法和手段成为各级政府部门的当务之急。为此，中国政府部署了"平安城市""雪亮工程[4]"等工程项目，在城市重点部位，如银行、道路、机场、地铁、场馆、政府部门、校园等，建设了大量的视频监控点[5]。随着视频感知技术、通信技术以及相关数字化技术的发展，现已能基本满足跨时空获取视频图像信息的要求，我国视频监控能力的发展速度远超世界平均水平。快速发展带来的是大量摄像头的架设以及海量的视频数据。广泛布置的视频监控系统及其所获取的海量视频信息已在案件侦破、应急事件处置、大型活动安保等场景中发挥了至关重要的作用[6]。

随着视频监控工程建设的推进，视频数据资源的规模越来越庞大，视频信息自动化处理能力低下的矛盾日益凸显。在实际视频监控系统的运行中，往往过度依赖人工监视，存在图像数据利用率低、存储资源消耗巨大、视频检索困难等问题，制约了视频监控的深化应用[7]。如何有效地利用和管理这些海量的视频信息，实现视频信息处理的智能化成为亟待解决的问题[8]。通常而言，视频监控工程建设往往存在如下2个方面的问题：

（1）海量视频监控内容的信息处理和高效检索能力不足。视频内容自动处理的技术手段严重不足，系统的处理能力非常有限。针对具体的案件，为了确认案件嫌疑目标是否存在，往往需要投入大量的人力对海量的视频进行反复浏览、筛查、研判，视频数据的有效利用在很大程度上受制于投入的人力资源数量以及人员的技术能力、熟练程度和疲劳程度。

此外，由于视频自动分析处理能力不足，现有视频监控系统难以满足案件侦破中的时效性要求，无法实施对案件嫌疑人的实时有效控制。

（2）海量视频监控数据存储能力不足。众多视频监控系统的建设，产生了"海量"的视频数据，需要"海量"的存储空间进行存储。同时，常规视频压缩技术与视频内容无关，导致大量视频图像细节被舍弃，容易造成关键线索和证据的丢失。

如何在丰富的视频数据中进行情报信息的有效挖掘和利用？如何让信息系统自动识别与理解非结构化的视频内容？如何将视频信息与其他的结构化信息进行有效、充分的融合？这些已成为技术人员需要思考的重要问题，而这些问题的解决在公共安全领域显得尤为迫切。

视频监控的深度应用和视频产业的进一步发展，不仅是为了建设更多、更清晰、能够联网的摄像机及其系统，更重要的是通过视频解析和服务体系的建设，从对视频图像的采集、处理、分析、挖掘、评价等环节出发，实现对海量视频资源的深度应用，以此来促进整个视频监控产业实现从监控到理解的转型。在这一思路的指引下，本节从社会公共安全领域对视频处理自动化、信息表达标准化和按需服务个性化的警务应用需求出发，针对交通管理、治安防控、视频侦查中的标准化、准确性和及时性等关键问题，对视频结构化描述的各项关键技术进行阐述。

视频结构化描述技术是在语义网架构基础上发展起来的，它采用了标准的资源描述框架，对视频图像内容进行自动标注并给出结构化的文本表达。通过将图像视频内容转化为文本这种结构化的表示，实现对海量视频图像中所关注内容的高效检索与分析[9]。

视频结构化描述技术的概念自提出以来，给公共安全行业智能视频监控的技术和应用领域带来了言必称"视频结构化描述"的行业氛围。通过十余年的发展，视频结构化描述技术已在我国智能交通管理、安防安检、社会治安防控等细分行业应用中成为系统建设标配，走在了世界行业技术应用前列[6]。

视频结构化描述（video structurized description）：是对视频内容按语义关系，采用时空分割、特征提取、对象识别等技术手段，组织成可供计算机和人理解的文本信息的技术[3]。它包括两层含义：一是视频内容语义化，即在标准化的视频内容描述规范组织下，把视频中各个感兴趣的目标、目标的特征以及存在的行为识别出来，并以文本的形式加以描述，这是一个视频信息情报化提取的过程；二是视频资源关联化，建立单（跨）摄像头视频资源的语义互联，使得利用数据挖掘手段进行高效分析和语义检索成为可能，也使得视频资源同其他信息系统资源进行语义互联成为可能，这是一个视频信息组织、管理与挖掘，并辅助业务需求的过程。

4.2 视频结构化描述架构

视频结构化描述不是一个独立层面的问题，除单个视频的视频理解的准确度要求之外，视频与视频之间需要建立相应的语义互联。例如对于单个关于"周克华"的视频，模式识别需要较高的准确度，需要判断视频中的对象是否具有"周克华"所具有的特征。而由于关于"周克华"的视频的数量可能是大规模的，在不同的地点、不同的时间，都会有可能的关于"周克华"的视频，因此视频与视频之间在模式识别的基础之上，需要进行相应的语义互联[10]。除视频与视频之间的语义互联之外，视频集合与视频集合所构成的实际业务也需要进行相应的语义互联。例如有一批视频是关于"周克华"在重庆进行持枪抢劫的案件，另外一批视频是关于"周克华"在南京进行持枪抢劫的案件，这两个视频集合之间需要进行语义互联。综上所述，视频结构化描述应该是一个以业务为导向的，进行海量视频语义互联的，对单个视频的模式识别进行语义指导，并对单个视频的模式识别结果进行语义规范表述的视频理解技术。视频结构化描述应该包含以下三个层次。

（1）单一视频模式识别层。模式识别层主要针对单个视频的对象识别、对象之间关系识别、结合相应的语义技术，提高视频理解及模式识别的准确度。

（2）海量视频语义互联层。视频语义互联层主要针对视频与视频之间语义关系进行互联，海量的视频通过彼此之间的语义关系进行组织，并进行管理。

（3）业务需求层。业务需求层主要针对特定业务的视频集合，一个业务需求犹如一个事件，聚集了很多的相关视频。业务需求与业务需求也可以按照彼此之间的语义关系进行互联。

从图 4-1 可以看出视频结构化描述架构分为三个自下向上的层次。模式识别层将视频拆分成相应的语义要素，以及这些语义要素之间的语义关系。语义要素的集合构成了视频，视频与视频之间也按照彼此的语义关系进行互联与组织。视频资源的集合也构成了业务需求或者说是事件，事件与事件之间也可以通过彼此的语义关系进行互联和组织[11]。视频结构化描述按照业务—视频—要素三个层次构成。

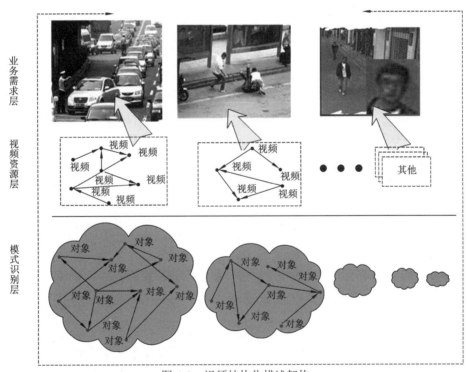

图 4-1　视频结构化描述架构

基于提出的视频结构化描述关键技术与视频监控技术领域存在的问题，视频结构化描述中包含以下三个关键问题。

（1）模式识别层的规范重构：规范组织是信息资源整合的有效方法，但目前的视频资源组织缺乏自组织性。因此，如何协调规范性和自组织性是信息资源整合的关键问题。

技术路线为：通过定义一套标准的语义空间的范式来规范重构各种多源视频资源并与对等网络技术、云计算技术和分布式存储技术相结合[12]，使多源视频资源环境下的无序资源规范化，使资源操作准确、方便，以实现有效的资源共享[13]。

（2）视频资源层的语义互联：如何实现分布在各种载体（信息空间载体、物理空间载体、社会空间载体）的视频资源在语义层上互联，消除资源语义孤岛。通过简洁的方式从资源空间映射到语义空间，可实现多源海量异构视频资源在语义层的互联。通过与资源的规范重构相结合，形成单一的语义映像，从而使各种资源在简洁的语义空间中得到统一和互联[14]。

（3）业务需求层的智能聚融：如何解决多源海量视频资源环境这一复杂系统的自组织和优化，从而使系统变得更有效力。智能耦合可使各种视频资源动态耦合起来为某种应用（具体警务案件）提供智能服务。如何通过特定的组合规则，以最佳的协作方式来集成个体元素，获取更多的有用信息，扩大时空搜索范围，提高目标的可探测性，改进探测性能；提高时间和空间的分辨率，增加目标特征矢量的维数，降低信息的不确定性，改善信息的置信度；增强系统的容错能力和自适应能力；降低推理的模糊程度，提高决策能力；弥补系统自身信息的不完善性（不完全，不精确，不一致，不确定，未知信息等）。

视频数据来自多个异构空间，比如传感器平台的路口监控数据和用户上传的互联网数据。这些多源视频经过基于语义的规范重构，转化为具有丰富语义信息的视频基本要素，并建立彼此之间的语义关系。在海量视频层，规范重构的视频通过语义关系进行互联。最后，在业务需求层，根据实际业务需求智能地聚合和融合相关视频资源[15]。

视频结构化描述的目的是要构建视频语义网络。在此基础上，实现时空域内视频内容的全面感知，同时，通过网络化的语义内容，对视频信息进行深度挖掘和推理。视频语义网是视频结构化描述的目的，同时也是视频结构化描述实现的手段。视频语义网涵盖两个层次：第一个层次是指领域本体与本体、本体与属性特征、本体与衍生本体的相互连接形成的语义网络；第二个层次是为跨时空域的视频图像构建信息网络。在这两个层次中，都渗透着语义化和语义关联。

因此，视频结构化描述技术表现为在领域知识网络的指导下，对视频图像进行深度理解，生成实例化的本体网络，其中的核心问题主要包含业务领域知识库构建、视频语义化、关键信息的综合分析和推理三个方面[16]。

视频结构化描述的主要任务是对视频进行准确高效地解析和语义互联。这是一个把视频图像数据转换为文本信息的过程。在这一过程中，知识库起着至关重要的作用，它将对视频图像的分割、识别、分析，内容信息的组织、描述、管理以及应用等全部过程起指导作用。以一个典型视频监控应用场景的视频内容解析为例，通过挖掘视频监控知识和创建监控知识本体，实现对视频监控通用知识的语义建模，并研究视频监控的知识模型对视频内容建模、自然语言描述等技术实现之间的影响。

由于视频内容的多样性，同一目标在不同场景下的表现不同。不同场景、不同目标、不同特征、不同关注事件采用的方法和模型也不尽相同。视频语义化技术用来实现视频分析与语义理解，将视频内容组织成可供计算机和人理解的文本信息。

4.3 模式识别层的规范重构

视频结构化描述的第一个关键问题是模式识别层的规范重构，就是将视频按照预先构建的语义本体进行相应的结构化描述，提取视频内有用的语义要素，并建立语义要素之间的语义关系。换句话说，就是将视频在模式识别过程中所提取的数据进行规范的基于语义的构造。

4.3.1 规范重构关键问题

实现视频资源在模式识别层的规范重构，涉及以下几个关键问题。

（1）模式识别语义辅助：传统的视频模式识别的方法主要依赖于一些基本的对象检测算法。例如在视频监控领域，对象检测可以检测出静态图像中存在的汽车和人。但是这辆车究竟是小轿车还是大卡车，当前的模式识别方法缺乏深度的分类[17]。因此，建立相关的语义本体，并对模式识别进行相应的辅助，是需要考虑的问题。除了对象的检测，对象之间的语义关系的构建也是重要的内容。例如对象检测可以检测出静态图像中存在的汽车和人，但是汽车和人是何种语义关系，是汽车撞了人还是汽车避让行人，依然缺乏准确的识别[18]。因此，建立模式识别对象之间的语义关系，是需要考虑的问题。

（2）模式识别数据语义规范：假定模式识别的算法可以检测出语义本体中建立的语义对象以及对象之间的语义关系。那么如何将这些数据进行规范化，即如何利用语义技术对这些数据进行表示、存储和检索，是下一个需要考虑的关键问题[19]。

（3）模式识别业务知识库建立：主要内容包括面向业务需求的视频语义知识库构建技术研究，收集和整理视频结构化描述资料，研究视频结构化描述应用知识的提取方法，建立视频结构化描述的行业应用知识库等，实现视频结构化描述应用知识的系统化、自觉化管理和知识演化。

4.3.2 模式识别语义辅助

模式识别层的核心问题是对视频进行对象检测等基本的图像理解操作。例如在交通视频监控场景中，需要检测的对象为车和人。但是传统的对象检测的方法缺乏细粒度语义的应用，例如其只能检测出是车辆，但是究竟是什么车辆，车辆与人之间的语义关系还缺乏较为准确的应用[20]。因此，在模式识别层，需要相应的语义本体来对其进行辅助。模式识别层的语义辅助的示意图如图4-2所示。

从图4-2可以看出，模式识别的语义辅助可以分为以下几个关键步骤。

（1）语义本体构建。本体就是由若干概念及其在某种逻辑理论（如一阶谓词演算）支持下的定义所构成的一种分类法。本体是一种对于某种概念体系（概念表达、概念化、概念化体系或者说概念化过程）的明确而又详细的说明。对于特定一个领域而言，本体

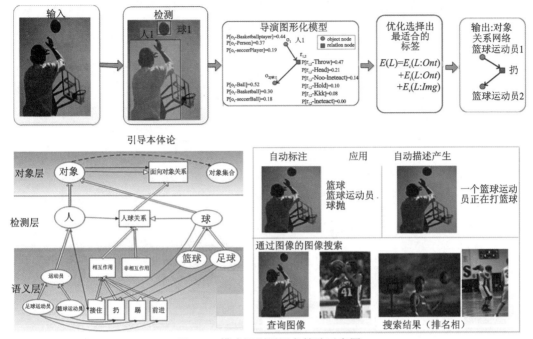

图 4-2　模式识别层语义辅助示意图

表达的是一套术语、实体、对象、类、属性及其之间的关系，提供的是形式化的定义和公理，用来约束对这些术语的解释。本体允许使用一系列丰富的结构关系和非结构关系，如泛化、继承、聚合和实例化，并且可以为软件应用程序提供精确的领域模型。例如，本体可以为传统软件提供面向对象型系统的对象模式（object schema），以及类的定义。在传统的对象检测的基础上，模式识别层可以引入预先定义的本体，例如在图 4-2 中，可以引入关于运动员与球的本体。本体包含概念的具体分类，例如运动员这个概念下面可以详细分解为篮球运动员、足球运动员等。球这个概念下一步可以分解为足球、篮球等。

（2）细粒度语义对象检测。在引入本体的基础之上，进行细粒度语义的检测，例如在图 4-2 中的例子中，所检测出的球到底是篮球还是足球，所检测出的人到底是篮球运动员还是足球运动员等。

（3）细粒度对象语义关系检测。基于语义本体的基础之上，对象以及被检测为更细粒度的实例。下一步按照语义本体中对象之间的关系，对细粒度的语义对象确定彼此之间的关系。例如在图 4-2 的例子中，可以根据语义本体来确定对象之间的关系为"投"。

（4）模式识别对象语义描述。确定了对象以及对象之间的关系，可以对对象进行语义描述，例如在图 4-2 的例子中，可以进行如下的语义描述：篮球运动员投篮球。相较于原始的图像，语义描述高度地概括了图像中的语义信息，并且具有机器可理解的特性。

对于本体的定义，例如对于视频监控领域的交通违章事故来说，本体的定义应该是一个跨层次的三层架构。最上面一层为本体的对象层，对象层属于抽象层次。在对象层之下应该为相应图像的检测层。例如利用特定算法检测出图像当中有车辆或者人。最底层应该为实际的语义层，语义层反映了对象之间的实际关系。三层本体架构如图 4-3 所示。基于构建的语义本体与对象检测结果，可以利用规则来对对象之间的语义关系进行推导。例如在交通视频监控场景中，检测出的对象为人与车辆，而车辆与人的本体中又定义了其各自的属性，例如车辆的车牌信息、款式和颜色等。车辆与人的关系可以利用其之间的方位关系进行推理。

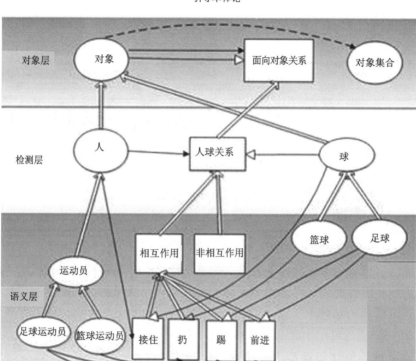

图 4-3　三层本体示意图

如何构造图 4-3 中的语义本体，是另一个重要的问题。语义本体的构建可以利用开源的外部知识，例如对于车辆的本体构造，可以利用 imagenet 数据集中的资源对语义本体进行训练。Imagenet 是一个基于 wordnet 数据库的图像网站。它按照 wordnet 的层次结构给出了相应层次所对应的图像，可以对这些图像进行训练，以得到其核心特征向量。可以选取对象的长度、宽度、颜色直方图（hue，saturation，value，HSV）特性、HSV 特性的方差和梯度方向直方图（histogram of oriented gradient，HOG）特征。对象之间的关系确立，例如在视频监控领域需要确立车辆与人之间的关系。车辆与人之间的关系可以利用对象检测之后的方位关系。保留车辆与人的长度、宽度、HSV 特性、HSV 特性的方差和 HOG 特征，来确立对象之间的关系。模式识别层的语义辅助的具体流程如图 4-4 所示。

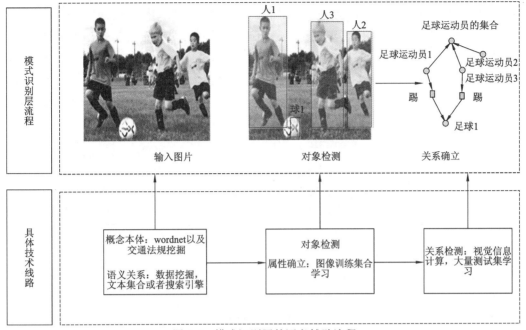

图 4-4　模式识别层的语义辅助流程

4.3.3　模式识别数据语义规范

在上一节中，通过语义辅助，也就是语义本体的引入，模式识别可以进行对象的细粒度语义的检测，包括对象的检测，以及对象之间语义关系的检测，进而形成相应的语义描述[21]。例如在图 4-4 中的输入图像可以描述成为：三个足球员动员踢足球。在有了细粒度的语义描述之后，下一步需要的工作是将语义描述进行规范化，便于进一步地使用与挖掘，主要牵涉到的问题为：

（1）语义描述元数据表示。在元数据建立方面，视频结构化描述要求对视频监控知识建模的同时也对视频内容进行语义建模，以实现在语义模型指导下的图像理解和内容信息提取。视频图像语义模型是对视频监控的场景图像、代表不同物体的图像区域，以及物体的不同部分之间的概念关系进行形式化表示。与前面的监控知识的语义建模过程相类似，也需要经过素材收集和构建图像本体等环节。利用图像数据库中对图像的标注和理解，分析视频图像分解和表示的特点，并着重研究视频监控知识的语义模型如何指导、配合视频内容建模，以及如何对视频理解、视频内容信息情报化应用起到指导作用。在元数据表示方面，可以采用资源描述框架（resource description framework，RDF）与网络本体语言（web ontology language，OWL）。RDF 使用 XML 语法和资源描述框架定义集（resource description framework schema，RDFS）将元数据描述成数据模型。采用 RDF 描述元数据的好处是，由于对资源的描述是领域和应用相关的，比如对一本书的描述和对一个 Web 站点的描述是不一样的，即对不同资源的描述需要采取不同的词汇表。因此 RDF 规范并没有定义描述资源所用的词汇表，而是定义了一些规则，这些规则是各领域和应用定义用于描述资源的词汇表时必须遵循的。当然，RDF 也提供了描述资源时具有基础性的词汇表。通过 RDF，我们可以使用自己的词汇表描述相关视频资源，由于使用的是结构化的 XML 数据，搜索引擎可以理解元数据的精确含义，使搜索变得更为智能和准确，完全可以避免当前搜索引擎经常返回无关数据的情况。简单而言，一个 RDF 文件包含多个资源描述，而一个资源描述是由多个语句构成，一个语句是由资源、属性类型、属性值构成的三元组，表示资源具有的一个属性。资源描述中的语句可以对应于自然语言的语句，资源对应于自然语言中的主语，属性类型对应于谓语，属性值对应于宾语，在 RDF 术语中称其分别为主语、谓词、宾语。

（2）先验知识语义规范。大量的先验知识可以引入作为模式识别辅助阶段的本体，这些先验知识也需要进行相应的语义规范。基于 RDF 所描述的三元组，OWL 是万维网联盟（world wide web consortium，W3C）开发的一种网络本体语言，用于对本体进行语义描述。W3C Web 本体工作组通过一系列文档描述 OWL 语言，每个文档都有不同的目的，并面向不同的读者。OWL 是语义网活动的一个组成部分。OWL 被设计用来处理资讯的内容而不是仅仅向人类呈现信息的应用。OWL 的目的是通过对增加关于那些描述或提供网络内容的资源的信息，从而使网络资源能够更容易地被那些自动进程访问。由于语义网络固有的分布性，OWL 必须允许信息能够从分布的信息源收集起来。其中，允许本体间相互联系，包括明确导入其他本体的信息，能够部分实现这样的功能。

（3）语义元数据推理。利用 OWL 建立本体之后，便可以建立采用 RDF 描述的元数据之间的联系。依次可以进行更高层次的语义推理。语义网规则语言（semantic web rule language，SWRL）是以语义的方式呈现规则的一种语言，SWRL 规则部分的概念是由规则标记语言（rule markup language，RuleML）演变而来，再结合 OWL 本体形成，目前 SWRL 已经成为 W3C 的规范之一。在实际的技术中，可以采用 Pellet，据悉，Pellet 是一种基于 Tableau 算法的描述逻辑推理机，由美国马里兰大学（College Park 分校）的 MindSwap 实验室开发。作为基于 Java 的开放源码系统，Pellet 具有广泛的应用前景[22]。

（4）语义元数据存储。有了元数据，有了元数据之间的联系，以及建立在本体之上的推理规则之后，需要对这些数据进行相应的存储以及查询的建立，便于上层的警务需求可以方便地检索到自己需要的资源。SPARQL 协议（SPARQL protocol and RDF query language）和 RDF 查询语言是一种用于 RDF 的查询语言和数据获取协议。它由 W3C 定义，可用于检索和操作任何以 RDF 形式表示的信息资源[23]。

（5）语义元数据管理。由于海量视频所带来的海量的 RDF 元数据以及大量的推理规则，因此需要对这些数据进行相应的组织与管理，在数据融合方面，可以采用海量语义数据处理平台——LarKC 平台。LarKC 平台的基本设计理念是将推理与其他技术（如信息检索）相结合，以应对大规模异构知识源处理的需求，例如电信服务、生物医学研究和医药开发等。其插件式体系结构允许集成各种不同领域的技术和启发式策略，包括数据库、机器学习、认知科学和语义万维网等。因此，LarKC 平台实现了搜索和逻辑推理的集成。

具体的语义元数据规范及其相应的技术如图 4-5 所示。

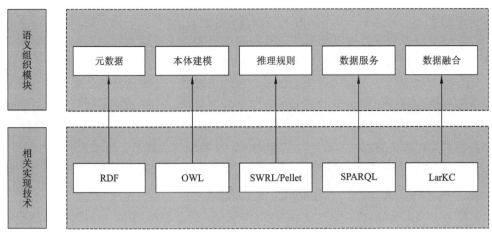

图 4-5　模式识别层的语义数据规范示意图

4.4　视频资源层的语义互联

在上一节中，介绍了视频结构化描述的第一个关键问题，模式识别层的规范重构。单一的视频通过语义辅助，在模式识别的基础之上提取了富含语义的结构化信息。同时利用语义技术，对提取的结构化描述信息进行规范化表示与存储。针对视频资源的大规模特性，构建的语义互联模型需满足以下条件。

（1）自动构造：无论是语义互联还是语义关系的发现，甚至是语义链的构造，模型必须是自动构建的，不应依赖人工或半人工干预。仅有自动构建的模型才能适应大规模资源的语义互联需求。

（2）自组织特性：模型应具备自组织特性，即不受外界干扰影响，能够在系统内部自发进行修正和组织。考虑到大规模网络资源的特性，缺乏自组织能力将导致资源混乱，无法有效整合异构、分散的资源。

（3）演化特性：由于视频资源的动态变化，模型必须具备演化特性，能够随着网络时序特性的变化而更新和演化。无论是语义链接还是语义关系，都应随着新资源不断涌现而相应演进。

本节重点讨论如何利用基于模式识别层的规范语义数据，实现多源海量视频资源在语义层的互联；探讨各种资源在简洁的语义空间中得到统一和互联，并进一步详细论述如何构建一个具有自动构造、自组织特性和演化特性的视频资源语义互联模型。

4.4.1　视频资源层语义互联的关键问题

（1）视频资源语义互联模型基础。其包含视频资源语义互联模型的框架结构、基本特点、形式化描述及基本操作等。确立的视频资源语义互联模型将大规模的视频资源按照彼此之间存在的语义关系进行互联，具有自动构造、自组织及演化的特性。

（2）视频资源语义互联构造机制。其包含视频资源语义互联的基本语义元素挖掘，语义节点的表示，语义规则的挖掘，语义关系的确立，资源之间语义链接的构造等。

（3）视频资源语义互联构造范式。在原始的资源语义互联网络的基础之上，对其进行删除、筛选、精简等基本操作，使得视频资源语义互联网络可以最终应用。

（4）视频资源语义互联增量构造机制。视频资源语义互联增量构造机制旨在应对大规模资源网络环境中不断新增的资源以及旧资源的演化。这种机制需要保证视频资源语义互联网络符合资源本身的演化特性，包括语义规则和资源语义链接的变化。同时，它要能够在不重构视频资源语义互联网络的基础上，准确地将新资源无缝加入原先的网络中。

4.4.2 视频资源层语义互联的模型基础

本节讨论视频资源语义互联网络的基础概念，包括形式化、基本特点、基本操作和模型框架等。

1. 视频资源语义互联网络框架

视频资源语义互联网络旨在实现对语义松散的视频资源进行互联，并根据资源之间的语义关系构建语义链。作为数据组织模型，其框架主要包含以下几个部分。

（1）信息空间资源采集模块。负责从各种网络空间中收集视频资源，涵盖摄像头终端、互联网以及移动互联网等多个来源。

（2）视频资源表示模块。将收集到的视频资源进行语义化表达，以符合特定的语义规范标准，从而使得资源具备更丰富的语义信息。

（3）视频资源语义规则挖掘模块。用于挖掘视频资源之间的语义关系，从而建立视频资源之间的连接，为构建语义互联网络提供基础支持。

（4）视频资源语义互联网络生成模块。该模块是视频资源语义互联网络的核心部分，负责构建语义互联网络并对原始网络进行简化操作，以提高网络的效率和可用性，确保资源之间的语义互联能够更加智能高效地实现。

（5）视频资源语义互联网络应用模块。该模块主要将构建好的语义网络应用到实际的业务需求中，并与用户进行交互，从而满足用户对视频资源管理和应用的多样化需求。

2. 视频资源语义互联网络的特点

综合上述的各个模块来看，视频资源语义互联网络是一个用于将语义松散的视频资源相互联系起来的系统。它通过收集视频资源、对其进行语义化表示和挖掘语义规则，构建起视频资源之间的语义关联网络。这个网络不仅能够高效整合各种来源的视频资源，还能根据用户需求提供智能化的搜索和应用服务，从而实现信息的高效利用和管理。视频资源语义互联网络具有以下几个特点。

（1）关联语义互联。关联语义互联是视频资源语义互联网络重要的特点。视频资源语义互联网络不仅仅关联资源之间的语义，还能连接概念、实体，甚至用户的业务需求。用户通过这个网络获取信息后，其认知机理可能会联想到相关的概念。因此，视频资源语义互联网络需要提前组织好符合认知机理的资源，并通过关联语义的组织方式将其整合。这样可以为用户提供推荐或在检索和浏览过程中方便地获取相关资源。

（2）自组织语义模型。视频资源语义互联网络具有自组织特性，无须人工定义本体。在挖掘规则和确定构造范式的前提下，资源可以自由进行语义互联，使得任何资源都能连接到其他语义关联的资源。

（3）多层次语义模型。视频资源语义互联网络通过多层次的语义互联实现了资源层面、模式识别层面和事件层面的关联。在模式识别层面，建立了语义要素之间的关联；在资源层面，构建了资源之间的关联语义链接；在事件层面，进行了相应的关联语义映射。这种多层次的语义互联使得模型能够灵活应对各种信息或知识服务需求，例如在模式识别层次进行检索，在资源层次进行浏览，在业务层次进行挖掘等。

（4）时序演化特性。大规模视频资源环境下的一个重要特点就是资源的更新速度非常快，不光有新资源的进入，还有老资源的更新。例如，某一天关于"日本核泄漏"事件的新增视频数量可能达到几千个。因此，如何使得构造的视频资源语义互联网络具有时序特性，便是一个重要的方面。

（5）自动构造。考虑到视频资源语义互联网络的应用环境，其面临着大规模语义资源的组织挑战。因此，人工或半自动的构建方式显然不切实际。视频资源语义互联网络的规则挖掘和语义链接构建均采用全自动构建方式。在此前提下，必须尽可能确保所构建的模型具有高度的语义准确性。

（6）松散耦合与语义聚融相结合。视频资源通过视频资源语义互联网络可以实现松散的耦合。利用视频资源语义互联网络的基本操作，资源能够方便地加入和删除网络。同时，网络之间可以执行并、交、差、补等逻辑运算。在视频资源语义互联网络中，语义的聚融和松散耦合并不矛盾。由于资源之间的关联语义链接特性，相关的语义资源能够有效地聚集在一起，而不相关的语义资源则会分散开来。

4.5　业务需求层的智能聚融

在前面两节中，视频资源基于模式识别的结果按照语义进行了规范重构，视频与视频之间也按照彼此的语义进行了互联[24]。在这一节中，完成了语义互联的视频需要为实际的业务需求提供智能的聚集和融合服务。智能耦合使得信息、知识和服务等各种资源能够动态地相互耦合，为特定应用提供智能服务[25]。

4.5.1　业务需求层智能聚融的关键问题

（1）视频资源语义标注。作为缩小图像语义鸿沟，减少维数灾难以及多特征融合的一个重要手段，语义标注是一个至关重要的基础性问题。例如 flickr、youtube 等图像视频共享网站都提供了相应的语义标注问题[26]。由于相关的行业专家具有一定的先验知识，可以为视频资源的语义本体提供相应的背景知识，因此，业务需求层的智能聚融需要相应的语义标注模块，可以收集和管理相应的先验知识，以期形成一个更为准确的语义本体。

（2）业务需求语义情景构建。一个实际的业务需求，需要进行相应的语义情景构建，并将一个业务需求进行具有时序特征的语义表示。

业务需求语义推理聚融。针对业务需求，对资源进行相应的智能聚集和融合，利用这些聚集和融合的资源进行细粒度的语义推理，以期可以推理出业务需求实际需要的资源。

4.5.2 视频资源语义标注

目前，视频资源的语义标注方法主要包括人工标注、基于规则的标注和基于机器学习的标注。其中人工标注是最传统的方法，即通过人类的主观判断和理解，对视频内容进行标注。标注人员根据视频的内容和上下文，手动添加标签或描述，以表达视频中的语义信息。尽管人工标注可以提供高质量的标注结果，但它费时费力，成本较高，并且容易受到主观因素的影响，因此在处理大规模视频数据时效率较低[27]。基于规则的标注方法利用领域专家的知识和经验，建立一系列规则或者模板，来自动化地对视频进行语义标注。这些规则可以基于视频内容的特征、场景信息或其他元数据来定义。基于规则的标注方法能够提高标注的效率，并且可以保证标注的一致性和准确性。但是，这种方法往往受到规则覆盖范围的限制，无法完全涵盖所有语义标注的情况，因此可能无法满足某些复杂场景下的需求。

从机器学习的角度来说，有关视频标注的研究主要采用的是有监督学习、半监督学习和主动学习等方法[28]。这种方法利用机器学习算法，通过对大量已标注的训练数据进行学习，从而建立一个模型来自动进行语义标注。机器学习方法可以根据视频内容的特征和上下文信息，学习到语义概念之间的关联和模式，并据此对未标注的视频数据进行标注。这种方法相比人工标注和基于规则的标注更具有普适性和扩展性，能够处理更加复杂和多样化的语义标注任务。然而，机器学习方法也需要足够的训练数据和算法优化，以获得准确和可靠的标注结果。

目前，主动学习方式作为一种相关反馈方法，能够根据当前模型选择最具信息量的样本，然后由人工参与标注，以加速机器学习的过程。主动学习过程一般包括样本选择和有监督学习两部分。首先，通过样本选择过程选出需要标注的样本，然后将这些样本提供给用户进行人工标注。接着，利用有监督学习方法根据新标注的数据对原有的模型进行调整。在视频结构化描述中，主动学习方法对视频资源的语义标注具有重要意义。在视频结构化描述中，对于视频资源的语义标注主要包含以下两个方面。

（1）基于特定领域的有监督的语义标注。例如视频结构化描述的很大一部分应用领域是智能交通方面。而智能交通方面又集中在人和车这两样物体上。因此，可以针对车辆或者人进行有监督的语义标注。例如可以对车的标注设定好需要标注的属性，人对这些预先设定好的属性进行相应的标注。标注完的数据再按照语义网技术中的 RDF 格式进行规范重构，并存入数据库，并且可以采用 SPARQL 对这些数据进行查询和检索。图 4-6 给出了一幅基于车辆属性的有监督语义标注示例。

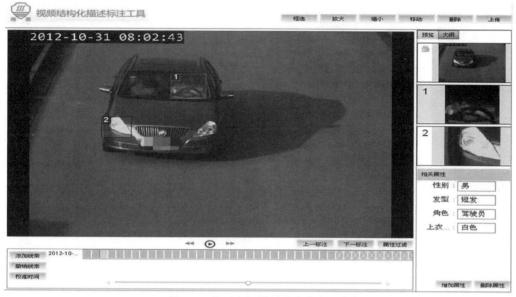

图4-6 基于车辆属性的有监督语义标注

（2）基于主动学习的语义标注。由于视频结构化描述所关注的语义信息主要为视频或者图像资源的语义元素，即模式识别所能识别的人、车、物等对象，以及这些对象之间的语义关系。因此，可以根据这些信息选择最具信息量的样本，然后由人工参与标注，以加速机器学习的过程。图4-7给出了一幅基于主动学习语义标注示例。图4-7中的语义标注主要针对图片中的人和车。用户可以对图片中的人与车进行标注。而人和车的属性预先被设定好，人只能对这些属性进行标注。对于人和车之间的语义关系，用户可以进行自定义的标注。而语义关系标注完毕之后，系统可以进行主动学习的过程，将这些语义关系进行存储，并且提供给今后需要进行语义标注的用户。

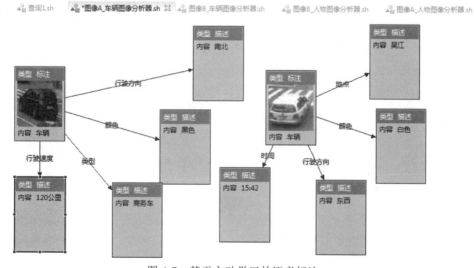

图4-7 基于主动学习的语义标注

4.5.3 业务需求语义情景构建

一个实际的业务需求，需要进行相应的语义情景构建，包括业务需求的语义要素，业务需求的语义社区，业务需求的语境图，以及业务需求的时序语义情景等[29]。将一个业务需求进行相应的具有时序特征的语义表示。

1. 业务需求语义情景构建需要满足的特点

（1）时序特性。一个业务需求不是静态的，其是随着时间所变化的。例如对于"日本核危机"这个业务需求，其最初的时候是日本地震，然后引发海啸，再引发核电站的泄漏。因此在不同的时间点上，不同的业务需求具有不同的语义情景。

（2）多样性。一个业务需求不是独立的，其本身具有多样的子需求。例如对于"日本核危机"这个业务需求，其子需求就包括日本地震、海啸和核电站的泄漏，甚至包括中国民众集中抢购食盐的风潮。因此，不同的子需求反映了业务需求的多样性，事实上，子需求也可以看作是不同的社区。

（3）语义特性。业务需求应该可以被拆分成最基本的语义要素。例如对于"日本核危机"这个业务需求应该具有很多语义要素，例如"日本"和"核电站"这两个概念。而针对这些概念的相关资源应该也可以被聚融起来。除了基本的语义要素，这些语义要素之间应该还具有相应的语义关系。

2. 业务需求语义情景的组成部分

（1）业务语义要素以及语义要素之间的语义关系。对每个业务，应该可以建立相应的语义要素集合。例如语义概念集合，以及这些概念之间的关系。可以引入外部知识库，例如维基百科及搜索引擎等，来构建业务的语义要素及其之间的语义关系。

（2）业务语义社区。由于业务具有多样性，因此需要将业务当中不同的语义社区进行挖掘。目前，传统的社区挖掘算法，例如GN（Girvan-Newman）算法已经可以对具有上百万个基点的资源进行语义社区的挖掘，因此利用传统的社区挖掘的算法，并集合业务的语义要素和语义要素之间的语义关系图，便可以挖掘出相应的业务语义社区。

（3）时序业务要素节点。利用特定的算法，将业务需求按照时间进行拆分，并对不同时间上的业务要素节点进行语义互联。

4.6 视频结构化描述技术在公共安全应用前景

视频结构化描述是一门系统地研究视频理论、技术和应用的学科，它与图像处理、模式识别、计算机视觉、云计算等多个专业互相交叉。因此，从科学工程角度来看，通过发展视频结构化描述技术，可以促进视频语义化、视频理解、视频大数据管理等前沿科学的发展。

从应用角度来说，视频结构化描述技术是为了满足视频监控信息的智能化要求而发端发展，进而成为情报体系的一个重要组成部分，是构造新一代视频监控网络的灵魂。通过视频监控网络的情报化和语义化，它由单纯的数据采集模式转变为智能化的信息采集模式，使得视频监控网络成为一个系统级的情报体系，为跨警种、多元化的应用奠定了基础，为公共安全图像信息化建设提供技术支撑，提升公安机关的工作效率，增强公安机关利用视频监控系统打防控管和安全维稳的能力，促进视频警务工作模式的创新[30]。

4.6.1　在视频侦查技术中的应用

视频侦查是指在侦查破案过程中，通过关联、分析、比对等技术，从视频图像中获取侦查线索和犯罪证据，查获犯罪嫌疑人，实现预防、控制、揭露、证实犯罪的侦查手段[31]。随着视频监控系统的普及，视频资料为侦查破案提供了极大的帮助。近年来，通过监控视频进行犯罪侦查已经成为公安一线办案的优选和主要技术手段。视频侦查技术的应用可以帮助侦查员快速获得并梳理与案件有关的客观信息，包括嫌疑人特征、犯罪手段和地理位置等。基于这些信息并结合其他侦查手段，可以形成更多线索，帮助缩小侦查范围，快速锁定并发现嫌疑人踪迹。视频资料的客观性保证了相关线索能够被真实记录，成为打击犯罪的重要手段之一。

视频结构化描述技术是图像侦查工作中的一个重要手段，适用于所有具备视频侦查条件的案件。它既可以自动分析并建立相关目标对象的语义本体，又可以快速提供客观证据的查找、分析等功能。利用视频结构化描述技术中的目标检索、追踪、轨迹描述等技术不仅可以提高视频侦查的工作效率，也可以大大减轻一线办案警员的工作负担。

4.6.2　在交通管控中的应用

交通视频监控系统是了解一个城市交通和治安状况的窗口[32]。基于视频结构化描述技术的智能交通系统可以将所有采集到的视频图像信息结构化，快速从海量信息中获取需要的视频内容，并为管理、指挥人员提供直观的语义化文本信息，以便其及时准确地掌握监视路口、卡口、路段周围车辆和行人的异常信息，对交通事故和交通堵塞以及交通治安情况做出及时的判断和响应。此外，交通监控系统还可用于治安、刑侦相关的警务应用，起到维护社会稳定、打击违法犯罪的作用。

基于视频结构化描述技术的新一代高速路卡口，利用视频结构化描述技术对监控摄像头拍摄的车辆进行分析和识别，提取用于描述该车辆的文本信息，如颜色、车牌、车标、位置、车速等，并将该信息推送到信息库中[33]。各个高速路卡口的监控摄像头进行联网，形成巨大的车辆信息网，为打击机动车盗窃、交通肇事逃逸、套牌车等违法犯罪行为提供全面的情报信息。基于视频结构化描述技术的新一代电子警察，可以提供关键路口全天候通行车辆信息描述和场景信息描述，并灵活制定事件规则。事件的规则由车辆本体信息和场景信息确定，该系统通过对车辆信息和场景信息与违规事件规则描述进行对比，检测违规事件并报警。当事件规则需要改变时，对车辆本体信息以及场景信息的描述不需要改变，只需要建立新的事件描述规则即可。

4.6.3　在网络舆情分析中的应用

利用网络中的视频、图像等多媒体信息辅以文字、声音等内容，可以进行网络舆情分析[34]。通过对视频网站、微博、微信等新兴媒介载体上的视频、音频、图像等信息进行自动获取与存储管理、内容结构化描述等处理过程，分析判断事件或话题的类型（自然灾害事件、生产安全事故、群体性事件、公共卫生事件、公权力形象、司法事件、经济民生事件、社会思潮、境外涉华突发事件等）、概况、发展脉络及所处阶段（引发期、酝酿期、发生期、发展期、高潮期、处理期、平息期和反馈期等），实现对网络舆情相关个人、群体、组织、社区、社会产品、社会现象或社会体制对象的管理[35]。

参 考 文 献

[1] 顾长海. 公共安全中的视频结构化. 中国公共安全, 2016(17): 141-143.

[2] 陈卫晓. 探讨公共安全视频监控大数据融合应用. 中国信息化, 2021(7): 109-111.

[3] 吴晓鹏. 视频结构化技术应用与发展. 通讯世界, 2019, 26(7): 329-330.

[4] 任立铭. 以智慧城市构建视角，浅谈"雪亮工程"建设//中国建筑文化研究会智慧城市人居环境专业委员会. 2021—2022 第一届中国(成都)智慧城市原创设计展及智慧城市建设产业博览会论文集, 成都, 2022: 11-24.

[5] 赵兴祥. 如何更好推进平安城市、雪亮工程 PPP 项目. 中国公共安全, 2019(7): 134-135.

[6] 向建华. 视频结构化描述在安防行业中的应用. 中国公共安全, 2016(17): 133-135.

[7] Matsuyama Y, Shikano A, Iwase H, et al. Order-aware exemplars for structuring video sets: Clustering, aligned matching and retrieval by similarity// IEEE International Joint Conference on Neural Networks (IJCNN), Killarney, Ireland, 2015.

[8] 秦莉娟. 基于内容的自动视频监控研究. 杭州: 浙江大学, 2006.

[9] 彭冠兰. 基于深度学习的海量视频检索技术. 成都: 电子科技大学, 2021.

[10] 何苗. 视频集的用户生产与传播价值. 视听, 2019(7): 16-18.

[11] 崔泽民. 基于图结构匹配的井下视频异常事件文本描述方法. 成都: 电子科技大学, 2021.

[12] 石燕志. 一种多源视频融合系统设计方法. 中国安防, 2017(7): 99-100.

[13] 刘艳, 曹晓倩. 海量视频数据分布式存储性能优化方法研究. 计算机应用研究, 2021, 38(6): 1734-1738.

[14] 徐峥. 大规模网络资源环境下关联语义链网络模型及其应用研究. 上海: 上海大学, 2012.

[15] 郭双宙. 视频监控应用知识库与数据交换格式设计. 电脑开发与应用, 2014, 27(6): 4-7.

[16] Avignone A, Fiori A, Chiusano S, et al. Generation of Textual/Video Descriptions for Technological Products Based on Structured Data//IEEE 17th International Conference on Application of Information and Communication Technologies (AICT), Baku, Azerbaijan, 2023.

[17] 张培. 基于机器学习的机动目标运动模式识别研究. 武汉: 武汉理工大学, 2021.

[18] 刘通, 徐磊, 张学连, 等. 基于多源参数的高速工况驾驶行为模式识别方法. 重庆交通大学学报(自

然科学版), 2023, 42(11): 88-97.

[19] 陈志彬, 李建清, 李彦军, 等. 海量视频快速检索关键技术研究. 四川通信科研规划设计有限责任公司, 2022.

[20] Zhang X. Learning Temporal Structure of Videos for Action Recognition Using Pattern Theory// Proceedings of the 2020 6th International Conference on Computing and Artificial Intelligence , Tianjing, 2020: 350-355.

[21] 龚艳, 汪玉, 梁昌明, 等. 基于多模型融合的警情要素提取. 软件导刊, 2022, 21(4): 98-102.

[22] 胡小敏. 语义网模糊粗糙本体推理机研究. 大连: 大连海事大学, 2013.

[23] 章栋. 基于特定领域的自然语言问句与 SPARQL 转换的关键技术研究. 厦门: 厦门大学, 2020.

[24] 庄嘉帆. 基于深度学习的视频语义分割方法研究. 合肥: 中国科学技术大学, 2022.

[25] 代清. 大规模场景下海量视频的拼接与动态调度方法. 北京: 北京邮电大学, 2021.

[26] 李艳. 基于语义关键帧的视频标注方法研究. 延吉: 延边大学, 2022.

[27] Wang X, Wang Q, Wang H. Active video hashing via structure information learning for activity analysis. IEEE Access, 2020, 8: 96428-96437.

[28] 王文红. 基于内容的视频语义提取软件研究及应用. 保定: 华北电力大学(河北), 2009.

[29] 张少伦. 基于情景分析的即时翻译服务设计研究. 南京: 南京理工大学, 2021.

[30] 汤志伟. 面向公安业务的视频结构化描述研究与实现. 上海: 上海大学, 2015.

[31] 王福相, 王茜, 刘彬, 等. 论协同论视域下的侦查机制创新. 中国刑警学院学报, 2015(01): 3-6.

[32] Zhao Y, Man K L, Smith J, et al. A novel two-stream structure for video anomaly detection in smart city management. Journal of Supercomputing, 2022, 78(3): 3940-3954.

[33] Bolsunovskaya M, Leksashov A, Shirokova S V, et al. Development of an information system structure for photo-video recording of traffic violations. E3S Web of Conferences, 2021, 244: 07007.

[34] 赵玉岗. 短视频视域下网络舆情的治理策略. 全媒体探索, 2023(11): 120-121.

[35] Bolonkin M. Exploiting Group Structures to Infer Social Interactions from Videos. Hanover: Dartmouth College, 2021.

第5章 大数据安全基础技术

随着大数据技术的迅速发展和广泛应用，数据安全问题日益引起人们的关注。大数据应用的各个环节，包括数据采集、存储、处理、发布等过程中都存在安全隐患，一旦数据泄露或被篡改，将会带来严重的后果[1]。深入了解大数据安全的基础技术和应用，能够为提升大数据安全能力和应对安全挑战提供理论和技术支持。因此，加强大数据安全技术的研究和应用，成为保障数据安全和信息安全的重要举措。

5.1 相关概念及发展概况

随着信息化进入 3.0 阶段，越来越呈现出万物数字化、万物互联化，智能化需求推动数据汇聚越来越多。数据安全正式站在了时代的聚光灯下，隆重登场。计算机行业的安全是一个由来已久概念，目前普遍认为信息安全大致经历了 5 个时期[2]。

第一个时期是通信安全时期，其主要标志是 1949 年克劳德·艾尔伍德·香农（Claude Elwood Shannon）发表的《保密系统的通信理论》（Communication Theory of Secrecy Systems）。这个时期主要为了应对频谱信道共用，解决通信安全的保密问题。

第二个时期为计算机安全时期，以 20 世纪 70～80 年代发表的《可信计算机评估准则》（Trusted Computer System Evaluation Criteria，TCSEC）为标志。这个时期主要是为了应对计算资源稀缺，解决计算机内存储数据的保密性、完整性和可用性问题。

第三个时期是在 20 世纪 90 年代兴起的网络安全时期，这个时期主要为了应对网络传输资源稀缺，解决网络传输安全的问题。

第四个时期是信息安全时期，其主要标志是《信息保障技术框架》（Information Assurance Technical Framework，IATF）。这个时期主要是应对信息资源稀缺，解决信息安全的问题。在这个阶段，首次提出了信息安全保障框架的概念，将针对开放系统（open system interconnect，OSI）某一层或几层的安全问题，转变为整体和深度防御的理念，信息安全阶段也转化为从整体角度考虑其体系建设的信息安全保障时代[3]。

信息是有价值的数据，随着海量、异构、实时、低价值的数据从世界的各个角落和各个方位扑面而来，人类被这股强大的数据洪流迅速地裹挟进入了第五个时期，也就是目前所处的数据安全时期[4]。我们面临着严峻的大数据安全挑战，见表 5-1。

表 5-1 大数据安全挑战

国家安全挑战	社会政治挑战	个人隐私挑战	国民经济挑战
数据鸿沟	信息修改	身份信息	数据滥用
跨境传输	信息误导	账户信息	数据垄断

国家安全挑战	社会政治挑战	个人隐私挑战	国民经济挑战
数据主权	信息谣传	通信信息	数据窃密
数据治理	信息修改	社会关系信息	经济犯罪
失密泄密		位置信息	

在大数据时代，数据安全面临着如下矛盾亟待解决：

（1）数据的收集方式的多样性、普遍性和技术应用的便捷性同传统的基于边界的防护措施之间的矛盾；

（2）数据源之间、分布式节点之间甚至大数据相关组件之间的海量、多样的数据传输和东西向数据传输的监控同传统的传输信道管理和南北向数据传输监控之间的矛盾；

（3）数据的分布式、按需存储的需求同传统安全措施部署滞后之间的矛盾；

（4）数据融合、共享、多样场景使用的趋势和需求同安全合规相对封闭的管理要求之间的矛盾；

（5）数据成果展示的需要同隐蔽安全问题发现之间的矛盾。因此，大数据的安全防护不仅要基于传统的 OSI 整体防御体系，还要打造基于数据生命周期安全防护策略。

数据安全防护工作的目标会根据安全责任主体不同导致侧重点有所差异，但大致可以分为三个层次：

（1）涉及国家利益、公共安全、军工科研生产等数据，会对国计民生造成重大影响的国家级数据，这类数据需要强化国家的掌控能力，严防数据的泄露和恶意使用；

（2）涉及行业和企业商业秘密、经营安全的数据，必须保障数据机密性、完整性、可用性和不可抵赖性；

（3）涉及用户个人和隐私的数据，在用户知情同意和确保自身安全的前提下，保障信息主体对个人信息的控制权利，维护公民个人合法权益；

从大数据的处理流程的角度上，大数据安全技术涉及大数据的采集安全技术、存储安全技术、挖掘安全技术、发布安全技术以及如何防范高级持续性威胁（advanced persistent threat，APT）攻击的技术。

5.2 数据采集安全技术

虚拟专用网络（virtual private network，VPN）是一种用于建立安全、加密的通信连接的网络技术。它通过在公共网络上创建加密隧道，实现在不安全的网络上建立私密、安全的通信渠道。VPN 技术的出现解决了许多传统网络通信中存在的安全和隐私问题，为企业、机构和个人提供一种安全访问网络资源的方式[5]。在虚拟专用网络中，通信数据在公共网络上进行传输，但通过加密技术进行保护，使得数据在传输过程中不易被窃听、篡改或截取。VPN 利用加密算法对数据进行加密处理，使得即使在公共网络上传输，也只有发送方和接收方能够解密和读取数据，保障通信的机密性和完整性。虚拟专用网络的工作原理基于隧道技术和协议封装技术。隧道技术通过在通信双方之间创建一条私密的通信通道，使得数据在传输过程中能够被加密保护，防止第三方窃取信息[6]。而协议封装技术则是将待传输的数据进行加密和封装，再通过公共网络传输。在接收端，数据被解封并解密，以恢复原始数据[7]。VPN 技术还包括密码技术和配置管理技术。密码技术用于对数据进行加密和解密，保证数据传输的安全性。配置管理技术则用于管理 VPN 的设置和维护，包括用户认证、密钥管理等方面[8]。

互联网安全协议（internet protocol security，IPSec）是一种用于保障互联网协议（internet protocol，IP）通信安全的协议套件。它为网络通信提供了加密、认证和数据完整性验证等安全服务，确保数据在传输过程中的保密性和完整性。通常用于建立 VPN，允许用户通过公共网络（如 Internet）安全地访问私有网络资源，实现远程访问和分布式办公[9]。

尽管 IPSec 提供了强大的安全保护，但其复杂性和部署成本可能对某些用户构成挑战。特别是在移动设备和远程用户的场景下，需要更简单、更灵活的解决方案。这就引出了安全套接层（secure sockets layer，SSL）VPN，这是基于 SSL 协议的一种 VPN 解决方案。

SSL VPN 通过在传输层提供安全性，为远程访问提供了简单、灵活和可靠的解决方案。与 IPSec 相比，SSL VPN 具有更好的兼容性和易用性，无需复杂的客户端配置，用户只需通过 Web 浏览器即可安全地访问企业资源。SSL VPN 的工作原理是在客户端和服务端之间建立加密的 HTTPS 连接，使用 SSL/TLS 协议对数据进行加密和认证。通过 Web 应用程序代理或 SSL VPN 客户端提供安全访问，用户可以通过任何具有 Internet 连接的设备安全地访问企业资源。SSL VPN 采用标准的安全套接层协议，基于 X.509 证书，支持多种加密算法。它提供了基于应用层的访问控制，包括数据加密、完整性检测和认证机制。与 IPSec 相比，SSL VPN 无需特定软件的安装，通过 Web 浏览器即可实现安全访问，更加易于配置和管理，降低了用户的总成本并提高了远程用户的工作效率。SSL 协议是由 Netscape 公司于 1995 年推出的一种安全通信协议，建立在可靠的 TCP 传输协议之上，与上层应用协议无关。各种应用层协议（如 HTTP、FTP、TELNET 等）都可以通过 SSL 协议进行透明传输，保障了数据在传输过程中的安全性和完整性。SSL VPN 的优势在于其简单易用的特性，使得远程访问变得更加便捷和安全。

SSL 协议提供的安全连接具有以下 3 个基本特点。

（1）连接是保密的。对于每个连接都有一个唯一的会话密钥，采用对称密码体质如数据加密标准（data encryption standard，DES）、RC4 等来加密数据。

（2）连接是可靠的。消息的传输采用 MAC 算法（如 MD5、SHA 等）进行完整性校验。

（3）对端实体的鉴别采用非对称秘密体制（如 RSA、DSS 等）进行认证。在 SSL VPN 系统中，SSL VPN 服务器和 SSL VPN 客户端是两个核心组成部分。SSL VPN 服务器是连接公共网络和私有局域网的桥梁，它不仅保护了私有网络内部的拓扑结构信息，还充当了远程访问的入口。SSL VPN 客户端则是安装在远程计算机上的程序，为用户提供了安全的访问通道。SSL VPN 客户端程序的角色类似于一个代理客户端，在需要访问局域网内资源时，用户的应用程序向 SSL VPN 客户端发出请求，客户端与服务器建立安全连接，并将请求转发到局域网内部。这种安全通道的建立保障了数据的安全传输，使得远程用户能够方便地访问内部资源，而无需担心信息泄露或网络攻击[10]。

5.3 数据存储安全技术

5.3.1 隐私保护

从隐私所有者的角度来看，隐私可以分为个人隐私和共同隐私两类。

个人隐私包括任何可以确认特定个人或可确认的个人相关信息，但个人不愿被暴露的信息，如身份证号、就诊记录等[11]。

共同隐私不仅包含个人的隐私，还包含所有个人共同表现出但不愿被暴露的信息，比如公司员工的平均薪资、薪资分布等。

隐私保护技术主要涉及以下 2 个方面：如何在数据应用过程中保证隐私不泄露；如何更有利于数据的应用[12]。

1. 基于数据交换的隐私保护技术

该技术通过对敏感属性进行转换，实现原始数据的失真，同时保持某些数据或数据属性不变。常见的方法包括数据脱敏、数据扰动和数据泛化。数据脱敏通过删除或隐藏敏感信息来减少风险，而数据扰动则是通过添加噪声或扰动数据值来保护隐私。另外，数据泛化是一种将数据转换为更一般或模糊的形式，从而减少数据的精确性但保持数据的实用性。

2. 基于数据加密的隐私保护技术

该技术采用加密算法对敏感数据进行加密处理，以防止未经授权的访问者获取数据内容。常见的加密算法包括对称加密和非对称加密。对称加密使用相同的密钥进行加密和解密，而非对称加密则使用一对公钥和私钥进行加密和解密，提高了数据传输的安全性。

3. 基于匿名化的隐私保护技术

匿名化技术通过对数据进行处理，使得数据中的个体身份无法被识别。常见的匿名化方法包括一般化、删除和替换。一般化是将具体数值替换为更一般的类别或范围，删除是直接删除可能导致身份识别的信息，而替换则是用虚拟或伪装的数据替换真实数据。

5.3.2 数据加密

在大数据环境下，数据可以分为静态数据和动态数据两类。静态数据包括文档、报表、资料等，这些数据不直接参与计算过程。而动态数据则需要进行检索或参与计算。在保障数据传输安全方面，SSL VPN 发挥着重要作用。然而，在数据存储方面，需要特别注意数据的安全性。通常情况下，存储系统需要先解密数据，然后再进行存储[13]。但是，如果数据以明文形式存储在系统中，就容易受到未经授权的入侵者的破坏、修改和重放攻击。因此，对于重要数据的存储，采取加密措施是必不可少的技术手段。

1. 静态数据加密机制

1）数据加密算法

静态数据的保护通常采用对称加密和非对称加密算法相结合的方法。对称密钥用于数据加密，而非对称密钥用于密钥分发和加密密钥的传输。在大数据环境下，这种结合的重要性更为突出。

2）加密范围

根据数据的敏感程度，对数据进行有选择性的加密。只有对敏感数据进行加密存储，而对非敏感数据则不进行加密，这有助于减少对系统性能的影响，同时确保了敏感信息的安全性。

3）密钥管理方案

密钥管理在数据加密中起着至关重要的作用，它涉及密钥的选择、管理和分发等方面。密钥的选择与密钥的粒度直接相关，而密钥的粒度则影响着系统的安全性和管理效率。通常情况下，密钥粒度较大时，虽然方便用户管理，但往往无法满足细粒度的访问控制需求。相反，密钥粒度较小时，可以实现更细粒度的控制，提高了系统的安全性，但也增加了管理的复杂度。

针对大数据存储的密钥管理，分层密钥管理是一种较为有效的方式。这种管理体系将密钥组织成金字塔状结构，通过顶层密钥来加密和解密下层密钥，从而实现对大量密钥的高效管理。采用分层密钥管理的优势在于，数据节点只需保管少数密钥，即可对大量密钥进行管理，从而提高了管理效率。

在密钥分发方面，可以利用公开密钥基础设施（public key infrastructure，PKI）体系进行分发。通过使用每个数据节点的公钥对顶层密钥进行加密，然后将密文的密钥发送给相应的数据节点。数据节点收到密文后，使用私钥解密获得密钥明文，从而完成密钥的分发[14]。这种方式可以保障密钥在传输过程中的安全性，同时也确保了密钥的有效性和完整性。

2. 动态数据加密机制

同态加密是基于数学难题的计算复杂性理论的密码学技术。对经过同态加密的数据进行处理得到一个输出，将这一输出进行解密，其结果与用统一方法处理未加密的原始数据得到的输出结果是一样的。记录加密操作为 E，明文为 m，加密得 e，即 $e=E(m)$，$m=E'(e)$。已知针对明文有操作 f，针对 E 可以构造 F，使得 $F(e)=E(f(m))$，这样 E 就是一个针对 f 的同态加密算法[15]。

同态加密是一种特殊的加密技术，可以在加密的数据上执行特定的运算操作，而无需解密即可得到正确结果。尽管目前尚无真正可用于实际应用的全同态加密算法，但同态加密技术的意义在于解决了大数据处理过程中的保密问题。通过同态加密，可以在加密的数据上执行诸如搜索、比较等操作，而无需先解密数据，从根本上解决了大数据处理过程中的隐私和安全性问题[16]。同态加密技术的发展对保护数据隐私、确保数据安全具有重要意义。

5.3.3 数据备份与恢复

在数据存储系统中，提供完善的数据备份与恢复机制对保障数据的可用性和完整性至关重要，一旦发生数据丢失或破坏，可以利用备份来恢复数据，从而保证在故障发生后数据不丢失[17]。以下是几种常见的备份与恢复机制。

1. 异地备份

异地备份是一种最安全的数据保护方式，能够应对火灾、地震等重大灾难情况。其优势在于即使发生灾难，数据也能得到有效保护。然而，异地备份面临带宽和成本的挑战，需要高速网络连接和优秀的数据复制管理软件。

2. 独立磁盘冗余阵列

独立磁盘冗余阵列（redundant arrays of independent disks，RAID）技术通过使用多个磁盘驱动器存储数据，并在其中实现冗余和可靠性增强，以减少磁盘部件损坏的影响。所有的 RAID 系统都具有热交换功能，可以在不中断服务器或系统的情况下替换故障磁盘并自动重建数据。

3. 数据镜像

数据镜像是一种重要的数据备份和恢复机制，它通过在两个或多个在线数据存储介质之间保留数据的拷贝来提供数据的冗余和可用性保障。在数据镜像中，所有写操作都同时进行在独立的磁盘上，这确保了数据的实时同步和一致性。当一个磁盘发生故障时，系统可以立即切换到另一个正常工作的镜像磁盘，从而避免了数据丢失和业务中断。数据镜像可以分为本地镜像和远程镜像两种形式。本地镜像是指将数据的拷贝存储在同一数据中心或机房内的不同存储介质上，这种方式主要用于提供高可用性和快速的数据恢复能力。而远程镜像则是将数据的拷贝存储在不同地理位置的远程存储设备上，通常通过网络进行数据同步和传输。远程镜像可以提供更高级别的容灾保护，能够抵御地区性的灾难，如地震、火灾等，从而确保数据的安全性和持久性。

4. 快照

快照是数据的一个副本或复制品，可以用于迅速恢复遭破坏的数据。快照主要用于在线数据备份与恢复，当存储设备发生故障或文件损坏时，可以快速恢复数据至某个可用时间点的状态。

当数据量较小时，数据备份和恢复相对简单，但随着数据规模的扩大，尤其是达到 PB（petabyte）级别时，备份和恢复变得十分复杂。目前，Hadoop 是大数据领域应用最广泛的软件架构，其分布式文件系统（hadoop distributed file system，HDFS）提供了内置的数据备份和恢复机制，用于确保数据的可靠性。

在大数据环境中，通常会依赖 HDFS 自身的备份和恢复机制来管理数据存储。然而，针对核心数据，仍然需要实施远程容灾备份，以应对突发情况。除依赖 HDFS 的备份和恢复机制外，还需要制定其他额外的数据备份和恢复策略，以满足不同数据安全性和可靠性的需求。

5.4 数据挖掘安全技术

5.4.1 身份认证

身份认证是一种确认操作者身份的过程，用于验证用户声称的身份是否合法。在计算机和网络系统中，身份认证通常涉及用户提供的凭据（如用户名和密码）与系统存储的信息进行比对。身份认证可以分为基于知识的认证、基于所有权的认证、基于特征的认证和基于位置的认证等[18]。

常见认证机制有如下几种。

（1）Kerberos 认证。Kerberos 是一种基于对称密钥的网络身份认证协议。在 Kerberos 认证中，用户通过提供其用户名和密码来获取加密的票据（ticket），然后使用该票据在网络中进行通信，并由 Kerberos 服务器验证其身份。

（2）基于 PKI 的认证机制。基于公钥基础设施（PKI）的认证机制使用数字证书来验证用户的身份。用户的身份信息与公钥一起打包到数字证书中，然后由可信的证书颁发机构签名。系统可以通过验证数字证书的签名来确认用户的身份。

（3）基于动态口令的认证机制。动态口令机制是一种用于确保用户身份安全的身份验证方法。与传统的静态口令不同，动态口令在用户每次登录时都会生成新的密码。其基本原理是结合用户的安全通行短语（secure pass phrase，SPP）和动态因素（如时间或事件），生成动态口令，并将其用作认证数据提交给认证服务器。这个动态因素可以使用诸如时间戳或随机数等生成，以确保每次生成的动态口令都是唯一且不可预测的。由于动态口令是时刻变化的，即使被攻击者截获，也无法在下一次登录中再次使用，从而有效地提高了身份认证的安全性。

（4）基于生物识别技术等认证技术。生物特征认证技术是通过识别和验证个体生理或行为特征来确认身份。这些特征包括但不限于指纹、面部、虹膜、掌纹、声纹等。相比传统的用户名和密码，生物特征认证技术更加安全、方便且难以伪造，因为每个人的生物特征都是独一无二的。指纹识别是其中最常见的一种技术，通过扫描和比对指纹图像来验证用户的身份。面部识别则是通过对面部特征进行扫描和分析来确认用户的身份，包括人脸的轮廓、眼睛、鼻子等。虹膜识别则利用虹膜的纹理和结构进行识别，虹膜的纹理每个人独一无二，因此可以作为一种高度安全的身份认证手段。掌纹识别则是通过对手掌的纹路进行扫描和分析，其独特性和稳定性也使其成为一种可靠的认证技术。另外，声纹识别则是通过分析个体声音的频谱和声波特征来确认身份。每个人的声音特征都是独特的，因此声纹识别技术也被广泛应用于身份认证领域。随着身份管理技术的发展，融合生物识别技术的强用户认证和基于 Web 应用的单点登录技术被广泛地应用。基于用户的生物特征身份认证比传统输入用户名和密码的方式更安全。用户可以利用终端配备中的生物特征采集设备（如摄像头、MIC、指纹扫描器等）输入自身具有唯一性的生物特征（如人脸图像、掌纹图像、指纹和声纹等）进行用户登录。多因素认证将生物认证与密码技术结合，提供更高安全性的登录服务。生物特征认证技术具有高度的准确性和安全性，可以有效防止伪造和盗用身份，因此在银行、政府机构、企业等领域得到了广泛的应用。

5.4.2　访问控制

访问控制是一种管理系统中用户对资源的访问权限的策略，旨在限制对关键资源的访问，防止非法用户进入系统或合法用户对资源的滥用。它是数据安全保护的核心策略之一，可以为每个系统访问者分配不同的访问级别，并设置相应的策略以确保合法用户能够获得数据的访问权限[19]。在访问控制中，常见的模式包括自主访问控制、强制访问控制和基于角色的访问控制。

1. 自主访问控制

自主访问控制允许资源的所有者自主地管理对其资源的访问权限。在自主访问控制中，资源的所有者有权决定谁可以访问他们的资源以及以何种方式访问。这意味着资源的所有者可以自行授予或撤销其他用户对其资源的访问权限，而不需要依赖系统管理员或其他第三方。自主访问控制为用户提供了更大的灵活性和控制权，因为他们可以根据自己的需求和偏好自定义访问权限。资源的所有者可以制定自己的访问策略，根据资源的敏感性和重要性来管理访问权限。此外，自主访问控制还允许资源的所有者根据特定情况或需求临时调整访问权限，以适应不同的业务需求或安全要求。

2. 强制访问控制

强制访问控制是一种基于预先定义的安全策略，强制性地对用户的访问权限进行控制。在强制访问控制模式下，用户无法自行控制或更改其访问权限，而是由系统根据其安全级别和对象的安全属性强制执行访问控制。与自主访问控制相比，强制访问控制更加严格和严谨，因为它不允许用户在不同安全级别之间自由转换或更改访问权限。系统会根据预先定义的安全策略对用户进行分类和授权，以确保他们只能访问被授权的资源，并且不能改变其安全级别或对象的安全属性。由于强制访问控制对用户的灵活性要求较低，因此通常用于对敏感信息和关键资源进行保护，特别是在军事和政府领域。强制访问控制将系统的安全性提高到了一个更高的水平，但同时也可能限制用户的操作自由度，因此在实际应用中需要权衡安全性和灵活性之间的关系。

3. 基于角色的访问控制

基于角色的访问控制（role-based access control，RBAC）通过引入角色的概念来管理用户对系统资源的访问。在基于角色的访问控制中，权限与角色相关联，而用户则被分配到一个或多个角色，从而实现对系统资源的控制。这种访问控制模式的基本思想是根据用户的工作职责和权限需求，为用户分配适当的角色，而不是直接将权限授予用户。通过将用户与角色相关联，系统管理员可以更轻松地管理用户的权限，同时也可以减少权限管理的复杂性和错误风险。在基于角色的访问控制中，用户可以拥有多个角色，每个角色都与特定的一组权限相关联。这意味着同一个用户可以在不同的上下文中扮演不同的角色，从而获得不同的权限。例如，一个员工可能同时具有"普通员工"和"部门经理"两个角色，分别拥有不同级别的权限，以适应其在组织中的不同角色和责任。通过基于角色的访问控制，可以实现权限的集中管理和精细控制，提高了系统的安全性和可管理性。此外，基于角色的访问控制还支持对用户的权限进行批量更新和变更，从而更好地满足组织的安全需求和变化。

RBAC 的基本概念如下。

（1）许可（permissions）：许可是指对一个或多个系统资源执行操作的允许。它定义了用户在系统中可以执行的操作，如读取、写入、删除等。

（2）角色（roles）：角色是一组相互关联的权限集合。每个角色都包含一组许可，而用户则被分配到一个或多个角色。

（3）用户（users）：用户是系统中的实体，可以被分配到一个或多个角色。用户通过角色来获得访问系统资源的权限。

（4）会话（sessions）：会话是用户与系统之间的交互过程。在一次会话中，用户被授权执行与其分配的角色相关联的权限。

（5）活跃角色（active roles）：活跃角色是会话中用户所激活的角色集合。它表示用户在特定时间段内所具有的有效权限。

RBAC 的基本模型如图 5-1 所示。

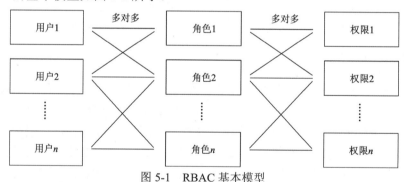

图 5-1　RBAC 基本模型

5.4.3　关系型数据库安全策略

关系型数据库都设置了相对完备的安全机制，在这种情况下，大数据存储可以依赖数据库的安全机制，安全风险大大降低。例如，SQL Server 安全机制如下：身份验证（Windows NT 认证模式、混合认证模式）；访问控制（对每个用户定义存取权限）；审计功能；数据库加密（通过将数据用密文形式存储或传输的手段保证高敏感数据的安全）；

完整性机制（实体完整性、参照完整性、用户自定义完整性）；触发器机制；视图和存储过程机制；备份、恢复和并发控制机制。

5.4.4 非关系型数据库安全策略

随着越来越多的企业采用非关系型数据库存储大数据，探讨非关系型数据库存储的安全问题变得十分必要。相比于关系型数据库，非关系型数据库在数据存储方面提供了高可用、高可扩展的大规模解决方案。然而，与此同时，非关系型数据库也存在一些安全挑战[20]。

首先，NoSQL 数据库缺乏 Schema，这意味着无法进行有效的数据完整性验证，增加了数据的风险。此外，为了提高处理效率，许多 NoSQL 数据库采用了最终一致性而非每次交易同步，这可能影响数据的正确性和一致性。

目前，大多数 NoSQL 数据库缺乏内建的安全机制，这限制了它们在一些敏感领域的应用。然而，随着 NoSQL 技术的发展，越来越多的人开始意识到安全性的重要性，一些 NoSQL 产品逐渐开始提供安全方面的支持。

以 Hadoop 为例，它作为一种流行的分布式存储和处理框架，提供了一系列安全机制。这些包括基于访问控制列表（access control list，ACL）的服务级权限控制、基于令牌的认证机制、HDFS 数据存储的完整性一致性保证与数据传输的完整性验证[21]。这些安全机制为 Hadoop 在大数据存储和处理方面提供了基本的安全保障，使其能够在更广泛的应用场景中发挥作用。

1. 基于 ACL 的权限控制

Hadoop 支持基于 ACL 的权限控制，分为两个级别：服务级授权和上层的 HDFS 文件权限控制以及 MapReduce 队列权限控制。服务级授权是系统级的，用于控制 Hadoop 服务的访问，是最基础的访问控制，优先于 HDFS 文件权限和 MapReduce 队列权限验证。

在 Hadoop 中，访问控制列表（ACL）用于管理服务级的访问权限，类似于 UNIX 系统中的用户权限管理。Hadoop 使用用户名和组来管理权限，每个服务都可以配置为允许所有用户访问，也可以限制为仅允许某些组的某些用户访问。Hadoop 提供了 9 个可配置的 ACL 属性，每个属性可以指定拥有相应访问权限的用户或用户组，如表 5-2。

表 5-2 ACL 属性表

ACL 属性	说明
Security.client.protocol.acl	ACL for ClientProtocol，用户 HDFS 客户端对 KDFS 访问的权限控制
Security.client.datanode.prtocol.acl	ACL for ClientDataNodeProtocol，client 到 DataNode 的访问权限控制，用于 block 恢复
Security.datanode.protocol.acl	ACL for DataNodeProtocol，用于 DataNode 与 NameNode 之间通信的访问控制
Security.inter.datanode.protocol.acl	ACL for InterDataNodeProtocol，用于 DataNode 之间更新 timestamp
Security.namenode.protocol.acl	ACL for NameNodeProtocol，用于 SecondNameNode 与 NameNode 间通信的访问控制
Security.inter.tracker.protocol.acl	ACL for InterTrackerProtocol，用于 tasktracker 与 jobtracker 之间通信的访问控制

ACL 属性	说明
Security.job.submission.protocol.acl	ACL for JobSubmissionProtocol，用于 job 客户端提交作业与查询作业的访问控制
Security.task.unbilical.protocol.acl	ACL for TaskUmbilicalProtocol，用于 task 与其 tasktracker 的访问控制
Security.refresh.policy.protocol.acl	ACL for RefreshAuthorizationPolicyProtocol，用于 dfsadmin 和 mradmin 更新其安全配置的访问控制

这种灵活的 ACL 机制使得 Hadoop 能够根据实际需求精确控制服务级的访问权限，确保系统安全性和数据保密性。文件的权限主要由 NameNode 管理。

2. 基于令牌的认证机制

Hadoop 的基于令牌的认证机制是一种安全机制，用于在 HDFS 中实现客户端和服务器之间的安全通信。该认证机制基于两种令牌：授权令牌（delegation token）和块访问令牌（block access token）。

尽管 HDFS 的服务之间主要通过远程调用协议（remote procedurecall protocol，RPC）进行交互，但在客户端获取数据时，并不完全依赖 RPC 机制。当 HDFS 客户端访问数据时，主要包括以下过程：

客户端向 NameNode 请求获取数据块信息，这一过程通过 RPC 进行。

客户端获取数据块的位置信息后，直接与 DataNode 通信，通过 SOCKET 读取数据。

Hadoop 的 RPC 消息机制在 SASL（Simple Authentication and Security Layer）的基础上实现了两种认证机制：基于 GSSAPI 的 Kerberos 认证机制和基于 DIGEST-MD5 的令牌认证机制。令牌认证包括 HDFS 中的授权令牌、块访问令牌，以及 MapReduce 框架中的任务令牌（job token）。令牌机制的核心是客户端和服务端共享密钥，服务端与客户端相互认证，服务端响应客户端的访问请求。

NameNode 保存一个随机生成的 masterKey，用于生成和识别令牌。所有令牌保存在内存中，并且具有过期时间，过期的令牌将被删除。客户端首先与 NameNode 建立经过 Kerberos 认证的连接，获取授权令牌，然后使用该令牌与 NameNode 交互。授权令牌需要定期从 NameNode 更新以保证私密性，而 NameNode 也会定期更新 masterKey 以生成新的授权令牌。

对于块访问令牌，NameNode 与所有 DataNode 共享一套新的密钥，解决了在 NameNode 产生的块访问令牌如何被 DataNode 识别的问题。DataNode 根据 TokenID 中的 key ID 确定使用哪个密钥，计算 TokenAuthenticator，并与块访问令牌中的 TokenAuthenticator 比较，确定是否通过认证。客户端会将所有 DataNode 令牌保存在缓存中，直到过期才会从 NameNode 重新获取。由于块访问令牌是轻量级和临时的，DataNode 中的令牌不需要周期性更新，只需保存在缓存中，直至过期后更新。

3. 数据完整性与一致性

HDFS 作为大数据存储的核心组件之一，具有数据的完整性与一致性是非常重要的。在 HDFS 中，数据的完整性分为两个部分：数据访问的完整性和数据传输的完整性。

数据访问的完整性：在 HDFS 中，数据访问的完整性主要通过循环冗余校验（cyclic redundancy check，CRC）实现。CRC32 是一种基于多项式的数据校验方法，用于检测数据传输或存储中的错误。HDFS 客户端在访问 DataNode 数据块时，通过 socket 获取数据流，并在数据传输过程中对数据进行 CRC32 校验。HDFS 在文件系统的基础上实现了两个支持校验和的类：FSInputStream 和 FSOutputStream。这两个类负责在数据传输过程中支持校验和功能。当客户端写入一个新的 HDFS 文件时，Hadoop 会计算文件中所有数据块的校验和，并将这些校验和存储在单独的.crc 格式的隐藏文件中，与数据文件保存在同一命名空间中。这样，每个数据块的校验和都能够被有效地存储和管理。

数据传输的完整性：在 HDFS 中，数据传输的完整性主要由数据块的存储支持。HDFS 使用 DataBlockScanner 类来实现数据块的完整性验证。DataBlockScanner 类通过在 DataNode 的后台执行一个独立的扫描线程的方式，周期性地对 DataNode 所管理的数据块进行 CRC 校验和检查。当 DataBlockScanner 扫描发现数据块的校验和与原始校验和不一致时，会触发一系列的辅助操作，以确保数据的完整性。其中包括删除失效的数据块、进行数据块的复制或修复等操作，从而保证数据的一致性和可靠性。通过上述的机制，HDFS 能够保证数据在访问和传输过程中的完整性和一致性。这些措施不仅能够有效地检测和修复数据传输或存储中的错误，也能够确保数据的可靠性和安全性，为大数据存储和处理提供了可靠的基础支持。

5.5 数据发布安全技术

5.5.1 安全审计

安全审计是指通过记录系统安全相关活动并对其进行分析、评估、审查以及追查事故原因的过程。这一过程有助于发现安全隐患，并对系统的安全性进行审核、稽查和改进。

1. 基于日志的审计技术

日志审计是一种常见的安全审计技术，它通过配置数据库的自审计功能，记录与系统安全相关的操作和事件，从而实现对大数据的审计。SQL 数据库和 NoSQL 数据库均具有日志审计的功能，通过配置数据库的自审计功能，即可实现对大数据的审计，其部署方式如图 5-2 所示。

日志审计的部署方式包括在数据库系统上开启自身日志审计功能，能够对网络操作及本地操作数据的行为进行审计。尽管日志审计具有良好的兼容性和可靠性，但它也存在一些缺点：在数据库系统上开启日志审计功能会对系统的性能产生一定影响，特别是在大流量情况下，可能导致系统性能下降，延迟增加，甚至影响业务的正常运行；日志审计通常记录操作和事件的基本信息，但在记录的细粒度上较差，可能缺少一些关键信息，如源 IP 地址、SQL 语句等，导致审计溯源效果不佳，难以准确追踪到具体操作的执行者，在记录的细粒度和审计溯源方面表现不佳；日志审计需要在每台被审计主机上

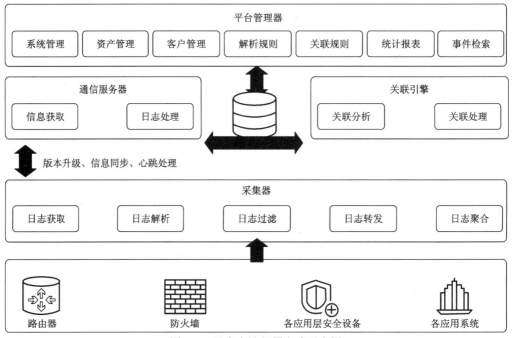

图 5-2　日志审计部署方式示意图

进行配置和管理，需要考虑到审计策略的设置、日志的收集、存储和分析等一系列操作，对系统管理员的要求较高，且较难实现统一的审计策略配置和日志分析；日志审计通常是被动记录和分析，对于实时监控和响应安全事件的能力相对较弱，当需要快速响应和处理安全事件时，仅依靠日志审计可能效率较低。

2. 基于网络监听的审计技术

基于网络监听的审计技术是一种常见的安全审计方法，通过将数据存储系统的访问流量镜像到交换机的某一端口，然后利用专用的硬件设备对该端口的流量进行分析和还原，从而实现对数据访问的审计，其典型部署示意如图 5-3 所示。

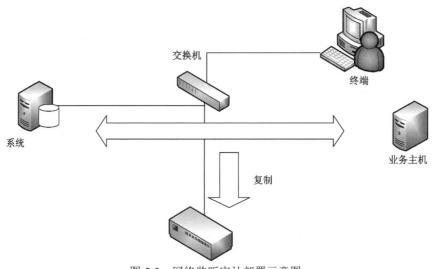

图 5-3　网络监听审计部署示意图

基于网络监听的审计技术具有几个显著的优点。首先，它与数据库系统无关，部署过程中不会对数据库系统的性能造成影响，因此不会影响数据库系统的正常运行。其次，部署简单，易于实施，无需对现有系统进行较大的改动，具有较高的易用性和安全性。最后，基于网络监听的审计技术具有较强的独立性，即使在硬件设备故障或其他问题发生时，也不会影响数据库系统的正常运行，具备较强的稳定性和可靠性。

　　尽管基于网络监听的审计技术具有诸多优点，但也存在一些明显的缺点。首先，其审计粒度相对较低，通常只能实现到会话级别的审计，无法对具体的数据内容进行深度审计。其次，当数据库系统采用加密通信协议时，基于网络监听的审计技术无法深入解析和审计加密后的数据流，限制了其在安全事件检测和响应方面的能力。此外，基于网络监听的审计技术对网络设备要求较高，需要网络设备具备相应的功能和性能，并且需要投入一定的成本。最后，由于其通常是被动记录和分析，无法实时监控和响应安全事件，对于对实时性要求较高的场景可能不太适用。

3. 基于网关的审计技术

　　基于网关的审计技术通过在数据存储系统中部署网关设备，截获并转发到数据存储系统的流量来实现审计。这种技术具有易部署、无风险的特点，但也受限于网络协议的加密问题，只能实现到流量的基本审计，其典型部署示意如图 5-4 所示。

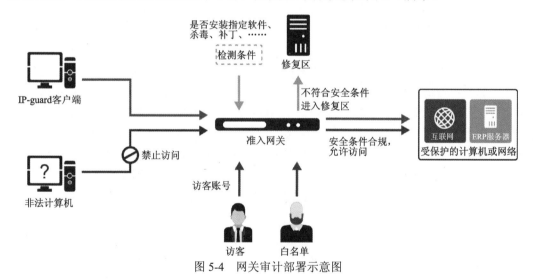

图 5-4　网关审计部署示意图

4. 基于代理的审计技术

　　基于代理的审计技术是一种通过在数据存储系统中安装专门的审计代理（agent）来实现的审计方法。这种技术与传统的日志审计技术相似，但是与日志审计技术不同的是，基于代理的审计技术在被审计主机上安装了代理程序，通过代理程序实现对审计策略的配置和日志的采集。

　　基于代理的审计技术在审计粒度和灵活性上通常优于日志审计技术，可以实现对更细粒度的操作进行审计，并且可以根据实际需求对审计策略进行灵活配置。然而，与日志审计技术相比，基于代理的审计技术需要在每台被审计主机上安装代理程序，这可能会增加管理和维护的成本。此外，由于需要在主机上运行额外的代理程序，可能会对主机的性能产生一定影响。

综合比较以上四种技术的优缺点，选择合适的大数据输出安全审计技术方案时，需考虑稳定性、可靠性、可用性等多方面因素。因此基于网络监听的审计技术通常被优先考虑，以实现对大数据输出的安全审计。

5.5.2　数据溯源

数据溯源是一个新兴的研究领域，起源于20世纪90年代，普遍理解为追踪数据的起源和重现数据的历史状态，目前还没有公认的定义。数据溯源是指对大数据应用周期中各个环节的操作进行标记和定位，以实现对数据操作的跟踪和溯源。在数据安全问题发生时，数据溯源能够帮助及时准确地确定问题发生的环节和责任者，从而有助于解决数据安全问题[22]。

在过去的几年里，数据溯源已经成为信息安全领域的一个重要议题，得到了广泛的关注和研究。其主要方法包括标注法和反向查询法。标注法通过在数据操作中嵌入标签或元数据的方式来实现数据溯源，而反向查询法则是通过记录操作日志或审计日志来实现数据溯源。这两种方法各有优劣，可以根据实际需求和情况选择合适的方法。

目前，数据溯源在学术界和工业界都得到了广泛的应用和研究。在学术界，研究者们主要关注数据溯源的理论模型和方法，致力于提出更加高效、准确的溯源算法和技术。而在工业界，许多企业也开始重视数据溯源的重要性，积极研发和应用相关的溯源系统和技术，以保障数据的安全性和可信度。然而，数据溯源仍然面临着一些挑战和难题。首先，由于数据存储和传输方式的多样化，跨平台、跨系统的数据溯源仍然存在一定的难度。其次，数据溯源涉及大量的数据收集、存储和分析，需要消耗大量的计算和存储资源，因此对系统的性能和稳定性提出了更高的要求。此外，数据溯源需要各个环节的数据操作都能够被追溯和记录，这对系统的安全性和隐私保护提出了更高的要求。随着云计算和大数据技术的不断发展，数据溯源将继续成为信息安全领域的一个重要议题[23]。

信息安全领域的数字水印技术用于溯源。数字水印是一种嵌入到数字媒体（如图像、音频、视频等）中的隐藏信息，其目的是在不影响原始数据质量或可观测性的情况下，为数字内容提供身份验证、版权保护、数据追踪等功能[24]，其主要特征包括以下几方面。

（1）不可感知性：数字水印应该是不可见或不可感知的，即嵌入到载体中的水印信息不应对原始数据的质量或可观测性产生明显影响。

（2）强壮性：数字水印应该具有抵抗各种攻击和处理的能力，例如压缩、旋转、裁剪、滤波等操作，保证水印信息的稳定性和持久性。

（3）可检测性：数字水印应该是可检测的，即在需要时能够通过特定的算法或工具来检测和提取水印信息，从而验证数据的真实性和完整性。

（4）自恢复性：在经历一定程度的攻击或变换后，数字水印应该具有一定的自恢复能力，能够从剩余的数据中重新提取出水印信息。

（5）安全保密性：通常情况下，数字水印系统会使用一个或多个密钥来嵌入和提取水印信息，确保只有授权用户才能够访问和操作水印相关的功能，防止未经授权的篡改或擦除。

数字水印利用数据隐藏原理使水印标志不可见，既不损害原数据，又达到了对数据进行标记的目的。数字水印作为一种重要的信息隐藏和安全保护技术，在数字化环境中扮演着至关重要的角色。其特征和优势使其成为保护知识产权、确保数据完整性、追踪数据来源等方面的理想选择，广泛应用于数字版权保护、网络安全、数据溯源等领域。

基于数字水印技术的特性，可以将其引入大数据应用领域，解决数据溯源问题。在数据发布出口，可以建立数字水印加载机制，对重要数据进行数字水印嵌入。每个访问者获取的数据都带有唯一的数字水印，以标识数据的归属和传播路径。当发生机密泄露或隐私问题时，可以通过水印提取的方式，检查发生问题的数据是发布给哪个数据访问者的，从而确定数据泄露的源头。有了数字水印技术的支持，数据管理员可以更加有效地追踪数据的流向和使用情况，及时发现和应对数据泄露事件，保障数据的安全和隐私。

5.6　防范 APT 攻击

5.6.1　APT 攻击的概念

美国国家标准技术研究所（National Institute of Standards and Technology，NIST）对高级持续性威胁（advanced persistent threat，APT）的定义为：攻击方掌握先进的专业知识和有效的资源，通过多种攻击途径（如：网络、物理设施和欺骗等），在特定组织的信息技术基础设施建立并转移立足点，以窃取机密信息、破坏或阻碍任务、程序或组织的关键系统，或者驻留在组织内部网络，进行后续攻击[25]。

APT 攻击的原理是利用攻击者的高级专业知识和资源，通过多种渗透手段如网络渗透、社会工程等，悄无声息地侵入目标组织的信息技术基础设施。攻击者在攻击之前深入研究目标组织的业务流程和系统，积极寻找系统漏洞并建立命令与控制网络。这种隐蔽行动使得攻击者能够长期潜伏在受害者网络中，窃取敏感信息、破坏关键系统或持续进行后续攻击，而不易被察觉[26]。APT 攻击相对于传统攻击更为高级和隐蔽，需要受害者实施综合的安全策略以应对其威胁。

在大数据应用环境下，APT 攻击带来的安全威胁显得更为突出。首先，大数据应用通常涉及大规模数据的收集、存储和处理，因此相比于传统系统，大数据系统更容易成为攻击目标，攻击者可利用系统的复杂性和数据的集中性进行更有效的渗透和数据窃取。其次，大数据应用中可能存在多方合作或开放式的数据共享模式，这增加了数据泄露和隐私侵犯的风险，同时也扩大了 APT 攻击的渗透面。此外，大数据环境中的分布式架构和高度动态化的数据流使得监测和检测 APT 攻击变得更加困难，因为攻击者可以利用这些特性来隐藏其活动并规避检测。综上所述，大数据应用环境下，APT 攻击的威胁性更加突出，组织需要采取综合的安全措施来有效应对这些威胁。

5.6.2　APT 攻击特征

APT 攻击特征包括以下几个方面。

1. 极强的隐蔽性

APT 攻击者将恶意行为与受信任的程序或业务系统漏洞相结合，使得攻击在组织内部难以被发现，从而长期潜伏于系统中。

2. 潜伏期长、持续性强

APT 攻击表现出极高的耐心和持久性，攻击者可能在受感染的环境中潜伏一年以上，持续收集信息，直至获取关键情报。攻击者并非追求短期利益，而是利用受控主机作为跳板，持续搜索目标对象的使用行为。

3. 目标性强

APT 攻击针对的不是普通个人用户，而是拥有高价值敏感数据的高级用户或组织，尤其是那些可能影响国家政治、外交和金融稳定的关键数据持有者。

4. 技术高级

攻击者掌握先进的攻击技术，包括 0day 漏洞和多种攻击途径，其攻击过程复杂，具有动态调整攻击方式的能力。

5. 威胁性大

APT 攻击通常由经验丰富的黑客团队发起，拥有充足的资金支持，其目标通常是破坏国家或大型企业的关键基础设施，窃取核心机密信息，从而对国家安全和社会稳定构成重大威胁[27]。

5.6.3　APT 攻击的一般流程

APT 攻击的流程一般包括如下步骤。

1. 信息侦查

APT 攻击的首要步骤是信息侦查，这涉及对目标组织的深入调查和情报收集。攻击者使用各种技术和工具，包括网络扫描、开放源情报（open source intelligence，OSINT）收集、社会工程学等，以获取关于目标组织的详细信息。这些信息可能包括网络拓扑结构、员工角色和联系方式、软件和系统架构、安全策略等。通过信息侦查，攻击者能够识别目标系统的弱点和潜在漏洞，为后续的渗透和攻击做准备。

2. 持续渗透

一旦信息侦查完成，APT攻击者开始寻找进入目标系统的路径。他们可能利用零日漏洞或已知漏洞来入侵目标系统，也可能通过钓鱼邮件、社交工程等手段诱使目标用户泄露凭证或安装恶意软件。一旦攻击者获取了初始访问权限，他们会尽可能地深入渗透目标网络，横向移动并获取更高权限。在此过程中，攻击者可能使用各种工具和技术，包括漏洞利用、密码破解、后门安装等。

3. 长期潜伏

APT攻击是一种持久的威胁，攻击者通常会长时间潜伏在目标系统中，以获取持续的访问权限和敏感信息。攻击者可能在目标系统中部署多个后门和木马，以确保即使一个入口被发现和封锁，他们仍能保持对系统的控制。在长期潜伏期间，攻击者会密切监视目标系统的活动，寻找机会窃取敏感信息或执行其他恶意行为。

4. 窃取信息

在APT攻击的过程中，窃取目标组织的机密信息是一个关键步骤。攻击者通常会利用SSL VPN连接等方式控制目标网络内的主机，并悄悄地窃取机密信息。这些信息可能涉及公司的商业计划、客户数据、财务报表等重要资料。一旦攻击者获取了机密信息，他们不会立即将其传输到外部服务器，以免被检测到。相反，他们会将这些信息加密存储在内网中的特定主机上，等待合适的时机将其传输到受控的服务器上。为了规避监测和检测，APT程序通常会利用各种隐秘的通信渠道传输数据。这些通道可能是经过加密和压缩处理的合法数据传输通道。由于数据是以密文方式存在，难以被识别为恶意活动。因此，攻击者能够在不被察觉的情况下，成功地将机密信息从受攻击的网络中窃取出来，并将其传输到攻击者控制的服务器上，从而实现对目标组织的重大损害。

5.6.4 APT攻击检测

从APT攻击的过程可以看出，整个攻击循环包括了多个步骤，这就为检测和防护提供了多个契机。当前APT检测方案主要有以下几种。

1. 沙箱方案

沙箱方案是一种用于检测和防御APT攻击的重要技术。它通过模拟执行文件或程序，并观察其行为来检测恶意代码和异常行为。在沙箱环境中，文件或程序可以在受控制的环境中运行，以观察其是否展示出恶意行为，而无需影响真实的系统和网络环境。沙箱方案的工作原理基于对恶意行为的模式识别和行为分析。通过分析文件或程序的行为，沙箱可以确定是否存在恶意活动，如潜在的攻击行为或异常操作。沙箱技术的关键在于其对于0day攻击和其他新型威胁的应对能力，通过安全地执行未知文件或程序，并观察其行为，实现非特征匹配的检测方式，提高检测的准确性和覆盖范围。然而，沙箱方案也面临着挑战和局限性，包括攻击者可能采取对抗措施规避检测、高级恶意软件可能检测到沙箱环境并模拟正常行为以逃避检测等问题。尽管存在这些挑战，沙箱方案仍然是检测和防御 APT 攻击的重要手段之一，特别是在结合其他检测方案和技术的情况下，可以提高对恶意行为的识别能力和整体安全水平。

2. 异常检测

异常检测是一种关键的 APT 攻击检测技术，其核心思想是通过建立正常行为模型，监测网络流量、系统活动或用户行为，并识别出与正常行为模式不符的异常活动。这种技术依赖多种技术手段，包括元数据提取、基于连接特征的恶意代码检测规则和基于行为模式的异常检测算法。元数据提取技术用于捕获网络流量的基本特征信息，如流量大小、源 IP 地址、目标端口等，以识别异常的网络行为。而基于连接特征的恶意代码检测规则旨在发现已知的僵尸网络或木马通信行为，通过匹配恶意代码的特征来检测异常活动。基于行为模式的异常检测算法则通过分析用户行为、进程活动或系统事件的模式，识别出不符合正常行为模型的异常活动。

3. 全流量审计

全流量审计是一种重要的 APT 攻击检测方案，其核心思想是通过对网络中所有数据流量进行实时捕获、存储和分析，以识别和分析潜在的异常行为和安全威胁。该技术利用大数据存储和处理技术，可以在较长时间范围内保存大量的网络流量数据，并对其进行高效的分析和挖掘。全流量审计的关键技术包括大数据存储及处理、应用识别和文件还原等。在全流量审计中，所有进出网络的数据流量都会被捕获并存储下来，无论是传统的网络通信还是应用程序之间的通信。通过对这些数据流量进行深入分析和挖掘，可以发现隐藏在其中的异常行为和攻击活动。例如，通过分析数据包的源 IP 地址、目标 IP 地址、端口号以及传输协议等信息，可以识别出异常的网络流量模式，从而及时发现潜在的攻击行为。全流量审计不仅可以发现已知的攻击模式和恶意行为，还可以检测未知的安全威胁和新型攻击。通过对网络流量数据的持续监控和分析，可以及时发现和响应各种类型的安全事件，提高网络和系统的安全性。

4. 基于深层协议解析的异常识别

基于深层协议解析的异常识别是一种重要的 APT 攻击检测方案，其核心思想是通过对网络通信中传输的数据包进行深入分析，以识别异常的协议行为和潜在的安全威胁。该技术不仅可以识别传统的网络攻击行为，还可以发现隐藏在协议通信中的未知威胁和新型攻击。在基于深层协议解析的异常识别中，系统会对网络通信中的数据包进行深度解析，包括解析协议头部、数据载荷以及协议中的各种字段和参数。通过分析这些数据包的结构和内容，可以检测出异常的协议行为，例如不符合协议规范的数据格式、异常的数据流量模式以及不正常的通信行为。该技术还可以细致地查看每个协议通信过程中的细节，包括通信双方的身份验证过程、数据交换的内容和频率以及通信的时序关系等。通过对这些细节的分析，可以发现隐藏在协议通信中的异常行为，例如异常的数据查询、数据包大小异常、频繁的通信请求等，从而及时识别并响应潜在的安全威胁。

5. 攻击溯源

攻击溯源是通过分析网络流量、系统日志等数据来确定网络攻击的来源和传播路径的关键技术。它帮助安全团队及时发现和应对安全威胁，提高网络安全水平。通过收集、分析、关联数据，并追踪攻击路径，可以有效降低安全事件对组织的影响，并提高响应效率。

在 APT 攻击检测中，存在的问题主要包括：攻击路径和时序难以跟踪、大部分攻击行为看起来正常、无法立即检测所有异常操作以及早期阶段无法确保异常存在。

基于记录的检测可以有效缓解上述问题。对抗的思路是建立基于记录的检测系统，记录并分析完整的攻击过程以追溯攻击路径和时序，同时利用时间对抗时间，通过长时间、全流量数据的深度分析来发现潜在的 APT 攻击模式[28]。结合沙箱和异常检测技术，弥补特征匹配的不足，及时识别隐藏在正常操作中的异常行为。同时，利用全流量审计和深度协议解析技术，对所有网络流量进行审计和分析，发现异常流量和协议，提高攻击检测的准确性。综合利用以上对抗思路，可以提高对抗 APT 攻击的能力，减少攻击对系统安全的威胁。

5.6.5 APT 攻击的防范策略

当前的防御技术和体系很难有效地对抗 APT 攻击，导致许多攻击直到相当长的时间才被察觉，甚至可能存在未被发现的 APT 攻击。在深入分析了 APT 攻击的背景、特点和流程之后，我们认识到需要一种新的安全理念。这个理念是放弃对所有数据的全面保护，转而集中保护关键的数据资产。同时，在传统的纵深防御网络安全基础上，需要在各个可能的环节上部署检测和防护措施，构建一个新型的安全防御体系。

1. 防范社会工程

防范社会工程是信息安全领域的一项重要任务，它涉及管理、技术和培训等多个方面。社会工程是指攻击者利用心理学、社会学和人类行为等知识，通过与人们交流或交互来获取机密信息、非法访问系统或实施其他恶意行为的过程。对于组织而言，社会工程攻击可能比技术层面的威胁更为严重，因为它直接利用了人的弱点和错误判断。因此，有效防范社会工程攻击至关重要。

首先，了解常见的社会工程手段对防范攻击至关重要。这些手段包括钓鱼邮件、电话诈骗、假冒身份、假冒网站等。钓鱼邮件是指攻击者通过伪装成合法机构或个人发送电子邮件，诱使受害者点击链接或提供个人敏感信息。电话诈骗是指攻击者通过电话方式伪装成合法机构或个人，诱使受害者提供个人敏感信息或进行转账等操作。假冒身份是指攻击者伪装成授权人员或员工，进入组织内部进行信息窃取或其他恶意活动。假冒网站则是攻击者建立的伪装成合法网站的网页，用于诱骗用户输入个人信息或安装恶意软件。其次，加强员工的安全意识培训是有效防范社会工程攻击的关键。组织应定期为员工提供信息安全培训，教育他们识别和应对各种社会工程手段。培训内容可以包括如何辨别钓鱼邮件、警惕电话诈骗、验证身份、注意网站的安全性等。通过定期的培训，员工能够更加警觉和慎重地处理各种可疑情况，从而降低社会工程攻击的成功率。此外，加强技术手段的应用也是防范社会工程攻击的重要措施之一。组织可以采用反钓鱼技术，通过过滤和识别钓鱼邮件来阻止其到达员工的邮箱。电话防骗技术可以识别和拦截可疑电话，保护员工免受电话诈骗的侵害。另外，多因素身份验证和访问控制技术可以有效防止未经授权的人员进入系统，减少假冒身份攻击的成功率。对于网站安全方面，组织可以采用 SSL 证书加密通信、验证码等技术来提高网站的安全性，防止用户受到假冒网站的诱导。

因此，防范社会工程攻击需要综合应用管理、技术和培训等多种手段。组织应加强对社会工程攻击的认识，提高员工的安全意识，加强技术手段的应用，从而有效防范各种形式的社会工程攻击，保护组织的信息安全。

2. 全面采集行为记录，避免内部监控盲点

收集 IT 系统行为记录是异常行为检测的关键步骤，主要涉及主机行为和网络行为两个方面，同时也包括物理访问行为记录的采集。

主机行为采集：主机行为采集通常通过在主机上安装行为监控程序来实现。这些程序利用操作系统提供的日志功能输出行为记录。为了监控进程行为，这些监控程序通常在操作系统的驱动层工作。然而，将监控程序置于底层驱动层可能会增加稳定性风险，因为存在错误可能导致底层崩溃。

网络行为采集：网络行为采集一般通过镜像网络流量来完成，将流量数据转换成可分析的流量日志。早期的流量日志，如 Netflow 记录，主要包含网络层信息。然而，近年来的异常行为主要发生在应用层，因此仅凭网络层信息难以提取有价值的信息。为了更准确地分析应用层行为，关键在于对应用进行分类和建模。

物理访问行为采集：物理访问行为记录采集是指记录对物理设备的访问和操作行为。这可能涉及使用门禁系统、视频监控系统等技术来监控人员对设备的访问情况。物理访问行为记录对于确保设备安全和防止未经授权的访问至关重要，尤其在需要保护敏感信息和设备的环境中尤为重要。

这些行为记录的采集对于及时发现异常行为、安全漏洞和威胁具有重要意义，有助于提升系统的安全性和可靠性。

3. IT 系统异常行为检测

在前述 APT 攻击过程中，异常行为主要包括对内部网络的扫描探测、内部非授权访问以及违规外联等行为。其中，违规外联是指目标主机与外网的通信行为，可细分为以下三类。

（1）下载恶意程序到目标主机：这类行为不仅在感染初期发生，还可能在后续恶意程序升级时出现。攻击者通过下载恶意程序，例如病毒、间谍软件或僵尸网络的成员，将其植入目标主机，从而进一步渗透和控制系统。

（2）目标主机与外网的通信控制服务器进行联络：攻击者通过与外部的通信控制服

务器建立联系，实现对目标主机的远程控制。这种联络行为通常用于发送指令、接收命令或传输被窃取的数据等操作，是攻击者控制目标系统的关键步骤。

（3）内部主机向通信控制服务器传送数据：这种行为通常是由被感染的主机向外部的通信控制服务器传送数据，其中外传数据的行为尤为隐蔽，也是最终对系统安全构成实质性危害的行为。这些数据可能包含敏感信息、登录凭证或其他机密资料，一旦泄露，将对组织造成严重损失。

此外，还存在远程命令和控制服务器的情况，即目标机器可以接收来自控制服务器的命令，以实现服务器对目标机器的控制。这种方法常被病毒木马利用，用于执行各种恶意操作，如文件删除、系统篡改或发起网络攻击等。IT 系统异常行为检测的重要性在于及时发现和阻止这些异常行为，从而有效防范 APT 攻击的威胁，保障系统的安全和稳定运行。通过监测并识别这些异常行为，可以采取相应的防御措施，包括封锁恶意通信、清除恶意程序和加强访问控制等，以提高系统的整体安全性。

5.7　安全大模型

ChatGPT（chat generative pre-trained transformer）引发了人们对生成式人工智能、大模型的高度关注[29]。各行各业在不断运用大模型进行业务融合创新和赋能垂直领域的同时，其自身安全问题以及由此带来的安全风险问题也同样需要重视，以趋利避害，实现人与 AI 的共生。安全大模型在漏洞分析、威胁情报解读、快速响应和决策处理领域的应用，为网络安全带来了显著的增益，有望提高网络安全的效率和效果，从而更好地保护组织的关键资产和数据。

5.7.1　情报解读和漏洞分析

网络安全一直是信息技术领域中的关键挑战之一，而如今，安全大模型的出现正催生网络安全领域的转型。在网络安全领域，安全大模型通过自然语言处理技术可以为网络安全人员提供关于漏洞种类、潜在威胁等信息的分析。网络安全人员可以将无法确定的威胁输入给安全大模型，并向其提出问题，大模型会在对话框中提供清晰、详细的分析报告。这种模型的应用可以改变当前网络安全行业的运维模式，使其更加高效和智能化。充分利用安全大模型可以有效维护网络安全环境，提升网络安全人员的工作效率和决策水平。

安全大模型在漏洞分析领域具有重要应用价值。漏洞是网络安全的薄弱环节，如果未能及时发现和修复，可能导致严重的安全问题。

安全大模型可以扫描网络和应用程序，自动检测潜在漏洞。通过分析源代码、配置文件和网络流量，它能够确定潜在的漏洞，并生成详细的漏洞报告。它可以评估漏洞的严重性和潜在风险。它可以分析漏洞对系统的威胁程度，帮助安全团队优先处理高风险漏洞，并给每个漏洞提供修复建议。它能够推荐安全补丁、配置更改和其他措施，以减轻漏洞的影响。

安全大模型在解读威胁情报方面也发挥着关键作用。威胁情报是网络安全的基础，了解潜在威胁对有效的威胁防御至关重要。

安全大模型可以整合来自多个来源的威胁情报，包括恶意软件样本、攻击者行为数据和黑客论坛讨论。它可以将这些信息整合成一致的威胁情报，以便安全团队更好地理解威胁。根据威胁情报的特征和来源，将其分类为不同类型的威胁。它可以分析情报的关联性，以确定可能的攻击链。这有助于安全团队更好地了解潜在威胁的性质和来源。利用先验知识生成威胁情报的预警和建议。它可以向安全团队提供及时的警告，帮助他们采取必要的措施来应对威胁。

5.7.2 快速响应与决策处理

安全大模型可以同时监测更多的节点，发现潜伏于系统内部的威胁在实施攻击时的蛛丝马迹，能够大幅提升对抗威胁的效果和效率。大模型辅助下的安全系统还能够还原攻击过程，比如谁动了数据、动了哪些数据等，对攻击场景的"复盘"将为抵御网络攻击提供经验。相关研究的专家表示，智能化手段可大幅提升对抗威胁的效果和效率。安全大模型可以实现对漏洞、隐蔽入侵等威胁的"巡查式"检测研判，不仅可以完成高级威胁检测、安全事件解读、热门漏洞排查，还能够承担大多数的告警分析、事件调查、资产排查等工作。当出现安全告警时，合理运用大模型来解析数据包、查询情报，可进行自主研判，对事件进行定性，并采取自动化执行封堵隔离、影响面调查等措施，生成事件报告。在整个过程中，网络安全运维人员只需审核关键环节，查看事件报告，无需更多操作，提高了决策处理的效率[30]。

快速响应是网络安全的关键要素，尤其是在面临威胁事件时。安全大模型可以协助网络安全团队实现快速响应，大模型可以实时监测网络流量、系统日志和安全事件。它能够识别异常行为和潜在威胁，从而迅速发出警报。采取自动执行响应措施，如封锁恶意 IP 地址、隔离受感染的系统和生成警报。这减少了人工干预的需要，提高了响应速度。将威胁情报和警报信息传递给相关团队成员，以确保快速协调和响应。

安全大模型的决策处理能力有助于安全团队更明智地制定安全策略和应对威胁。安全大模型可以根据威胁的严重性和潜在影响，为每个威胁分配优先级。这有助于安全团队合理分配资源和注意力。它可以分析不同应对策略的潜在影响，协助安全团队做出明智的决策，并且帮助安全团队评估潜在风险，并制定相应的风险管理计划。这有助于降低威胁的潜在影响。

参 考 文 献

[1] 陈雪瓶, 贺晓松. 大数据安全与隐私保护关键技术研究. 软件, 2023, 44(10): 50-52.

[2] 韩凤娟. 计算机信息安全的风险管理及发展趋势分析. 信息通信, 2016(10): 185-186.

[3] Ge X, Yue M. Research on the application of computer network security and practical technology in the era of big data//Lecture notes on data engineering and communications technologies. Cham: Springer, 2012, 97: 505-510.

[4] Liu W. Computer network information security and protection strategy based on secure big data//Advances in Intelligent Systems and Computing. Cham: Springer, 2021, 1384: 775-781.

[5] 范泽森. 计算机网络的安全与应对措施分析. 集成电路应用, 2021, 38(10): 86-87.

[6] 李启文, 王丹弘, 任若冰. 基于大数据环境下电信运营商数据安全保护方案. 电子技术与软件工程, 2020(14): 232-233.

[7] Bovenzi G, Aceto G, Ciuonzo D, et al. A big data-enabled hierarchical framework for traffic classification. IEEE Transactions on Network Science and Engineering, 2020, 7(4): 2608-2619.

[8] 陈迎春. 大数据应用中的数据安全保障技术分析研究. 江苏科技信息, 2022, 39(4): 42-44.

[9] Abduklimu A, Yan P, Wang G, et al. A 5G-based big data security access processing method and device, Changchun, 2023. Institute of Electrical and Electronics Engineers Inc., 2023.

[10] 邓小亚. 基于 SSL 的 VPN 技术研究. 甘肃科技, 2006(7): 52-53.

[11] 杨新涛, 李文朋, 常津铭. 信息安全、网络安全与隐私保护的研究. 信息系统工程, 2023(9): 138-141.

[12] 陈子怡. 大数据环境下的信息系统安全保障技术. 通讯世界, 2019, 26(5): 113-114.

[13] 王玉苹. 论计算机网络安全中数据加密技术的应用. 电脑编程技巧与维护, 2023(10): 166-169.

[14] Shrihari M R, Manjunath T N, Archana R A, et al. Development of security performance and comparative analyses process for big data in cloud, Bangalore, 2022. Springer Science and Business Media Deutschland GmbH, 2022.

[15] 洪家军, 崔宝江. 一种基于全同态加密的安全电子投票方案. 廊坊师范学院学报(自然科学版), 2015, 15(1): 5-10.

[16] Satyanarayana Murty P T, Prasad M, Raja Rao P B V, et al. A hybrid intelligent cryptography algorithm for distributed big data storage in cloud computing security, Hyberabad, India, 2023. Springer Science and Business Media Deutschland GmbH, 2023.

[17] Mao H. High-density information security storage method of big data center based on fuzzy clustering. Microprocessors and Microsystems, 2021, 81: 103772.

[18] 张国豪. 基于身份认证的全网准入安全管理系统设计. 网络安全和信息化, 2023(8): 118-120.

[19] Pandey S, Maurya S. Big data security management through task role based access control mechanism, Bangalore, India, 2023. Institute of Electrical and Electronics Engineers Inc. , 2023.

[20] 王歌. 基于数据挖掘的计算机网络病毒防御系统设计. 信息系统工程, 2023(6): 36-39.

[21] 钱兆楼. 基于 Hadoop 的 NoSQL 数据库安全探讨. 无线互联科技, 2016(20): 77-78.

[22] 马敏燕, 张震, 陈彤. 数据安全态势研究与应对. 信息通信, 2020(9): 20-22.

[23] Raja S, Parameswari M, Vivekanandan M, et al. A systematic analysis, review of data encryption technology and security measures in IoT, big Data and cloud, Uttar Pradesh, 2022. Institute of Electrical and Electronics Engineers Inc. , 2022.

[24] 侯泽鹏. 基于数字水印的智能电网中 WSN 安全通信方法研究. 保定: 华北电力大学, 2019.

[25] 张瑜, 潘小明, Liu Q Z, 等. APT 攻击与防御. 清华大学学报(自然科学版), 2017, 57(11): 1127-1133.

[26] Nie X, Lou C. Research on communication network security detection system based on computer big

data, Dalian, 2022. Institute of Electrical and Electronics Engineers Inc. , 2022.

[27] 张晓娟, 曹靖怡, 缪思薇, 等. 电力工控系统攻击渗透技术综述. 电力信息与通信技术, 2021, 19(3): 49-59.

[28] 陈应虎, 杨哲, 艾传鲜. 数据中心 APT 攻击检测和防御技术. 网络安全技术与应用, 2023(6): 4-7.

[29] GPT+网络安全, 深信服自主研发安全大模型亮相. 中国信息安全, 2023(6): 92.

[30] 张佳星. 安全大模型：快速处理告警 准确识别威胁. 科技日报, 2013-06-28[2024-02-28]. DOI: 10. 28502/n. cnki. nkjrb. 2023. 005702.

第 6 章 数 据 汇 聚

数据汇聚技术在公共安全领域是进行数据处理、分析、预警与共享使用的第一阶段，它需要融合不同领域、多模态、异构多源的数据，对这些不同来源的数据进行数据清洗、时空对齐和归一化处理。随着公共安全大数据系统的进一步聚合，越来越多的数据都会被用于公共安全事件的预警和预测。

6.1　相关概念及发展概况

数据汇聚在当今信息时代具有重要的研究意义。随着数据来源和格式的多样化，以及数据量的不断增加，如何将这些数据进行有效的汇聚和整合成为了一个关键问题。在公共安全领域，数据汇聚更是至关重要，因为它可以帮助公共安全机构更好地理解和应对各种安全挑战。通过对不同数据源的整合，可以提高安全信息的完整性和准确性，为安全决策提供更加可靠的支持。因此，深入研究数据汇聚的技术和方法，对于提升公共安全水平具有重要的现实意义。

本章讨论的大数据还是从数据来源角度，即天空地一体化大数据的原始数据进行汇聚讨论。这些数据整体上由天基的卫星遥感数据、空基的航拍遥感数据以及地面感知数据组成。其中，地面感知数据包括监控视频数据、网络信息数据、地理信息数据和业务数据四大类。

数据汇聚后，还需要通过不同类型的网络进行分析处理和对接，因此需要综合应用第 5 章的网络技术对天空地一体化的数据进行有效保护和管理。

6.2　数据内容及特点分析

6.2.1　数据类型

天空地一体化系统所需要汇聚管理的数据需要从类型、格式特点、更新频次、单次汇聚量和所处的目标网络特点进行描述，整体如表 6-1 所示。

1. 卫星遥感数据

卫星遥感数据空间分辨率 0.5～5.5 m，成像幅宽 8～360 km，载荷涵盖全色、多光谱、高光谱、红外和 SAR。

卫星遥感数据，包括空间编目数据和产品实体数据。空间编目数据包括编目浏览图、

表 6-1 数据类型表

数据类型	采集设备	数据格式	更新频次	单条目数据量	总数据量	所处系统及网络
卫星遥感数据	光学星、SAR 星 光学视频星	GeoTiff、IMG GeoTiff、IMG avi	每日实时更新	单景数据量：几百 MB 到几十 GB	数 PB	专业交换系统（专线/离线） 数据管理系统（互联网）
航空遥感数据	影像（可见光、红外、SAR） 视频（可见光、红外）	GeoTiff H.264 格式	一次性获取 一次性获取	单次任务数 MB 到数 GB 单次任务数 GB 到上百 GB	任务相关 任务相关	航空数据链
地面视频数据	卡口车辆身份、通行车辆数据 闸机行人身份核验数据 重点场所人员数据	H.264、SVAC 格式 avi\MP4\rm\wmv\rmvb	在线视频：实时更新； 离线视频：月更新	在线视频：1 h 文件大小约为 1GB； 离线视频：90 min 文件约为 2.7 GB	上百 PB	视频图像信息系统（视频专网） 业务信息系统（专属网络）
	设备监控	H.264、H.265、SVAC 格式	在线视频：实时更新； 离线视频：月更新	单路视频在线和近线 1 h 数据量约 21GB	上百 PB	视频联网共享平台（专属网络）
地理信息数据	基础影像 三维建模 PGIS	GeoTiff、IMG GeoTiff shp	一次性获取 一次性获取 实时更新	每条坐标数据大概 0.5KB	数 TB 数 TB 上百 GB	业务信息系统（专属网络、互联网） 数字孪生系统（专网络） 专业 GIS 系统（专属网络）
业务信息数据	人员信息 车辆信息 机构信息 案件信息 物品 轨迹 接处警 重大事件情报	txt\html\swf\json \mp4\wmv\gif\XML web 接口	实时更新	每条数据 20 KB	上百 GB	警务信息综合应用平台 （公安信息网）
网络信息数据	人员信息 车辆信息 设备信息等	txt\html\swf\json \mp4\wmv\gif\XML web 接口	实时更新	每条数据 20 KB，每天 1 000 条约 100 MB	上百 MB	企业内网

编目拇指图和编目元数据文件，一般用于数据信息的发布与更新；产品实体数据则包括产品图像、产品浏览图、产品拇指图和产品元数据文件。主要按照基于时空记录体系的标准景方式进行组织，采用基于文件和数据库的混合存储管理方式，通过提取元数据的属性值建立关系型数据库，来关联文件系统。其中，图像属于非结构化数据，元数据属于结构化数据。提供的产品级别为2级产品，即系统级几何校正产品。数据产品的组织方式是若干以景为单位组织的目录，每一景目录中又包含对应的图像产品、浏览图、拇指图、元数据文件。

卫星图像产品是遥感卫星非压缩（或无损压缩）的产品图像数据，可以是单个波段，也可以是多个波段。一般以 GeoTiff 的形式存储，GeoTiff 数据中包含数据基本的属性参数：数据接收空间范围（四角经纬度）、数据空间分辨率、数据的投影方式等信息。视频图像一般以 avi 格式存储，是多帧时间序列图像经过位置对准后的叠加。标准景数据量根据载荷和产品类型的不同，从几百 MB 到几十 GB 不等，数据量较大时，也会根据用户需求提供图像格式数据。随着景数的增加，数据量也会急剧增加。

为了快速浏览，一般卫星遥感数据会建立索引和浏览用的快速浏览遥感影像数据，对图像产品进行重采样并压缩处理的图像数据。一般以 jpg 格式存储。该类型数据可用于快速展示与信息发布。jpg 数据的采样比例根据相关协议确定。快视数据的波段组合根据相关标准实现。

元数据文件是描述遥感卫星图像产品的文件，以 XML 文件形式存储。快速浏览图以及元数据文件相对来说，数据量较小。

2. 航空遥感数据

无人机航空遥感倾斜摄影数据获取后，通过对无人机获取的倾斜摄影数据建立三维倾斜摄影模型，可以将其与三维倾斜摄影模型加载到数据汇集管理平台上，进行三维倾斜摄影可视化展示。相较于卫星遥感数据，航空遥感数据的分辨率要高，可以达到厘米级别，但是其任务相关性强，往往需要根据任务属性动态部署无人或者有人机进行航拍。受限于飞行条件，航空遥感数据很难达到卫星遥感数据的时间周期性。

3. 地面视频数据

作为公共安全感知前端获取的典型数据，地面视频数据一般包括卡口车辆身份、通行，闸机行人身份核验，重点场所人员以及设备监控数据；卡口车辆身份、通行数据是交通卡口视频与部分专用车辆管控卡口，二次处理后获得车辆的子类型、驾乘人员的信息；闸机行人身份核验数据是对通过闸机过往行人进行智能识别时获得的视频数据，会关联特征值和基础识别数据信息；设备描述数据是针对重点目标中的设备进行监控的数据。

天空地一体化大数据由于其感知特性、安全特性和应用特性，往往存在于不同的专有网络中。地面视频数据包括离线和在线视频监控数据，离线视频数据格式包括 avi\MP4\rm\wmv\rmvb 等，在线视频流数据一般符合《公共安全视频监控联网系统信息传输、交换、控制技术要求》（GB/T 28181—2022）[1]中相关压缩编解码协议和视频流获取协议，主要为 H.264 格式；不同行业提供的地面视频数据来自不同业务信息系统，所处的网络安全等级较低,视频格式为 H.264 或 H.265 格式。部分重点部位的视频编码和解码会采用《公共安全视频监控数字视音频编解码技术要求》(GB/T 25724—2017)[2]定义的 SVAC(surveillance video and audio coding)国产编解码技术。

4. 目标模型数据

天空地一体化大数据关注的目标包含室内外的地理模型,这些目标模型数据包括基础支撑数据、三维建模数据和地理信息数据。其中基础支撑数据由企业提供,数据格式为 GeoTiff 或 IMG;地理信息数据来自互联网或其他专有网络,是监控视频、特种车辆定位信息、应急资源分布、路面视频、实时交通路径等数据,数据格式为空间数据开放格式(ESRI Shape file,shp)。

三维建模数据来自项目自采,对重点目标的特殊部位进行三维建模。

其中专用地理信息数据文件格式按照 Shapefile 文件方式存储 GIS 数据的文件格式。至少由 .shp、.dbf 和 .shx 三个文件组成,分别存储空间、属性和前两者之间的关系。这些数据符合各自对应的行业标准。地理信息数据主要针对地图应用获取坐标数据,每条坐标数据大概 0.5 KB,具体的坐标数据量根据实际应用计算。

地理信息数据属于业务系统专用,一般与不同业务关联存在于不同的专属网络中。

5. 业务信息数据

公共安全相关的业务信息数据主要包含围绕公共安全业务相关的人员、车辆、机构、物品、轨迹、事件等信息。来自不同行业公共安全相关的业务信息系统。

具体内容如下。

人员:人员基本信息、电话号码、人员视频图像和关联个性化信息等;

车辆:车辆登记信息、高速卡口(进/出)、关联人员、采集设备信息、地面视频系统信息和设备运行管理信息等;

机构:机构注册信息;

物品:物品描述信息、物品关联人员等;

轨迹:通过地面视频图像分析出来的关注目标的路径。

不同行业公共安全业务数据主要由业务信息系统提供,往往包括不同行业存储的应急预测预警信息,如石化行业的消防设施基础信息。

6.2.2 采集数据所处的网络及特征

天空地一体化公共安全数据涉及的采集系统往往存在于不同的网络中。主要包括以下类型。

(1)互联网。互联网是汇聚和采集基础数据的重要网络,很多通用的数据往往都在互联网上提供共享服务。如国家地理信息公共服务平台提供的天地图,它为各行业的信息系统提供专业的地理信息服务。通过 API 访问的方式,可以为视频、图像、地理信息影像和其他结构化视频提供无缝服务。由于互联网的特殊性，其安全性往往是最差的，整体充斥各类病毒入侵和黑客攻击行为。

（2）采集专用网络。为了调用和指挥卫星、有人机和无人机等运载设备，往往需要特殊的指挥专有网络协同才能获取到这些数据。由于这些专用网络由专业机构维护，一般采用特殊渠道向天空地一体化公共安全系统提供服务，其安全设施较为健全，有完整的授权管理系统、防火墙等网络安全专有设备，安全性是最高的。

（3）应用专用网络。应用专用网络往往是数据采集后，汇聚进行处理，时空校准和对齐的网络，它需要同时关联互联网和采集专用网络，同时还面向公共安全行业用户提供服务。这类网络架构一般较为复杂，需要构建不同网络互联的安全区域，同时还要面向不同级别的网络提供安全防护技术，避免低安全区域的网络对高安全性的网络造成渗透影响。

6.2.3 汇聚数据特点

总的来说，汇聚数据资源具有以下特点。

（1）来源众多、规模大、类型多、维度丰富、随机性强、数据量大。汇聚数据来自公共安全行业采集、互联网共享、定制化采集、专有设备采集等，来源众多，类型繁多，维度丰富。单以遥感数据来说，其传感器类型包括全色、多光谱、高光谱、红外以及合成孔径雷达（synthetic aperture radar，SAR）等多种类型。数据的格式不同、元数据不同、数据处理方法也不同，加剧了处理的复杂性[3]；除高维特性外，遥感数据亦具备多尺度特性。同种传感器在卫星与无人机平台上所采集的遥感数据，其分辨率存在差异，从而能够展现地物的多层次特征。同样，同一遥感平台的不同传感器影像，因成像原理的不同，亦会导致所获取的数据具有不同的尺度；另外，运行周期不同的不同观测平台上，成像系统所生成数据具有不同的时相，具有不同的时间尺度。数据规模大、数据量大，并将随时间不断变化。有的数据单条目数据量就很大，以遥感数据为代表，融合产品数据量甚至达到几十 GB，数据集数据量达到几十 TB 到数 PB 不等；有的数据单条目数据量小，但一天总流量很大，并不断累积增长。

（2）数据分布于不同在线系统，相互独立、自成体系，具有精度差异大、实时性高、完整性差等特点。同一传感器获取的不同时间不同地点的影像、同一遥感平台的不同传感器影像和不同平台获取的不同传感器影像，在成像过程中受传感器自身特性、传感器平台抖动、大气影响、地物复杂环境干扰等因素影响，获取的数据存在不一致性、不完整性和模糊性等多类不确定性，与其他来源的地理信息融合时，同样存在精度不一致、完整性差的问题。

（3）数据各自进行存储，数据本身具有抽象性、非直观性和各种维度之间关联的复杂性和时变性等特点。图像、视频、文本、日志等多源异构数据来源不同、更新频次不同，不仅具有抽象性、非直观性的特点，不同时间尺度下表现的数据特征也不相同。复杂的类型、复杂的结构和复杂的模式更凸显了多模态数据各种维度之间关联的复杂性和时变性。

（4）数据敏感度和安全性不同，所处的网络等级也不同。有的来源于采集专用网络，数据安全性较高，需要经过脱密数据才能融合应用；有的来源于应用专用网络，所处的网络安全等级较高。

6.2.4 汇聚数据挑战

面向天空地一体化大数据的汇集管理需求，汇聚数据存在以下几方面的问题。

（1）由于数据的分散性，信息汇聚难度大。目前，从多个不同的来源收集数据，这些数据可能来自不同的网站、应用程序、传感器等，数据来源的多样性，数据的格式、结构和质量可能存在差异，导致数据分散和不一致；在网络数据汇聚过程中，数据的安全性和隐私保护也是一个重要考虑因素。数据可能包含敏感信息，需要采取适当的安全措施来保护数据的机密性和完整性；由于数据分散在不同的来源中，确保数据的一致性和完整性也是一个挑战。数据的更新和变化可能导致数据不一致，需要进行数据同步和一致性验证；网络数据的质量和准确性也是一个挑战。由于数据来源的多样性和数据采集的复杂性，数据可能存在噪声、缺失值、错误等问题，需要进行数据清洗和预处理。

（2）由于数据繁杂性，综合管理手段少。数据种类多样，采集和分析处理后的数据往往是多模态的。因此，数据统一管理难度提升，进而造成内部也会相互孤立、关联性差，缺乏基于时空特征的统一组织管理机制。不同数据采集的时间分辨率和空间分辨率变化非常大，使得数据汇集管理面临随机性强、数据体量差异大、时空分辨率差异大、解析纬度复杂等难点，还存在其本身的抽象性、非直观性和各种维度之间关联的复杂性和时变性等问题。进而，缺乏有效的数据集成、数据清洗、数据转换、数据存储和处理等工具和技术，限制了数据的有效利用和价值发挥。

（3）由于数据多元性，融合服务能力低。数据的多样性体现在数据的格式、结构、语义和语言等方面。不同数据源和数据类型之间存在差异，这使得数据的综合管理变得困难。缺乏统一的数据模型和标准，使得数据的集成和整合变得复杂。不同行业和不同采集单元由于管理方不同，所采用和遵循的技术标准规范也大相径庭，这使得融合数据时，需要对每类汇聚的数据进行定制化清洗，以确保应用时候能无缝对接，这造成了巨大的定制化开发工作量。

（4）由于数据应用性，网络安全防护难。为了数据融合，在同一个应用层为公共安全提供一体化预警预测服务，这往往要求原本不同服务的网络系统为了数据汇聚需要互联互通。这种互联互通为原系统的网络安全防护带来了极大的安全挑战：数据在传输过程中可能面临窃听、篡改和拦截等风险，需要采取加密和安全传输协议等措施来保护数据的机密性和完整性；数据存储和处理过程中可能面临数据泄露、恶意攻击和未授权访问等风险，需要采取访问控制、身份验证和漏洞修复等措施来保护数据的安全性；此外，网络数据汇聚还可能涉及跨组织和跨边界的数据传输，需要遵守相关的法规和隐私保护规定。

（5）由于数据综合性，应用水平拉齐难。遥感数据、地理信息数据经过常年的积累，已经形成了有效的元数据管理机制，数据的使用和共享可以通过网络自动对齐，但是某些特殊数据，由于管理机制和采集模式的特殊性，其数据规模和应用规模在生态上无法与地理信息数据应用水平拉齐。这样的现状致使所有的数据应用要在汇聚时进行动态适应，并按照统一的标准进行建设，综合运用新的大数据技术对这些数据进行有效汇聚和管控。

因此，天空地一体化公共安全大数据的汇集管理面临的主要挑战有：如何准确获取隐藏在多源分布式数据库中的有价值的数据存在挑战；数据结构松散、关联关系缺失等条件下信息自动提取面临挑战；数据分散于众多既有在线系统，难以低价实现跨系统数据的协同管理和集约服务；跨系统跨行业数据跨安全等级网络链连交互的管理难题，数据安全和高协同性能面临的难点问题。

6.3 数据元素统一描述与演化

天空地一体化大数据系统的交互离不开核心数据的交换和统一表述。本节从视频图像数据元素的演化来阐述数据整体描述的标准。近年来，公共安全行业的视频图像应用的标准化工作，就其发展趋势来讲，总体上经历了几个重要的阶段。从视频图像关注的"元数据""分析处理对象"开始，逐步形成统一的"数据项""数据元"，并进一步向着数据共享、交换，大数据融合、分析处理深度应用等要求迈进。目前，我国公共安全视频监控联网应用的标准体系主要有两大分支。其一，是基于"雪亮工程"建设的政务系统共享型应用体系，名为《公共安全视频图像信息联网共享应用标准体系（2017版）》；其二，是公安视频监控联网系统应用的公安视频图像信息联网与应用标准体系规划。

两大体系既有区别也有联系，它们都包含技术要求、测评规范和管理规范等分支体系（公安视频图像联网与应用标准体系还扩充了"视频分析应用"），都以《公共安全视频监控联网系统信息传输、交换、控制技术要求》（GB/T 28181—2022）[1]、《公共安全视频监控数字视音频编解码技术要求》（GB/T 25724—2017）[2]为技术基础。一个侧重面向社会公共安全信息系统的共享应用，一个侧重公安信息化业务应用。

6.3.1 公共安全视频图像信息联网共享应用标准体系简介

公共安全视频图像信息联网共享应用标准体系保障了我国公共安全视频监控的科学有序开展。

公共安全视频监控作为维护社会治安、预防犯罪的重要手段，其建设与应用日益受到重视。为了保障公共安全视频监控建设联网应用工作的科学、有序开展，我国制定了一套完整的标准体系——公共安全视频图像信息联网共享应用标准体系（以下简称标准体系）。

标准体系是编制公共安全视频监控建设联网应用国家标准制修订规划和计划的基本依据。它涵盖了技术要求、评价测试规范和管理规范三大类标准，内容完整、相互衔接，为公共安全视频监控建设联网应用技术系统的建设、第三方评价测试以及管理工作提供了全面的指导和支持。

技术要求类标准是标准体系的核心部分，它详细规定了公共安全视频监控系统的技术性能指标、系统架构设计、数据传输与存储等方面的要求。这些要求的制定，确保了公共安全视频监控系统在技术上的先进性和可靠性，为系统的稳定运行提供了坚实的技术保障。

评价测试规范类标准则是对公共安全视频监控系统性能进行评价和测试的依据。它规定了评价测试的方法、流程、指标和判定标准，确保了评价测试工作的公正性、客观性和科学性。通过评价测试，可以及时发现和纠正系统中存在的问题，进一步提高系统的运行效率和应用效果。

管理规范类标准则是对公共安全视频监控系统的建设、运行和管理进行规范的重要文件。它规定了系统建设的管理流程、运行维护的要求、数据安全和保密等方面的内容，确保了公共安全视频监控系统的规范运行和有效管理。

公共安全视频图像信息联网共享应用标准体系是我国公共安全视频监控建设联网应用工作科学、有序开展的基础性技术文件。它的制定和实施，不仅提高了公共安全视频监控系统的技术水平和应用效果，也为维护社会治安、预防犯罪提供了有力的技术支持和保障。未来，随着技术的不断发展和应用需求的不断变化，标准体系也将不断完善和更新，以适应新的形势和需求。

标准体系经过扩展修订后，包括了技术要求、评价测试规范和管理规范三大类共 24 项国家标准，见图 6-1 所示。

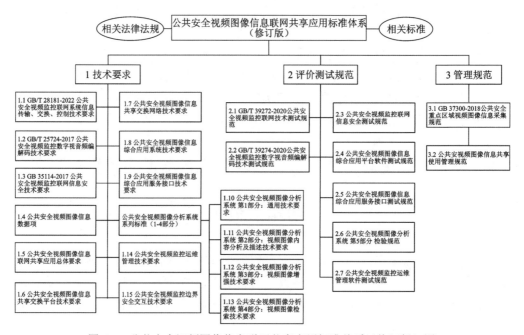

图 6-1　公共安全视频图像信息联网共享应用标准体系（修订版）图

其中技术要求类标准规定了公共安全视频监控建设联网应用的相关技术要求,包括视频图像信息的联网、共享、应用、安全和运维等15项标准;

评价测试规范类标准规定了技术要求标准的符合性测试要求,共7项标准;

管理规范类标准规定了公共安全视频图像信息采集、接入、共享和使用等相关管理要求,共2项标准。

本标准体系依据我国公共安全视频监控建设联网应用的实际需求,采用综合标准化的方法进行编制,确保其与公共安全视频监控建设联网应用的实际工作需求紧密相连。同时,随着公共安全视频监控建设联网应用工作需求的变化以及科学技术的不断进步,本标准体系也将持续更新和完善,以更好地服务于公共安全视频监控建设联网应用工作。

6.3.2 公共安全视频图像信息联网与应用标准体系简介

公共安全视频监控联网与应用标准体系是由城市视频监控联网信息系统的系列标准升级而来的,其体系化地展现了公共安全行业视频图像应用系统的不同部分的标准化计划和内容。

该标准体系中包括技术标准、视频分析应用标准、合格评定标准和管理标准4大类,共26项公共安全行业标准,见图6-2所示。

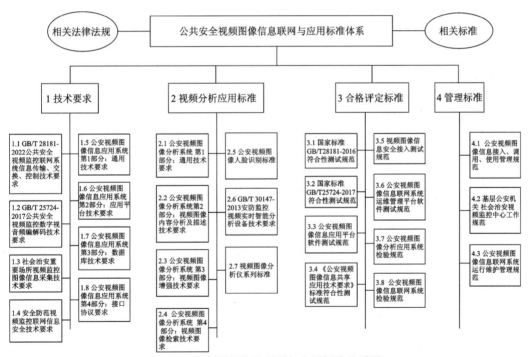

图6-2 公安视频监控联网与应用标准体系图

全国安全防范报警系统标准化技术委员会围绕该标准体系,先后发布和实施了GA/T 1154.X[4]视频图像分析仪系列、GA/T 1399.X公安视频图像分析系统系列[5]、GA/T 1400.X系列[6]共11项标准。

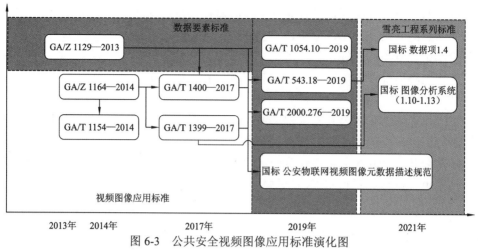

图 6-3 公共安全视频图像应用标准演化图

6.3.3 公共安全行业视频图像应用重要标准

1. 视频图像结构化描述标准

2012～2013 年，结合当时的视图技术的发展情况，围绕公安机关视图信息库建设工作，公安部社会公共安全应用基础标准化技术委员会制定了《公安机关图像信息要素结构化描述要求》（GA/Z 1129-2013）[7]。该标准是视频图像信息化应用系统建设规范中的开山之作，给出了视图库系统的建设指导意见。

该指导性技术文件规定了公安机关图像信息数据库结构化要素的描述要求，适用于公安机关图像信息数据库的建设、管理和使用，其他领域的图像信息数据库也可参考采用。指导性文件的主要目的在于规范公安机关图像信息数据库中结构化描述对象，即：视频、图片、人、车、物、场景、案事件的描述方式，为图像信息分析、检索、共享、综合应用提供基础。其描述的公安应用视图信息关联关系如图 6-4 所示。

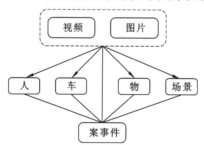

图 6-4 视频图像结构化描述的关联关系

该指导性技术文件以尽量减少重复定义，充分考虑与现存国标、公安及其他行标的兼容性为基本原则，初步规范了公共安全视图信息相关的视频、图片、人、车、物、场景、案事件等公安元数据的数据项表。

2. 公共安全行业应用技术标准 GA/T 1400 系列

GA/T 1400 系列标准[6]以"视频图像信息应用系统"为统称，包括：《公安视频图像

信息应用系统 第 1 部分：通用技术要求》（GA/T 1400.1—2017）、《公安视频图像信息应用系统 第 2 部分：应用平台技术要求》（GA/T 1400.2—2017）、《公安视频图像信息应用系统 第 3 部分：数据库技术要求》（GA/T 1400.3—2017）、《公安视频图像信息应用系统 第 4 部分：接口协议要求》（GA/T 1400.4—2017）4 个部分。其系统关联关系如图 6-5 所示。

为保障全国公安机关视频图像信息联网与应用工作的顺利开展，全国安全防范报警系统标准化技术委员会成立了"公安视频图像信息联网与应用标准体系编制组"[8]。

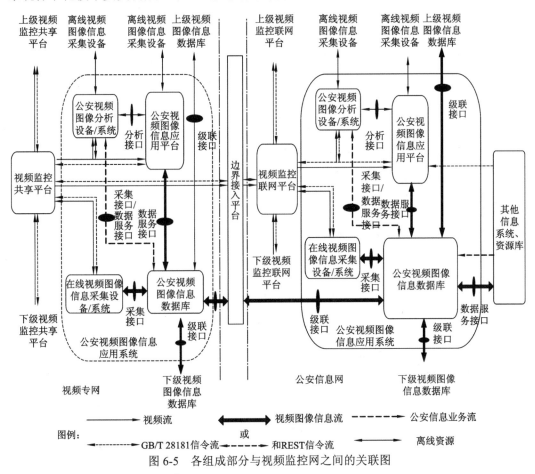

图 6-5 各组成部分与视频监控网之间的关联图

1）GA/T 1400.1—2017

《公安视频图像信息应用系统 第 1 部分：通用技术要求》（GA/T 1400.1—2017）规定了公安视频图像信息应用系统的设计原则、系统架构、视频图像信息对象模型与编码、系统功能与性能、接口协议结构、安全性、电磁兼容性、电源和环境适应性、可靠性和运行与维护等要求。

该标准定义了视频图像信息、视频图像信息对象、视频图像信息对象特征属性、视频图像信息应用系统、视频图像信息数据库和视频图像信息应用平台等 11 个术语。

该标准提出了系统组成结构和级联联网结构、自动采集的视频图像信息对象模型（图 6-6）和人工采集的视频图像信息对象模型（图 6-7）、视频图像信息采集设备与系统、公安视频图像信息数据库、公安视频图像信息应用平台、视频图像分析系统等唯一标识编码、案事件唯一标识编码、视频图像信息基本对象唯一标识编码、视频图像信息语义属性对象的唯一标识编码、布控与订阅同步等资源对象唯一标识编码等资源对象编码要求。

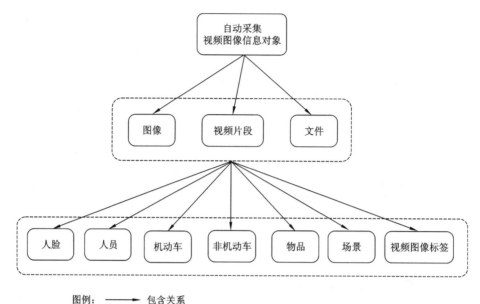

图例：——→ 包含关系

图 6-6　自动采集图示

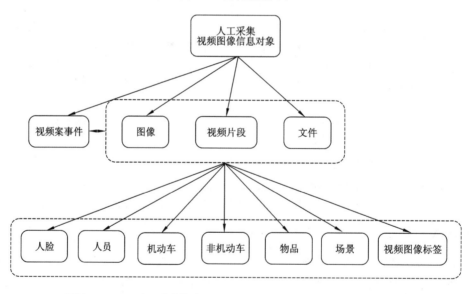

图例：←——→ 相互关联关系；——→ 包含关系

图 6-7　人工采集图示

该标准规定了视频监控基础应用功能、采集标注功能、存储组织功能、查询与检索功能、视频图像分析功能、布控功能、时空分析功能、案事件管理功能、联网功能、统计分析与信息整编功能、用户与权限管理功能、设备管理功能、日志管理功能 13 方面功能要求，以及存储时间、存储对象格式、并发处理能力、查询与检索性能、系统可扩展性、稳定性和可靠性6方面的性能要求。还规定了基于REST架构风格的接口协议结构，在附录A中约定了REST架构协议模型。

2）GA/T 1400.2—2017

《公安视频图像信息应用系统 第2部分：应用平台技术要求》（GA/T 1400.2—2017）规定了公安视频图像信息应用平台的应用平台结构、功能、性能以及应用服务接口等要求。

该标准提出了应用平台内部功能结构和应用平台外部接口。规定了视频监控联网/共享平台接入功能、离线资源采集接入功能、视频图像分析系统接入功能、视频图像信息数据库接入功能、PGIS/GIS系统接入功能、第三方统一认证与鉴权系统接入功能、其他公安信息系统接入功能等接入功能要求，视频监控基础应用功能、视频图像信息采集标注功能、视频图像分析功能、视频图像信息查询与检索功能、布控功能、时空分析功能、案事件管理功能、订阅同步功能、认证与鉴权服务功能、统计分析与信息整编服务功能等应用功能要求，用户管理功能、设备管理功能、日志管理功能、运维管理功能等管理功能要求，以及性能要求。

3）GA/T 1400.3—2017

《公安视频图像信息应用系统 第3部分：数据库技术要求》（GA/T 1400.3—2017）规定了公安视频图像信息数据库的组成、存储对象、功能、性能、安全性等的技术要求。适用于公安视频图像信息数据库的规划设计、软件开发、部署实施、检验验收和运行维护。

该标准提出了视图库存储对象，包括对象类型、对象描述方法、采集设备与采集系统相关对象、视频图像信息对象、视频图像分析规则对象、布控与告警对象、订阅与通知对象、联网服务对象等的规范内容。并对视图库的接口、应用、管理等功能和对象存储时间、存储对象格式、并发性能规格、检索等性能提出了要求。

标准通过视图库对象特征属性、视图库元数据定义、视图库对象和对象集合XMLSchema描述、基于XML的消息体格式、XML转JSON规范、查询指令规范等内容的规范，确定了开发和应用视图库的各项必要元素。

4）GA/T 1400.4—2017

《公安视频图像信息应用系统 第4部分：接口协议要求》（GA/T 1400.4—2017）规定了公安视频图像信息应用系统的接口分类与协议结构、接口功能、接口资源描述、接口消息、消息交互流程、消息交互安全性等技术要求。适用于公安视频图像信息应用系统的规划设计、软件开发及接口协议的符合性测试。

该标准提出了接口分类与协议结构。接口功能包括：公共功能、采集接口、数据服务接口、级联接口、分析接口等，视图库资源描述、分析系统资源描述。接口消息包括：接口消息描述、视图库接口消息、分析系统接口消息等。消息交互流程包括：创建资源消息交互流程、读取资源消息交互流程、更新资源消息交互流程、删除资源消息交互流程等，以及消息交互安全流程等的具体要求。还提出了REST架构协议模型，用于规范整体的应用接口。

随着视频智能分析技术的发展，大数据云计算等新技术的渗透以及公安视频监控实战应用的全面深化，公安视频监控系统在数字化和网络化的基础上，正逐步向信息化方向演进，智能/治安卡口设备、电子警察设备、智能摄像机和案事件视频侦查研判等正在不断产生大量的视频片段、图像及其结构化描述信息等视频图像信息，而原有的有关视频监控方面的标准体系无法支撑这一新的发展要求。本系列标准正是为视频图像信息的采集、存储、共享、应用等制定系统组成结构、联网结构、功能与性能要求等规范，为适应新技术的发展和公安实战应用的全面深化奠定基础。

3. 公共安全行业应用技术标准 GA/T 1154 系列

GA/T 1154 系列标准[4]以"视频图像分析仪"为统称，包括：《视频图像分析仪 第1部分：通用技术要求》（GA/T 1154.1—2014）、《视频图像分析仪 第2部分：视频图像摘要技术要求》（GA/T 1154.2—2014）、《视频图像分析仪 第3部分：视频图像检索技术要求》（GA/T 1154.3—2017）、《视频图像分析仪 第4部分：人脸分析技术要求》（GA/T 1154.4—2018）、《视频图像分析仪 第 5 部分：视频图像增强与复原技术要求》（GA/T 1154.5—2014）五个部分。

该系列标准主要针对视频图像的分析应用进行标准化，具体如下：

1）GA/T 1154.1—2014

《视频图像分析仪 第1部分：通用技术要求》（GA/T 1154.1—2014）规定了视频图像分析仪的术语、定义、缩略语、产品代码和编号、技术要求、试验方法、检测规则以及标志、包装、运输与储存。适用于视频图像分析仪的研发、生产、检验。并提供了分析软件的参照。

该标准提出了视频图像分析仪的产品代码、产品编号、设备功能组成。技术要求包括：外观结构、硬件、软件、物理接口等。功能要求包括：状态提示、自检、恢复出厂设置、视频解码、存储、视频回放、采集、视图分析中的摘要处理、检索处理、人脸比对处理、增强和复原、语义描述等。

2）GA/T 1154.2—2014

《视频图像分析仪 第2部分：视频图像摘要技术要求》（GA/T 1154.2—2014）规定了具备视频图像摘要功能的视频图像分析仪的技术要求和测试方法。适用于具备视频图像摘要功能的视频图像分析仪的研发、生产、检验。

该标准提出了视频图像摘要分析仪的通用要求和分级功能要求。基本功能要求包括：采集视频、视频摘要、视频对比、视频存储、视频调阅、案事件管理等；增强功能要求包括：视频增强、图片增强、线索视频编辑、轨迹生成、车型对比、电子地图关联、报告自动生成等；基本性能要求包括：兼容格式、存储容量、码流类型、视频分辨率、处理能力、摘要准确率、叠加度调节、视频检索速度、检索准确率、定位时间等；增强性能要求包括：增强兼容格式、二维车型数量、三维车型数量、卫星定位精度、矢量电子地图及显示精度等。并提供了标准化的测试方法和检验规则。

3）GA/T 1154.3—2014

《视频图像分析仪 第3部分：视频图像检索技术要求》（GA/T 1154.3—2014）规定了视频图像分析仪有关视频图像检索功能的技术要求、试验方法和检验规则。适用于具备视频图像检索功能的视频图像分析仪的研发、生产、检验和应用。

该标准提出了视频图像检索分析仪的检索功能分类分级代码、产品编号和功能组成。功能要求包括：视频图像采集（方式、格式、属性）、视频图像管理、检索任务管理、检索结果输出和显示、日志管理、数据存储等，以及视频图像检索方式范围、人员检索、车辆检索、事件检索等技术要求。并提供了标准化的测试方法和检验规则。

4）GA/T 1154.4—2014

《视频图像分析仪 第4部分：人脸分析技术要求》（GA/T 1154.4—2014）规定了视频图像分析仪有关人脸分析的技术要求、试验方法和检验规则。适用于具备视频图像人脸分析功能的视频图像分析仪的研发、生产和检验。

该标准提出了视频图像检索分析仪的人脸分析功能的产品代码和编号、产品组成结构和参考逻辑关系模型。技术要求包括：通用要求、功能要求、性能要求等。具体的功能要求包括：人脸视频图像的输入、人脸数据库、人脸分析、人脸比对、人脸检索、人脸布控、分析结果输出等；具体的性能要求包括：人脸数据库容量、画质、人脸注册、人脸检测漏检率、误检率、人脸 1：1、1：N 识别率、人脸检索命中率、布控识别准确率等。并提供了标准化的测试方法和检验规则。

5）GA/T 1154.5—2014

《视频图像分析仪 第5部分：视频图像增强与复原技术要求》（GA/T 1154.5—2014）规定了具有视频图像增强与复原功能的视频图像分析仪的功能要求、性能要求、试验方法和检验规则。适用于具有视频图像增强与复原功能的视频图像分析仪的研发、生产和检验。

该标准提出了产品分类和分级、产品代码和编号、分析仪功能组成、功能要求和性能要求等。具体功能要求包括：视频图像采集、视频图像增强与复原、视频图像处理结果输出、人机界面、视频图像资源管理等；具体的性能要求包括：视频图像去雾、视频图像去模糊、视频图像对比度增强、低照度视频图像增强、视频图像偏色校正、视频图像宽动态增强、视频图像超分辨率重建、视频图像几何畸变校正、视频图像奇偶场校正、视频图像颜色空间分量、视频图像去噪声等的指标。并提供了标准化的测试方法和检验规则。

GA/T 1154 系列标准以公共安全视频图像的分析功能为核心，针对主流的技术应用点的标准化，为建立完整的视频图像分析应用数据体系，提供了基础和参考依据。

4. 公共安全行业应用技术标准 GA/T 1399 系列

GA/T 1399 系列标准[5]以"公安视频图像分析系统"为统称，公共安全视频图像分析系统是公共安全视频图像信息应用系统的子系统。GA/T 1399 系列标准包括：《公安视

频图像分析系统 第 1 部分：通用技术要求》（GA/T 1399.1—2017）、《公安视频图像分析系统 第 2 部分：视频图像内容分析及描述技术要求》（GA/T 1399.2—2017）。

该系列标准主要针对视频图像分析系统进行标准化，具体如下：

1）GA/T 1399.1—2017

《公安视频图像分析系统 第 1 部分：通用技术要求》（GA/T 1399.1—2017）规定了公安视频图像分析系统的系统组成、系统功能等技术要求。适用于公安视频图像分析系统的规划设计、软件开发、检测和验收。

该标准提出了公安视频图像分析系统的功能组成、系统与外部的连接关系（图 6-8）、系统功能包括：视频图像输入、接口、视频图像内容分析及描述、视频图像增强与复原、视频图像检索、数据存储与共享、分析处理任务管理、系统管理等要求。并规定了服务接口对象属性和服务接口对象 XMLSchema 描述。

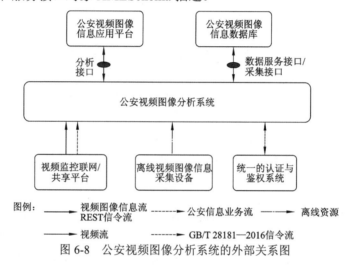

图 6-8　公安视频图像分析系统的外部关系图

2）GA/T 1399.2—2017

《公安视频图像分析系统 第 2 部分：视频图像内容分析及描述技术要求》（GA/T 1399.2—2017）规定了公安视频图像分析系统中视频图像内容分析及描述的应用流程与功能组成、功能、性能、视频图像内容分析数据描述等技术要求。适用于公安视频图像分析系统的规划设计、软件开发、检测和验收。

该标准提出了视频图像内容分析的应用流程（图 6-9）、功能组成（图 6-10）等。具体功能包括：视频图像输入、目标检测与特征提取、目标数量分析、目标识别、行为分析、视频摘要等。具体性能包括：视频质量、目标检测与特征提取、目标数量分析、目标识别、行为分析、视频摘要处理能力等的指标。视频图像内容描述包括：特征属性描述和 XML Schema。

图 6-9　视频图像内容分析及描述信息应用流程

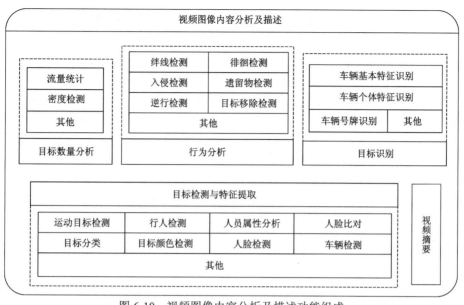

图 6-10 视频图像内容分析及描述功能组成

5. 公共安全视频图像信息联网共享应用系列标准

公共安全视频图像信息联网共享应用系列标准目前正在紧锣密鼓地编制和修订，这些标准与以上所述的公安行业标准体系中的标准有着很强的关联关系。就目前主要编制的一些标准来看存在以下关系，如图 6-11 所示。

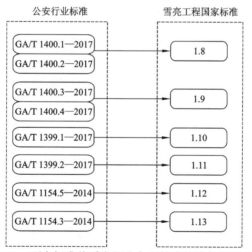

图 6-11 两大标准体系中部分主要技术标准的关联关系

公共安全视频图像信息联网共享应用系列标准包括 4 大类，26 项标准。其中主要在编制的技术标准有：1.4 公共安全视频图像信息数据项、1.5 公共安全视频图像信息联网共享应用总体要求、1.6 公共安全视频图像共享交换平台技术要求、1.8 公共安全视频图像信息综合应用系统技术要求、1.9 公共安全视频图像信息综合应用服务接口协议要求、1.10 公共安全视频图像分析系统 第 1 部分：通用技术要求、1.11 公共安全视频图像分析系统 第 2 部分：视频图像内容分析及描述技术要求、1.12 公共安全视频图像分析系统 第 3 部分：视频图像增强技术要求、1.13 公共安全视频图像分析系统 第 4 部分：视频图像检索技术要求、1.14 公共安全视频图像信息联网应用运维管理平台技术要求等。

1)《公共安全视频图像信息数据项》

《公共安全视频图像信息数据项》规定了公共安全视频图像信息的数据项属性、基本数据项、行业应用。适用于公共安全视频图像信息联网共享应用中数据的交换。

该标准提出了数据项属性、基本数据项、行业应用、附录 A 视频图像统一标识编码规则、附录 B 视频图像信息数据项代码表、附录 C 视频图像信息数据项与公安数据元对应关系等。

该标准是针对公共安全视频监控联网建设的一部基础数据项技术标准，它既要与公共安全视频监控领域的数据应用现状与发展相适应，又要符合国家对信息化系统建设的总体要求，独立性和完整性是编制该标准的主要难点所在。

该标准从公共安全视频监控联网信息数据应用的实际需求入手，确定针对不同应用的信息数据项，具体如下：

"数据项属性"依据《日期和时间 信息交换表示法 第 1 部分：基本原则》（GB/T 7408.1—2023）、《信息技术 通用多八位编码字符集（UCS）》（GB/T 13000—2010）等国标，规范了数据项的描述结构、类别、名称、标识符、数据项类型、字符含义、说明等的格式和表述要求。

"基本数据项"规范了多种应用数据项，包含：摄像机信息、联网服务器/平台信息、设备状态信息、视频卡口信息、车道信息、视频片段信息、图像信息、文件对象信息、人脸对象信息、人员对象信息、机动车对象信息、非机动车对象信息、物品对象信息、场景对象信息、视频图像关联事件信息、目标区域信息、运动目标信息、订阅信息、订阅通知信息、布防信息、布防通告信息等 21 个数据项表 400 多个具体数据项，内容涉及标识、状态等基本信息，类型、度量等辅助信息，区划、经纬度等位置信息，注册、证书等安全信息，维护、管理等运管信息，网络地址、端口等部署信息，分析处理、名称、关键词、特征、对象等描述信息。

"行业应用"说明了各行业应用基本数据项和数据元的方法。

"行业应用"规范了视频图像统一标识编码规则。具体包括：视频图像基本信息对象统一标识编码规则、视频图像信息语义属性对象统一标识编码规则、视频图像事件对象统一标识编码规则、视频图像布防与订阅统一标识编码规则、统计用县以下区划代码编制规则。

"行业应用"还参照现有国标、公安数据元行标、限定词、公安信息代码等相关内容，规范了 62 个视频图像信息数据项代码。

"行业应用"提供了视频图像信息数据项与公安数据元标识符对应关系。

通过该标准的制定，可以将现有数据元与公共安全视频图像应用有机地结合起来，形成应用。数据项是公共安全视频图像关注的主要人、车、物、事件等元数据的表项，表项中的具体值又结合了现有数据元来描述，从而形成了完整的应用链规范。该标准的意义不仅在于关联元数据、数据项和数据元形成应用，还在于为公安大数据中的视频图像数据应用提供规范性接口，从而保障公安数据元应用的连续性和体系性，为网络信息互通、融合，大数据处理分析的规范化打下了坚实的基础。

2）《公共安全视频图像信息联网共享应用总体要求》

《公共安全视频图像信息联网共享应用总体要求》规定了公共安全视频图像信息联网共享应用的基本原则、总体架构和技术要求。本标准适用于公共安全视频图像信息联网共享应用的总体规划、方案设计工程实施以及与之相关的系统备研发生产和质量控制。

标准定义了公共安全视频图像享交换平台，数据共享交换平台，视频监控平台，社会资源汇聚平台，视频图像信息综合应用系统，视频图像分析系统，视频图像信息数据库，视频图像信息应用平台，视频图像信息联网共享应用安全管控系统，视频图像信息联网应用运维管理平台，边界安全交互系统 11 个术语。

该标准规定了公共安全视频图像信息联网共享应用的总体架构并给出了联网架构图，阐明参与各部分的职责及连接关系。对联网各部分的功能和性能制定了规范和要求。其总体架构如图 6-12 所示。

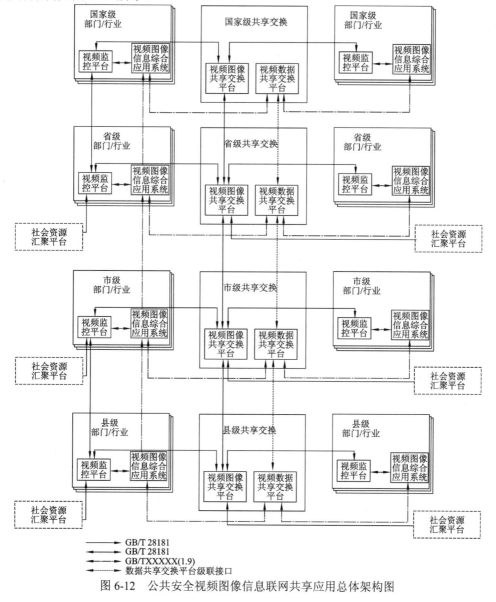

图 6-12 公共安全视频图像信息联网共享应用总体架构图

3)《公共安全视频图像共享交换平台技术要求》

《公共安全视频图像共享交换平台技术要求》规定了公共安全视频图像共享交换平台各组成系统的业务流程、功能要求、性能要求、数据接口要求。适用于公共安全视频图像共享交换平台规划设计、软件开发、部署实施、检验验收和运行维护。

该标准提出了公共安全视频图像共享交换平台的基本原则，包括：互通性、扩展性、可靠性、规范性、安全性、易维护性、易操作性等；提出了公共安全视频图像共享交换平台总体架构、系统技术要求，包括：目录管理系统、申请审批系统、视频调阅系统、统计分析系统、后台管理系统、GIS 支撑系统等，以及规范了数据接口要求。其平台组成框图如图 6-13 所示。

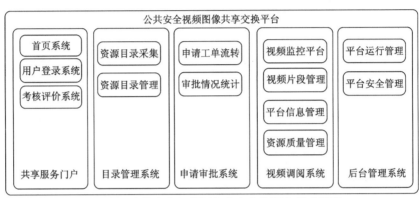

图 6-13　公共安全视频图像共享交换平台组成框图

4)《公共安全视频图像信息综合应用系统技术要求》

《公共安全视频图像信息综合应用系统技术要求》规定了公共安全视频图像信息综合应用系统的系统结构、视频图像信息对象、统一标识编码、应用平台、视图库、分析系统、采集设备/采集系统等技术要求。适用于各行业/部门公共安全视频图像信息综合应用系统的总体规划、方案设计、工程实施、检验验收、运行维护以及与之相关软硬件的研发、生产和质量控制。

该标准结合了 GA/T 1400.1—2017 和 GA/T 1400.2—2017 中的规范化内容，形成标准的主体。提出了系统组成结构和级联联网结构，自动采集的视频图像信息对象模型和人工采集的视频图像信息对象模型，以及视频图像信息采集设备与系统、公安视频图像信息数据库、公安视频图像信息应用平台、视频图像分析系统等唯一标识编码，案事件唯一标识编码，视频图像信息基本对象和数据组织库唯一标识编码，视频图像信息语义属性对象的唯一标识编码，视频图像布控、订阅和分析任务等资源对象唯一标识编码等资源对象编码要求。

该标准规定了应用平台的组成，视频监控基础应用功能、采集标注功能、存储组织功能、查询与检索功能、视频图像分析功能，布防/通告功能、时空分析功能、视频图像事件管理功能、联网功能、统计分析与信息整编功能、用户与权限管理功能、设备管理功能、日志管理功能等方面功能要求，以及存储对象格式、并发处理能力、查询与检索性能等方面的性能要求。

该标准规定了视图库的组成，存储对象，注册注销与保活、对象 CRUD 操作、布防与通告、订阅与通知、视频图像分析任务管理、联网服务、对象集合操作、存储管理、用户管理、设备管理、运维管理、日志管理、时钟同步等方面功能要求，以及对象存储时间、存储对象格式、并发处理能力、查询与检索性能等方面的性能要求。

规定了分析系统和采集设备/系统的要求。

5)《公共安全视频图像信息综合应用服务接口协议要求》

《公共安全视频图像信息综合应用服务接口协议要求》规定了公共安全视频图像信息综合应用系统的接口分类、内部接口与共享交换接口等技术要求。适用于公共安全视频图像信息综合应用系统的规划设计、软件开发及接口协议的符合性测试。

该标准提出了公共安全视频图像信息综合应用服务接口分类、系统内接口的协议结构、接口功能、接口资源描述、接口消息、消息交互流程、消息交互安全性，以及共享交换接口等要求。

该标准规范了 REST 架构协议模型、视图库对象和对象集合 XML Schema 描述、HTTP GET 方法查询指令规范、XML 转 json 规则、关键消息交互流程及消息体示例。

6)《公共安全视频图像分析系统 第 1 部分：通用技术要求》

《公共安全视频图像分析系统 第 1 部分：通用技术要求》规定了公共安全视频图像分析系统的系统组成与外部连接关系、视频图像输入、应用功能、接口功能、管理功能等技术要求。适用于公共安全视频图像分析系统的规划设计、软件开发、检测和验收。

该技术标准作为公共安全视频监控联网建设的基础性文件，既要紧密结合当前视频图像分析应用的实际状况与发展趋势，在公共安全视频监控领域发挥其应有的作用；同时，也需符合国家在信息化系统建设方面的宏观指导和总体要求，确保其独立性、完整性、规范性及指导意义得到充分体现。在制定过程中，这些难点因素被重点考虑和妥善处理。

"系统组成与外部连接关系"规范了视频图像分析系统的功能组成以及与外部系统的连接关系。

"视频图像输入"规范了输入视频图像的格式及图像质量要求，是后续功能要求的基础条件。

"应用功能"规范了任务管理、视频图像内容分析及描述、视频图像增强、视频图像检索、数据存储和结果展示等应用功能。其中视频图像内容分析及描述、视频图像增强、视频图像检索等功能的具体要求指向公共安全视频图像分析系统系列标准的其他部分。

"接口功能"描述了视频图像分析系统与外部系统交互所需的技术接口，包括分析接口、数据服务接口和采集接口，指向《公共安全视频图像信息综合应用系统服务接口协议要求》的相关章节。

"管理功能"描述了对视频图像分析系统进行管理所需的各项功能，包括用户管理、日志管理、时钟同步、状态管理、配置管理等。

7)《公共安全视频图像分析系统 第 2 部分：视频图像内容分析及描述技术要求》

《公共安全视频图像分析系统 第 2 部分：视频图像内容分析及描述技术要求》明确

了公共安全视频图像分析系统中视频图像内容分析及描述的功能构成与工作流程，详细规定了视频图像内容分析、描述以及接口等方面的技术要求。这些规定适用于公共安全视频图像分析系统视频图像内容分析及描述的规划、设计、软件开发、检测以及验收等各个环节，为相关工作的规范化、标准化提供了有力保障。

"功能组成与任务流程"规范了视频图像内容分析及描述模块的功能组成、与外部模块和系统的连接关系，以及视频图像内容分析任务的主要流程。

"视频图像内容分析"从功能和性能角度进行规范。其中视频图像输入规范了输入视频图像的格式及图像质量要求，是后续功能和性能要求的基础条件；分析功能规范了当前及可预见的下一阶段视频图像内容分析的 6 类功能，包括目标检测、目标属性识别、目标数量分析、事件检测、目标特征向量提取、目标比对；分析性能从当检测手段可操作的角度对目标检测、目标属性识别、目标数量分析、事件检测性能提出了要求。

"视频图像内容描述"针对视频图像内容分析规则和输出结果进行数据描述，具体数据描述内容指向《公共安全视频图像信息综合应用系统技术要求》的相关章节。

"接口"描述了视频图像内容分析及描述模块对外提供功能的技术接口，包括目标数量分析、事件检测、目标特征向量提取、目标比对等接口，指向《公共安全视频图像信息综合应用系统服务接口协议要求》的相关章节。

8）《公共安全视频图像分析系统 第 3 部分：视频图像增强技术要求》

《公共安全视频图像分析系统 第 3 部分：视频图像增强技术要求》详细阐述了公共安全视频图像分析系统中视频图像增强的功能构成、处理流程、功能特性以及性能指标等关键技术规范。这些规定为公共安全视频图像分析系统中视频图像增强的规划与设计、软件开发、检测与验收等环节提供了明确的技术指导与依据。

该标准是针对公共安全视频监控联网建设的一部重要的技术规范，它既要与公共安全视频监控领域的应用现状与发展相适应，又要符合公共安全视频图像分析系统和视频图像信息的应用的总体要求，满足"雪亮工程"建设需要。

标准从公共安全视频图像分析系统应用的实际需求出发，主要包含如下内容。

"功能组成和处理流程"从整体框架上规范了视频图像分析系统中视频图像增强部分的功能模块以及实现视频图像增强功能时的处理流程。

"功能要求"规范了输入、输出、基本功能要求，以及具体的每个视频图像增强功能要求：视频图像去雾、视频图像去模糊、视频图像对比度调优、低照度视频图像增强、视频图像偏色校正、视频图像宽动态增强、视频图像超分辨率重建、视频图像几何畸变矫正、视频图像去噪、视频去抖动。

"性能要求"从测试样本和评价指标角度对每个视频图像功能所达到的增强性能进行规范：规范了视频图像增强能力和规则的特征属性字段、json 类型、值域、必选/可选情况；规范了视频图像增强能力和规则的 XML Schema 类型格式。

9）《公共安全视频图像分析系统 第 4 部分：视频图像检索技术要求》

《公共安全视频图像分析系统 第 4 部分：视频图像检索技术要求》规定了公共安全

视频图像分析系统中视频图像检索的功能组成与检索流程、功能、性能、接口等技术要求，适用于公共安全视频图像分析系统视频图像检索的规划设计、软件开发、检测和验收。

"功能组成与检索流程"规范了视频图像检索模块的功能组成、与外部模块和系统的连接关系，以及视频图像检索的主要流程。

"功能"从视频图像检索功能要求角度进行规范。其中检索输入规范了检索范围、输入视频图像的格式、图像质量要求、多目标检索要求、检索条件中的运算符要求、检索相关参数设置等，是后续功能和性能要求的基础条件；检索输出规范了检索的输出内容和展现方式；以属性检索目标提出了以属性检索目标的基本要求，并规范了人员、人脸、机动车、非机动车等目标支持以哪些属性进行检索以及具体的属性取值；以图像检索目标对以图像检索人员、以图像检索人脸、以图像检索机动车、以图像检索非机动车提出了要求；事件检索对检索支持的事件类型、事件规则、事件关联目标类型等提出了要求。

"性能"从视频图像检索性能要求角度进行规范。其中以属性检索目标对检索速度、并发检索能力提出了要求；以图像检索目标对以图像检索人员、人脸、机动车、非机动车等目标的目标大小、检索速度、并发检索能力、命中率提出了要求。

"接口"规范了视频图像检索模块对外提供的接口，包括以属性检索目标、以图像检索目标、事件检索等接口，指向《公共安全视频图像信息综合应用系统服务接口协议要求》的相关章节。

10)《公共安全视频图像信息联网应用运维管理平台技术要求》

《公共安全视频图像信息联网应用运维管理平台技术要求》旨在规范公共安全视频图像信息联网应用运维管理平台的设计原则、平台结构、功能特性、性能指标、运维接口以及设备属性等方面的技术要求。该标准适用于基于公共安全视频传输网络建设的视频图像信息联网应用运维管理平台的整体布局、方案策划、软硬件系统开发、质量测试与验收以及运行维护等工作，为公共安全领域视频图像信息的高效管理提供技术支撑。

"设计原则"主要说明了公共安全视频监控联网应用运维平台设计过程中对平台的规范性、可靠性、可扩展性、易操作性和安全性的考虑。

"平台结构"主要说明了公共安全视频监控联网应用运维平台的功能组成和运维平台与公共安全视频图像信息联网共享应用标准体系中其他系统、平台间的关系。

"功能特性"主要规范公共安全视频监控联网应用运维平台的各项功能要求，包括采集功能、应用功能、管理功能。

"性能指标"主要规范公共安全视频监控联网应用运维平台的各项性能要求，从视频质量、用户并发访问能力、报警、存储等性能提出要求。

"运维接口以及设备属性"规范了公共安全视频监控联网应用运维平台的运维接口要求和设备属性要求。

6. 数据融合应用的数据共享标准

1)《公安数据元（18）》（GA/T 543.18—2019）标准

公安数据元原名公安业务基础数据元素集（例如：公民身份号码、姓名等），是由日常基础公安业务中的数据信息经过梳理、归纳、总结而成的系列标准，其可随着业务的增删而扩充或修订。每一项数据元均包含了中文名称、中文全拼、标识符、版本、同义名称、说明、对象类词、特性词、表示词、数据类型、表示格式、值域、关系、计量单位、状态、提交机构、主要起草人、批准日期、备注等属性。统一规范的公安数据元是公安信息化和天空地一体化大数据系统建设的重要基石之一。公安数据元素标准演化如图 6-14 所示。

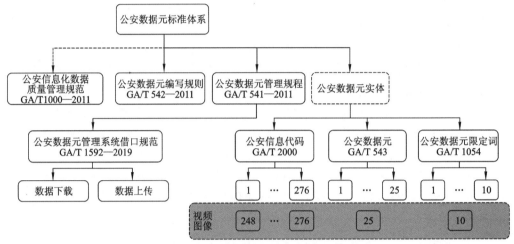

图 6-14　公安数据元素标准演化关系图

公安科技信息化经过多年发展，建立了包含多种业务路线的信息系统，积累了海量的视频图像数据。已有的视频图像相关国标和行标并没有形成公安应用数据元规范。为了使视频图像数据可以在公安信息化系统中实现信息资源的交换与共享，并充分利用数据科学技术，加强在公安内部及社会资源中采集和处理视频图像数据的规范性，推动视频图像信息的深度应用，公安部科技信息化局提出了编制面向视频图像应用的公安数据元要求。

视频图像数据元作为对数据项的一种标准化描述方式，对数据资源规范与整合，信息资源共享服务和业务协同等具有重要意义。公安数据元系列标准，传承已有公安数据元规范，针对公安视频图像主流业务，提出了一套统一、完整的数据元内容和格式。在此系列标准的指导下，可以将数据标准化建设成果与公安信息资源服务平台以及大数据平台的建设相结合以发挥实效。

以公安数据元系列标准为基础，可指导形成视图库兼容性数据改造工具和规范性数据测评工具。标准化成果可增强公安应用视图库的兼容性，扩展标准化公安数据元应用，使其满足天空地一体化大数据建设要求，为视图相关数据应用系统的开发、采购和招标提供标准依据和评估测试工具，切实解决一线公安单位数据信息化建设中的多头无序问题。

《公安数据元（18）》（GA/T 543.18—2019）标准中通过对已有视频图像相关的公安业务数据梳理，参照数据元标准格式，规定了包括：视频图像信息基本对象标识、视频图像信息语义属性对象标识、视频编码格式代码等 59 项数据元[9]~[11]，具体见表 6-2。

表 6-2　公安数据元（视频图像）中文名称索引表

内部标识符	中文名称	内部标识符	中文名称
DE00001	视频图像信息基本对象标识	DE00033	车前部物品特征代码
DE00002	视频图像信息语义属性对象标识	DE00034	车辆张贴物特征代码
DE00003	视频编码格式代码	DE00035	车后部物品特征代码
DE00004	视频文件格式代码	DE00036	视频图像现场光线代码
DE00005	图像文件格式代码	DE00037	人群聚集程度代码
DE00006	音频编码格式代码	DE00038	人群异常行为代码
DE00007	视频图像质量等级代码	DE00039	目标活动状态代码
DE00008	像素值	DE00040	视频图像运动目标速度
DE00009	光圈值	DE00041	视频案事件对象标识
DE00010	感光度	DE00042	案件状态代码
DE00011	焦距值	DE00043	视频图像归档状态代码
DE00012	时间偏差	DE00044	视频图像目标通过量
DE00013	视频图像事件类型代码	DE00045	视频图像目标聚集量
DE00014	视频图像分析类型代码	DE00046	视频图像事件告警级别代码
DE00015	视频图像处理类型代码	DE00047	视频图像事件告警类型代码
DE00016	视频图像采集垂直方向代码	DE00048	区域触发方向代码
DE00017	视频图像采集水平方向代码	DE00049	区域触发行为类型代码
DE00018	视频图像信息对象采集方式代码	DE00050	视频图像布控订阅标识
DE00019	目标图像代码	DE00051	视频图像信息布控类别代码
DE00020	视频图像关注对象标注颜色代码	DE00052	视频图像布控指令代码
DE00021	上身着装特征代码	DE00053	视频图像布控状态代码
DE00022	下身着装特征代码	DE00054	视频图像订阅类别代码
DE00023	携包款式代码	DE00055	视频图像订阅指令代码
DE00024	着鞋特征代码	DE00056	视频图像订阅状态代码
DE00025	佩戴眼镜特征代码	DE00057	授时模式代码
DE00026	着帽特征代码	DE00058	摄像机补光类型代码
DE00027	人体姿态特征代码	DE00059	摄像机支持分辨率代码
DE00028	卡口车道号		
DE00029	拍摄车辆部位代码		
DE00030	卡口类型代码		
DE00031	出入城车道方向代码		
DE00032	车辆异常痕迹代码		

2）公安数据元视频图像应用数据汇聚中台

公安数据元视频图像应用数据汇聚平台是一款将公安数据元系列标准与公共安全视频图像应用数据紧密结合的数据融合平台。该平台不仅实现了公共安全视图库数据的公安标准化和规范化，还定义了接口、应用协议等规范内容，成为连接视频图像采集分析数据源与天空地一体化大数据应用平台的关键性支撑中台系统。

6.4 数据安全汇聚

6.4.1 视频数据安全融合的必要性

随着大数据、云计算及智能化应用的不断发展，以及"雪亮工程"建设在各地逐步推进完成，视频监控系统已经成为公安机关开展刑事侦查、犯罪打击、社会治安治理的重要信息系统，在公共安全治理工作中发挥日益重要的作用。同时，地面视频系统的数据规模也呈现出海量扩张的发展趋势，通过视频智能分析等智能化技术的应用，已产生海量的视频数据、图像数据和结构化数据。相关数据为公共安全业务的开展提供了重要支撑，其数据价值日益提升，数据安全要求也不断提高，成为天空地大数据的重要组成部分。然而，视频系统和数据的发展呈现出野蛮生长的态势，在数据规模大幅增长的同时，其应用和管理没有在天空地一体化大数据的体系框架下进行规范，从而导致数据的管理、应用处于相对无序的状态，不能安全、有序地为公安各警种提供服务。

在安全方面，地面视频系统所面临的安全威胁和手段发生了巨大的变化，呈现出较为明显的安全隐患。受到"重建设、重应用、轻安全"的建设思路影响，当前视频监控系统在建设和应用过程容易被入侵和控制，存在资产不清、管理不规范、网络边界不可控等各类系统安全问题。《公共安全视频监控联网信息安全技术要求》（GB 35114—2017）[12]标准详细规定了公共安全视频监控联网系统的各项技术需求，这些需求包括但不限于：采用国家密码管理局批准的加密算法进行设备认证、信令认证、数字签名和用户认证，以及实施视频加密等措施，以确保系统的安全性和可靠性。然而，目前已经大量建设的视频监控前端尚无法达到 GB 35114—2017 标准的安全要求，存在较大的安全隐患。

总体来看，随着视频系统和视频数据规模的不断增长，必须紧密依托天空地一体化大数据体系规划和标准规范，实现视频数据与天空地一体化大数据的安全融合，从而为推动视频系统的有序发展和视频数据的安全可靠应用提供重要保障。

6.4.2 安全融合应用原则

推进视频图像数据与天空地一体化大数据应用体系的融合，整体应符合以下原则。

（1）安全性。视频图像数据同时具有敏感和情报信息属性，如何在安全可信环境下安全使用这些数据情报是融合应用的关键。

（2）实战性。视频图像数据融合应用应满足当前实战的需求，应能够满足一线各业务警种在实战过程中对数据融合的需求。

（3）经济性。安全实战融合应用的过程应符合经济性原则，不宜推翻或重复建设已有的信息系统与标准体系，从而造成不必要的浪费。

6.4.3　数据安全汇聚架构

1. 信息化总体要求

根据天空地一体化大数据综合应用要求，遵循天空地一体化大数据和公共安全视频图像相关标准规范，进行视频监控联网系统、视频图像应用系统等系统的分层解耦、异构兼容，从而实现视频图像智能建设和应用的规范有序发展，建立业务规范、应用高效、运行安全的公安视频图像智能化应用体系，符合天空地一体化大数据设计理念。

（1）对现有视频图像资源进行整体调研和分层梳理，按照天空地一体化大数据标准体系，将现有视频监控联网系统和视频图像应用系统的架构解耦为云化体系，将硬件设备、服务平台、视图信息库和智能化应用等内容均抽象为资源，实现资源化服务。

①基础设施即服务层（infrastructure as a service，IaaS）方面主要提供各类视频图像感知数据的采集能力、网络接入与承载能力以及运行环境管理与服务能力，需要对现有视频图像信息采集设备、视频图像分析设备、传输网络、计算资源、存储资源和网络资源等硬件资源进行梳理，并抽象成计算资源、存储资源和网络资源等，构建基础设施即服务层；

②平台即服务层（platform as a service，PaaS）提供通用服务能力和视频图像基础服务能力等，其中包括面向视频大数据存储的基础数据存储服务，如分布式文件系统、分布式列式数据库、分布式关系型数据库等；视频图像分析服务，包括机器学习模型、流式计算、离线计算、内存计算等；视频联网共享服务，包括级联共享、跨域共享等；以及其他基础服务，如虚拟化服务等；

③数据即服务层（data as a service，DaaS）方面包括公安视频图像信息资源库中所包含的视频图像信息资源，包括视频片段、图像、与视频片段和图像相关的文件等，及其所包含的人员、车辆、物品、场景和视频图像标签等对象。具体的视图数据组织可根据数据应用需求，按照数据定义的标准统一、流程规范的组织方案，实现数据资源分类建库，形成视频图像信息库，包括构建原始库、资源库、主题库、知识库、业务库、业务要素索引库等。数据资源层按照天空地一体化大数据标准提供数据资源目录和数据服务资源目录；

④应用即服务层（software as a service，SaaS）提供公安视频图像信息应用平台所提供的各类视频图像应用，包括视频图像共性应用、视频图像专业应用和视频图像专题应用，实现视频图像业务关注对象事前预警、事中处置和事后研判。具体包括视频图像基础服务，如视频浏览、视频存储、采集标注等；查询检索服务，包括车牌识别、车辆特征识别、人脸比对、图像检索等；时空分析服务，包括目标轨迹分析、案事件时空分析等。各类视频图像应用服务均应按照天空地一体化大数据标准对外提供应用资源目录；

⑤安全保障提供公安视频图像信息系统安全防护能力，主要包括 GB 35114—2017

标准落地，现有视频图像数据的分级分类管理，按警种业务权限进行细分授权等，详见"数据安全要求"和"国产密码应用要求"两小节内容；

⑥运维管理提供公安视频图像信息系统的整体运营能力，包括设备管理、运行监测、故障维护、运行态势、考核评价。

（2）根据四层资源的解耦梳理，对视频图像基础设施、平台服务、数据服务、应用服务等资源进行目录化管理，建立统一的服务目录，提供视频图像联网系统和应用系统的全局设备资源目录、服务接口资源目录、数据资源目录和应用服务资源目录等。相关资源应通过服务目录申请及标准化的流程审批后，提供给各应用系统使用。通过服务的注册、分类、发布、变更等，满足服务目录的集中管理要求，在权限范围内向各业务警种实现分域安全共享，实现目录全局共享。

（3）制定符合天空地一体化大数据体系的视频标准规范，对视频图像业务现有的主要业务标准进行改造，包括 GA/T 1399 系列标准、GA/T 1400 系列标准等，从基础设施、数据元、元数据、服务接口、应用服务等层面与天空地一体化大数据现有标准体系进行适配，并依托相关标准开展系统分层解耦和安全融合的工作；同时，在执行和在编制的天空地一体化大数据行业标准体系中，针对视频监控媒体的多媒体属性，修订和完善相关的标准，提升天空地一体化大数据体系对视频图像信息数据的兼容性。

2. 数据安全要求

根据天空地一体化大数据智能化安全体系的总体要求，以数据安全为中心，以安全基础设施为支撑，落实现有天空地一体化大数据标准要求和视频图像安全标准要求，从分类分级、数据采集、数据接入、数据处理、数据治理、数据组织、数据服务等方面构建全生命周期的视图数据安全防护能力。

（1）在视频图像专网落实 GB 35114—2017 安全标准。根据 GB 35114—2017 规范的总体要求，在公共安全视频监控建设联网基本完成基础上，对视频监控网络全面构建 C 级安全体系，满足公安日益迫切的安全、运维、智能的高层次业务需求。通过对现有视频监控联网系统的"最小化"改造，满足可动态适配 GB 35114—2017 中 A、B、C 级安全要求，保障公安监控视频的现有技术条件下"最安全"可信接入和安全共享。

（2）对于视频专网和公安信息网所产生的各类视频图像数据信息，均需要按照业务为导向，针对视图数据的 5 项属性进行数据分类，其中，针对特定对象跟踪的数据按照 JZ 类数据管理；对于特定案件的视频数据、图像数据和描述数据按照 ZK 类数据分类；对于通用案件类研判所需的海量视频图像数据及描述数据，按照侦查数据进行管理；一机一档、设备运维等数据按照管理类数据分级；对于日常用于公共安全防范的通用视频图像数据按照技术防范数据进行管理。每一大类数据再根据数据的属性进行细分，构建科学合理的数据分类管理体系。

（3）推进数据权限细分。在完成视图数据的分类基础上，进一步根据数据集、数据内容和数据字段的敏感级别进行分级，设定敏感级别规则，设计不同警种用户、应用权限与数据级别的对应关系，通过零信任体系提供的权限管理服务，基于用户级别和数据级别，配置数据访问权限策略。

（4）实现数据跨网安全应用，按照业务需求，利用天空地一体化大数据安全体系的数据交换通道进行视频网数据与新一代公安信息网数据域的安全数据交换，敏感数据需保存在数据域中，按照天空地一体化大数据标准要求进行存储、处理。公安视频传输网部署的公安视频图像信息系统侧重数据采集、解析处理，开展实时性要求较高的视频图像应用以及政府部门间视频图像数据共享服务。公安信息网部署的公安视频图像信息系统在天空地一体化大数据的标准框架下侧重视频图像数据与其他业务数据融合，服务各警种视频图像应用，开展安全性要求较高的视频图像业务。

3. 国产密码应用要求

根据国家标准《信息安全技术信息系统密码应用基本要求》（GB/T39786—2021）以及《中华人民共和国密码法》和《中华人民共和国网络安全法》的相关规定，视频网在物理与环境安全、网络与通信安全、设备与计算安全以及应用与数据安全 4 个方面，均需达到密码应用技术的相应要求。

（1）以国产密码为基础，构建用于视频专网的密码基础设施，通过统一的密码服务接口，为视频业务应用提供密码安全服务。密码基础设施包括密钥管理服务、数字证书服务、密码计算服务、时间戳服务、硬件安全模块服务和密码设备管理等。

（2）在视图数据采集、传输过程中，需要基于 GB 35114—2017 标准对前端采集设备和接入设备进行认证，建立基于国产密码的加密传输通道，同时保证传输过程中数据的完整性。

（3）在数据处理、治理过程中，需要通过零信任体系提供的权限管理服务，按照最小权限原则进行权限分配，对数据操作进行审计，采用国产密码算法对敏感数据、文件加密存储。

（4）在数据组织、数据服务过程中，需要对数据服务化，以数据层接口提供数据服务，通过数据授权、数据鉴权、零信任安全网关等实现数据级的访问控制，加强数据泄露检测。

4. 边缘智能应用要求

（1）强化视频网络的应用和运维的边缘智能化，在边缘端对视频图像监控内容进行解析，满足复杂业务的不同解析需求，为公安的深度业务应用提供柔性的系统支撑。

（2）以数据分类管理体系对视图数据的分类分级为依据，按照边缘智能设备分析采集的视图数据业务属性类别，结合设备部署场所位置、设备运行工作时段以及设备智能分析能力等，设立边缘智能设备的动态安全等级能力要求标准。

（3）围绕设备动态安全等级能力要求，构建覆盖边缘智能设备物理安全、操作系统安全、操作审计、密码管理、安全智能分析算法、可信数据采集接口等的安全技术体系。

参 考 文 献

[1] 全国安全防范报警系统标准化技术委员会. 国家标准 公共安全视频监控联网系统信息传输、交换、控制技术要求: GB/T 28181—2022. 北京: 中国标准出版社, 2022.

[2] 全国安全防范报警系统标准化技术委员会. 国家标准 公共安全视频监控数字视音频编解码技术要求: GB/T 25724—2017. 北京: 中国标准出版社, 2017.

[3] 朱建章, 石强, 陈凤娥, 等. 遥感大数据研究现状与发展趋势. 中国图象图形学报, 2016, 21(11): 1425-1439.

[4] 全国安全防范报警系统标准化技术委员会. 公共安全行业标准 视频图像分析仪: GA/T 1154. (1-5)—2014. 北京: 中国标准出版社, 2014.

[5] 全国安全防范报警系统标准化技术委员会. 公共安全行业标准 公安视频图像分析系统: GA/T 1399. (1-2)—2017. 北京: 中国标准出版社, 2017.

[6] 全国安全防范报警系统标准化技术委员会. 公共安全行业标准 公安视频图像信息应用系统: GA/T 1400. (1-4)—2017. 北京: 中国标准出版社, 2017.

[7] 公安部社会公共安全应用基础标准化技术委员会. 公共安全行业标准化指导性技术文件 公安机关图像信息要素结构化描述要求: GA/Z 1129—2013. 北京: 中国标准出版社, 2013: 1-20

[8] 赵问道, 赵源, 程莎莎. 公安视频图像信息应用系统总体架构分析. 中国安全防范认证, 2018(1): 8.

[9] 公安部计算机与信息处理标准化技术委员会. 公共安全行业标准 公安数据元管理规程: GA/T 541—2011. 北京: 中国标准出版社, 2011.

[10] 公安部计算机与信息处理标准化技术委员会. 公共安全行业标准 公安数据元编写规则: GA/T 542—2011. 北京: 中国标准出版社, 2011.

[11] 公安部计算机与信息处理标准化技术委员会. 公共安全行业标准 公安数据元: GA/T 543. (1-24). 北京: 中国标准出版社.

[12] 全国安全防范报警系统标准化技术委员会. 国家标准 公共安全视频监控联网信息安全技术要求: GB 35114—2017. 北京: 中国标准出版社, 2017.

第7章 数 据 分 析

数据分析是天空地大数据应用的重要环节，对于提升公共安全水平具有重要的现实意义。通过对天空地数据分析能力、视频图像分析技术、语音识别技术、社交网络分析技术、大模型技术以及数字孪生建模与分析技术等内容的深入探讨，可以帮助我们理解和掌握各种数据分析技术的原理和方法。本章将探讨公共安全领域各种数据分析技术的原理、应用和发展趋势，为公共安全领域的数据应用提供理论和技术支持，促进公共安全领域的数据分析技术的发展和应用。

7.1 天空地数据分析能力概述

在构建基于天空地一体化大数据的公共安全事件预警体系时，首先要面对的挑战是如何将海量的非结构化数据或半结构化数据通过数据分析手段转换为结构化数据，并进一步通过协同处理分析提取出有价值的数据信息。这项任务涉及了多种类型的数据，包括但不限于卫星遥感影像、航拍遥感数据、监控视频数据、语音数据和网络数据等。这些数据的分析和处理是构建公共安全事件智能预警系统的基础，为公共安全事件预警和数据协同分析提供有效支持。

对于卫星遥感影像和航拍遥感数据，我们需要通过视频图像处理技术，如图像分割、特征提取和模式识别等，来识别所关注的目标特征和变化特征，主要是检测卫星遥感数据中的车辆目标和航拍遥感数据中的车辆及人员目标，以及比较显著且异常的地面形态变化等。在分析处理监控视频数据时，视频监控分析技术是至关重要的，主要通过使用深度学习等计算机视觉算法，从而完成人员监测和识别、行人跟踪、车辆检测和识别等任务，此外还可以通过物品检测、人流量估计和火焰烟雾识别，从而支持在不同场景下更加精确的事件监测和预警。对于语音数据，通过语音识别技术可以将输入的语音信号转换为可供理解的文本信息，并进一步对信息进行有效的摘要，帮助我们从通话记录、紧急呼叫和公共场所的监控录音中提取关键信息，以辅助事件的判断和响应。进一步结合语音的情感分析，实现对人员目标对象的行为特征的深度刻画。在分析社交网络数据时，主要是侧重于对社交网络上特定目标对象的关系分析，以及基于对象行为、对象言论和对象在社交媒体上所发布网络图像的分析，以识别和追踪关注目标对于特定事件的反应和情绪，以及围绕特定类型公共安全事件相关的舆情监测分析。

通过以上分析，我们可以形成对人员、车辆、物品和事件等目标的基础刻画，并以此为基础构建知识图谱等知识体系。例如，通过警务知识图谱结合各种公共安全相关的实体和关系，包括目标行为、目标对象、事件地点和时间等，为警务人员提供一个直观的查询、推理和分析工具，从而支持开展复杂事件的分析预警等。在知识体系构筑的基础上，我们还可以进一步利用当前快速发展的大语言模型，去开展对大规模数据集的高效、高水平处理和分析，通过语义检索和推理发现潜在的模式和关联，从而为公共安全事件分析和预警提供强大的基础能力。此外，通过对场景目标对象的数字孪生建模和分析，还可以借助对目标的全息感知能力、可视化分析能力和强大的空间分析能力，从而更好地支持在公共安全事件发生时开展全方位分析研判，并支撑公共安全事件的有效预警。

随着各类型数据分析技术的进步，我们将不断提高对各类目标要素的分析精度，为知识图谱等知识体系构筑提供更多的证据支持，并进一步增强基础推理能力的发展。这种推理能力的增强将直接支撑天空地协同的公共安全事件预警系统，使其能够更快、更准确地识别潜在的威胁和风险，并采取预警措施。同时，大模型也将通过跨领域的模型训练和学习，充分挖掘大数据的潜力，实现对各类数据资源和知识的整合，并通过其自身强大的泛化能力、语义理解能力和内容生成能力，以及对于自身能力的自适应完善提升，从而适应更多新的数据类型和分析需求，并逐步成为数据分析和预警体系的基础核心。

总体来看，天空地数据分析通过设计和训练强大的数据分析模型，支持处理和分析大规模的非结构化数据，并逐步构建面向公共安全的知识体系，形成强大的语义理解和推理能力，从而推动预警系统变得越来越智能，预测和响应的能力不断提升，为公共安全领域提供更加高效和准确的预警服务。

7.2　视频图像分析技术

7.2.1　人员检测和识别

人脸检测和识别技术是深度学习和大数据重要应用之一，旨在针对天空地观测数据中的特定人员展开检测和识别工作，包括人脸检测、人脸识别和人员检测等。

1. 人脸检测

人脸检测算法的原理是基于卷积神经网络的一种高精度的实时人脸检测和对齐技术，通过利用深度卷积网络提取人脸特征，并利用提取的特征进行人脸识别。人脸检测的目标是在一幅图像中确定是否存在人脸，如果存在，则返回人脸所在位置和包围盒。目前，基于表面模型的方法随着存储和运算能力的增强显示出更为优越的性能，成为近几年人脸检测的主流方法。这种方法通过对大量含有/不含有人脸的图像进行训练，采用某种机器学习算法学习出一个人脸的表面模型来实现分类判断。

针对已有人脸检测模型参数多，对 GPU 计算资源依赖严重的问题，在保证检测精度的前提下进行加速，考虑在 CPU 甚至移动手机上实时运行人脸检测模型。在模型选择上，考虑模型在移动手机端的部署情况，选择 MobileNet+SSD 的网络结构，将 SSD 重新训练成人脸检测模型，经验证可在 CPU 实现实时监测。更进一步，可以使用 Tensorflow 提供的 Android 开发包，将训练好的 MobileNet+SSD 人脸检测模型编译成专门用于人脸检测的 App，在搭载移动平台处理器的 Android 端基本达到实时人脸检测的效果。人脸检测识别示意图如图 7-1 所示。

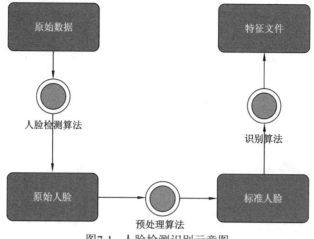

图7-1 人脸检测识别示意图

2. 人脸识别

当目标对象的人脸出现在摄像设备的拍摄范围内时，人脸图像可以通过摄像设备采集得到，进行人脸采集的主要影响因素如下。

（1）图像大小：人脸图像过小会影响识别效果，人脸图像过大会影响识别速度。非专业人脸识别摄像头常见规定的最小识别人脸像素为 60×60 或 100×100 以上。

（2）图像分辨率：图像大小综合图像分辨率，直接影响摄像头识别距离。目前 4K 摄像头看清人脸的最远距离是 10 m，7K 摄像头是 20 m。

（3）光照环境：过曝或过暗的光照环境都会影响人脸识别效果。可以用摄像头自带的功能补光或滤光平衡光照影响，也可以利用算法模型优化图像光线。

（4）模糊程度：实际场景主要着力解决运动模糊，人脸相对于摄像头的移动经常会产生运动模糊。部分摄像头有抗模糊的功能，而在成本有限的情况下，考虑通过算法模型优化此问题。

（5）遮挡程度：五官无遮挡、脸部边缘清晰的图像为最佳。而在实际场景中，很多人脸都会被帽子、眼镜、口罩等遮挡物遮挡，这部分数据需要根据算法要求决定是否留用训练。

（6）采集角度：人脸相对于摄像头角度为正脸最佳。但实际场景中往往很难抓拍正脸。因此算法模型需训练包含左右侧人脸、上下侧人脸的数据。

人脸识别是在人脸采集的基础上对人员目标身份进行匹配的过程。在人脸识别过程中，需要先建立人脸特征注册库，保存每个 id 及其对应的提取特征。然后依次计算输入人脸与注册库人脸之间特征对的欧氏距离，在给定阈值范围内寻求欧氏距离最小值，输出最小值对应的 id 即为识别结果。若所有的欧氏距离均超出给定阈值范围，则判定为未注册人员。人脸识别流程示意图如图 7-2 所示。

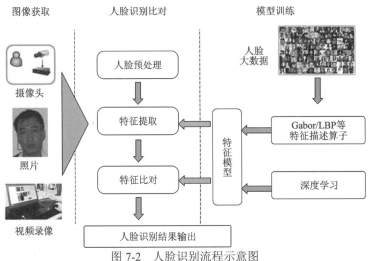

图 7-2　人脸识别流程示意图

3. 人员检测

复杂场景如航拍遥感影像和视频监控下的人员检测在安全监控、智能交通、控制预警等领域中有着十分广阔的应用。通过尝试 YOLO 以及在 Faster RCNN[1]中 RPN 的基础上引入基于提升树算法（boosting tree，BT）的行人检测方式，可以实现对小目标、难分样本以及遮挡情况的推断能力，如图 7-3 所示。

图 7-3　小目标、难分样本以及遮挡情况的检测示意图

针对天空地的复杂应用场景，需要针对航拍遥感影像的无人机视角开展行人检测技术研究。无人机视角下，行人的遮挡以及小目标情况更为严重。通过与英伟达嵌入式深度学习平台的适配，构建了嵌入式软硬件平台，可应用于无人机以及球机等现场平台，实现的检测结果如图 7-4 所示。

7.2.2　车辆检测和识别

车辆检测和识别是对视频监控大数据中的重点车辆的通行轨迹分析和预测，以达到预警的目的。通过技术研究，更好地发挥卡口智能监控在治安、交通管制等公共安全业

图 7-4　无人机视角下的人员检测可视化结果图

务中的作用，提高交通卡口智能监控的实时性和灵活性，从而提高对交通场景的历史信息追溯能力。通过对交通卡口重点车辆的车牌、车型及通行轨迹等分别建立特征层和语义层的描述，以实现通行轨迹的分析和预警，并解决大规模监控视频重点车辆检索问题。车辆检测和识别系统关系如图 7-5 所示。

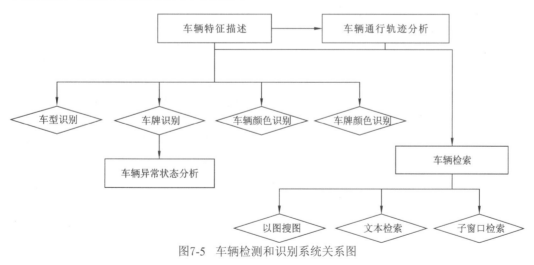

图7-5　车辆检测和识别系统关系图

1. 车辆检测

针对天空地数据分析应用需求，研制复杂环境下车辆检测模型，解决夜晚、逆光、多车等复杂成像条件下的车辆检测问题。部分车辆检测结果如图 7-6 所示。

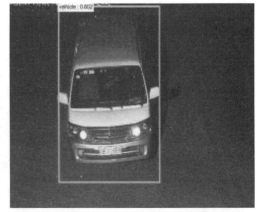

（a）夜间

（b）多车

（c）红外

图7-6　复杂环境下的车辆检测结果

2. 车辆属性分析方法

通过一个完整的基于属性的车辆检索方案，完成端到端的深度网络协同学习。车辆检测、车辆属性分析任务，通过挖掘不同任务的监督信息与信息共享，解决单个任务的网络不稳定问题，并直接服务于公共安全事件分析。

7.2.3　人流量估计

在实际的人群计数工作中，对于稀疏的区域，人们能够不做任何处理就能准确地统计出人数。然而对于密集的区域，往往需要将图片适当放大，才能完成计数工作。对于给定的图像，人们倾向于首先计算尺度较大的区域，然后放大密集的尺度较小的区域来进行精确计数。受此启发，提出一种简单而有效的方法来解决密度多样性的问题[2]，核心思想是学习缩放图像块并促进其密度分布集中到几个中心，从而可以减少密度分布多样性。通过多极中心损失的监督，每个图像块的缩放系数可以在训练期间由网络自动学习得到。

本方法依次测试了稀疏到密集的不同场景，表现出了良好的人群预测能力，具体可视化结果如图 7-7 所示。

图 7-7　多种场景的可视化结果

7.2.4　火焰烟雾检测

火灾类公共安全事件发现的一个重要手段是实时分析监控视频识别火灾，联动相关火警报警系统和推送预警信息，并自动拨打电话至相关人员告知警情，做到发生火灾初期迅速响应，在火情发生蔓延之前将其扑灭。视频火灾探测技术是利用摄像机检测现场环境，通过视频分析来识别烟雾或火焰，实现火灾探测，可根据探测对象分为火焰探测和烟雾探测两方面。

通过借鉴人类面向开放环境的感知和目标机理，进行跨时空层级注意力选择机制的研究，目的是实现机器自动过滤视频中的冗余信息，快速定位视觉感知中的关键信息（关键帧、关键区域）。对于图像序列的关键帧检测，可以采用 3D 卷积网络或基于时间关联的序列预测模型来自动提取感兴趣的视频片段；而对于静态图像的关键区域检测，可以采用全卷积神经网络或基于空间关联的序列预测模型来寻找图像中的感兴趣区域。通过将上述两种注意力选择机制进行有机结合，为快速准确的注意力转移和聚焦提供更为丰富的感知信息。

通过整合跨时空层级的不同感知信息（音频、静态和动态图像特征等）构建一个面向开放环境的注意力选择性认知框架，实现视频感知过程中冗余信息的自动过滤。即对输入的视频，分别提取关键帧信息与光流信息以及音频信息，送入注意力机制网络模型，模型能够排除不同环境与不同背景噪声的干扰，捕捉关键视频帧与关键的目标位置信息，完成对目标的精确识别，进一步根据多个特征的识别完成事件检测，如图 7-8 所示。

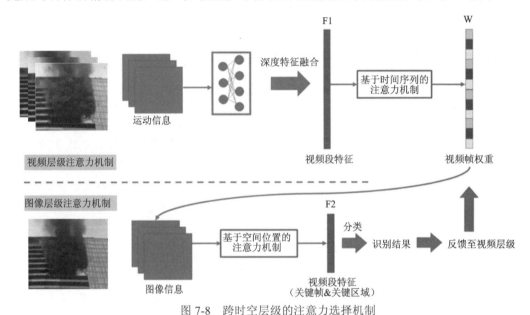

图 7-8　跨时空层级的注意力选择机制

7.3　语音识别技术

7.3.1　语音转文字

天空地数据汇聚过程中包含视频监控语音、现场采集语音、网络语音等大量语音数据，而语音数据存在典型的非结构化特征。由于所采集语音内容往往时间跨度长，语音内容的可理解性存在限制，往往需要事后通过人工补录等方式，实现语音内容的获取。因此，通过智能化的方式实现语音内容转文字是开展天空地数据分析的必要手段。

传统语音数据识别方法由于涉及声学模型和语言模型等多个不同模块，每个模块的训练方法和训练目标都不一致，从而影响了语音识别模型的准确率。近年来，随着深度学习等人工智能技术的飞速发展，语音识别领域取得了非常显著的进展，特别是以端到端的深度学习模型为代表的模型结构的提出，大幅提升了语音识别的准确率。与传统语音识别模型不同，端到端模型是直接将语音波形映射到文字序列，实现语音信号转换为文字，而不需要传统的声学模型、语言模型和声学特征提取等中间步骤。端到端模型通常使用一种或多种深度学习架构组织，如卷积神经网络（CNN）、循环神经网络（RNN）、长短期记忆网络（LSTM）和 Transformer 模型等。

较早的具有代表性的端到端模型是联结主义时间分类（connectionist temporal classification，CTC）模型[3]。CTC 模型提出了一种训练 RNN 直接标记未分割语音序列的新方法，从而可以在不需要预先对齐语音数据的情况下，输出一个概率分布，表示每个时间戳可能输出的字符。在对 CTC 模型的改进中，引入了包括 CNN 模型等更多的深度学习模型，以更好地实现局部特征捕捉、序列数据处理等。例如，百度公司的语音识别模型 Deep Speech 2[4]中就利用卷积层来提取声学特征，再通过 RNN 处理序列信息，并结合高性能计算（high performance computing，HPC）系统的强大计算能力提升语音识别效能。

为了解决 CTC 模型在语音识别中出现的语音长序列信息丢失问题，结合注意力机制的语音识别模型被进一步提出，并提升了语音识别的性能。例如，谷歌公司提出的 LAS（listen, attend and spell）模型[5]，对于给定语音序列的输出字符序列的概率分布不做独立性假设，而是使用注意力机制来允许模型在每个解码步骤中能够自动学习到输入特征与输出序列之间的对齐关系。而 Transformer 模型的引入[6]更是使得端到端模型在多项语音识别任务上都显示出了优异的性能。在模型训练完成后，模型推理中使用贪心算法、束搜索或者语言模型辅助的解码策略来从模型的输出中构建最终的文本序列。

在实际应用中，语音识别还经常面临各种噪声干扰。为了提高系统的鲁棒性，研究者们开发了多种技术，如噪声适应训练（noise adaptive training）和多条件训练（multi-condition training）。此外，神经网络的自适应方法也被用来提升在不同噪声条件下的识别性能。

尽管端到端模型在语音转文字的工作方面取得了巨大成功，但仍有进一步改进的空间。未来的研究可能会集中在减少端到端模型对大量标记数据的依赖，通过半监督学习和无监督学习方法提高模型的泛化能力和可靠性。特别是当前系统在处理英语和一些主要语言上性能表现较好，但对于许多方言或者少数民族语言，仍然存在识别准确率低的问题，因此如何在小样本情况下提升识别的准确率需要进一步改进研究。

此外，由于语音转写后的文字内容很多，含有大量的冗余信息，在实际公共安全事件分析中很难直接发挥作用。因此，可考虑采用抽取式摘要的模式，使用自然语言分析算法从记录源文档中提取基于公共安全业务相关的重点词语、关注要素、词句关系等关系数据进行建模，并作为文字记录的摘要句，形成由句到整个记录的摘要文档。具体方法上可结合 TF-IDF 算法（term frequency-inverse document frequency）[7]，实现大批量关键词抽取；通过 word2vec 实现由词到句子的过程，形成尽可能多的句子；通过 CRF 条件随机场（conditional random field）实现句子的语义化，再通过语音分析去除冗余信息；通过双向 LSTM 长短期记忆网络并结合业务场景模型，形成精准的句子信息，并结合时间顺序形成摘要结构化文档。

7.3.2　语音情感分析

基于语音内容的情感情绪分析可以在语音内容理解的基础上，更好地帮助理解和处理情感信息，为综合研判提供支持。随着人工智能技术的发展，基于语音的情感情绪分析的需求也日渐增长。例如在客服系统中，通过分析客户的语音情感，可以提供更加个性化和情绪化的服务；在辅助诊断中，可以将其作为评估患者心理状态的手段之一；在教育领域，语音情绪分析有助于了解学生的情感反应，调整教学策略。这些应用场景都要求情感分析系统能够快速、准确地从语音中提取情感特征，并作出合理的情绪判断。与此类似，在公共安全事件研判中，对于个体目标和群体目标的情感情绪感知也是一项重要工作，对于开展行为的变化研判和事件的态势感知等都具有重要的意义。特别是在应急事件处置的状态下，鲜活、准确、高效的身份快速识别和情绪动态及时掌握，都将十分有利于推进高效交互和智能决策。

对于有效的语音情感分析，声学特征提取和情感识别模型的建立是至关重要的步骤，也是分析语音情感的核心。近期研究倾向于采用深度学习方法自动提取语音的非线性特征，并通过多种基于深度学习的模型，如 CNN 和 RNN 的结合模型，这些模型可以更好地处理语音信号中的情感特征。比如，动态卷积神经网络（dynamic convolution neural network，DCNN）[8]能够从带有标记的训练语音数据的片段中学习情感的表示，这些表示能够更全面地反映语音中的情感信息。此外，通过改进 LSTM 长短期记忆网络，由帧序列保留原始语音中的时序关系[9]，对于捕捉不同时间帧情绪饱和度的差异尤为重要。一种混合架构模型[10]在 CNN、LSTM 和门控循环单元（gated recurrent unit，GRU）的高效特征提取的推动下，提出了一种利用三种不同架构的综合预测性能的集成，专注于提取语音信号的局部和长期全局上下文表示，并使用各个模型的加权平均值进行语音情感分析。此外，Transformer 模型由于其高效的自注意力机制，在情感识别任务中也显示出了优异的性能[11]。情绪分类方面，研究者开始从传统的离散情绪分类转向更复杂的维度模型[12]。这些模型不仅关注基本情绪状态分类，也识别多维度情感属性，甚至考虑了情绪的强度和稳定性等因素，从而提供更精细的情绪分析。

7.4　社交网络分析技术

7.4.1　社交网络关系分析

随着社交网络的普及，人员通过网络互动所形成的数字足迹极大地丰富了我们对社会结构和演化的认知。社交网络作为人类社会交往的一个数字映射，其丰富的人际关系链条和互动数据成为了研究人员行为特征和社会行为特征的重要资源。通过社交网络分析，研究者能够追踪和分析社会运动和事件的形成与发展，可以帮助识别关键意见领袖，还可以用于在公共安全领域揭示犯罪网络结构，从而推动预测和防控犯罪活动。

在公共安全事件分析中，人员关联关系分析是进行事件演化预测研究的重要组成部分。对个体间的联系模式、群体结构、交往内容及其演变规律进行深入分析，有助于从中发现群体演化、事件演化、信息传播和影响力扩散等本质规律，从而助力对未来事件的预测预警。当前，对于社交网络中人员关联关系分析的核心算法包括数据挖掘和图论算法，同时深度学习算法的快速发展也对社交网络关系分析起到重要支持作用，从而能够从大量杂乱的社交网络数据中提取出有价值的信息，并构建出反映人际关系的复杂网络。

数据挖掘在社交网络的人员关系分析中扮演着至关重要的角色。基于通联记录的社会网络和人类行为分析的社会学模型[13]，使用了多种概率和统计方法等数据挖掘算法来量化社会群体、关系和沟通模式，并以此实现人类行为变化检测。还可以使用数据挖掘方法来预测社交网络中人与人之间的关联关系[14]，特别是形成现有成员与新成员之间建立关系的可能性预测，并使用逻辑回归的方法来完成社交网络成员之间的关系图制作。此外，可以基于用户行为开展关联模式识别，通过分析用户的点赞、评论和转发行为，有效地挖掘出用户间隐含的关系。同时，还可以通过对社交媒体上的文本内容进行情感分析，从而识别出影响用户关系强度的关键因素。

社交网络天然适合用图的方式来进行表示，其中节点代表个人，边代表人际关系。因此，可以借助图论的计算方式来对社会关系进行分析。复杂网络的社团发现算法如modularity-based algorithms 和 infomap algorithms[15]，被广泛应用于揭示社交网络中的社群结构。此外，图论中的节点中心性分析，如度中心性、接近中心性和特征向量中心性，也是分析个体在网络中重要性的常用方法。

目前，机器学习和深度学习在社交网络分析中的应用越来越广泛，通过卷积神经网络来构建用户关系预测模型,能够有效捕获社交网络中的结构特征和节点内容信息,并提高关系预测的准确性。基于深度神经网络的深度链接（DeepLink）算法[16]是一种端到端方法，采用半监督学习方式对网络进行采样，并通过将网络节点编码为向量表示来实现对局部和全局网络结构的感知，进而可用于通过深度神经网络对齐锚节点。深度学习技术在社交网络分析中的应用还可以从多个不同角度进行融合[17]，通过意见分析、情感分析、文本分类、结构分析和异常检测等实现对社交网络结构和其他特性的深度感知。

社交网络的广泛应用和大数据技术的迅速发展，为未来人员关联关系分析带来了前所未有的机遇和挑战。而技术的不断进步和数据的持续积累，也将推动人员关联关系分析不断深化，并进一步扩大其应用范围。可以看出，在这个多学科交叉的研究领域，其关键技术的发展也正朝着更加细致的行为分析、更加深入的内容理解和更加精准的结构挖掘方向推进，同时也需要重点关注以下三个方面的要点。

跨平台分析：随着用户在多个社交平台上的活动日渐增加，不同用户可能在异构平台间构成更为复杂的关联结构。如何在不同的社交网络中整合和分析用户的关联数据，从而形成更为完整的人员关联关系结构图，是未来研究的一个重要方向。

隐藏关系挖掘：在公共安全事件分析应用中，可能存在人员在社交网络通联时采用隐藏个人身份、变换个人账号、跨多平台交互的方式，从而规避对其个人关联关系的有效发现。因此，需要深入对碎片化、分散化的痕迹进行归纳分析研究，实现更为精准的社交结构发现。

隐私保护：在人员关联关系分析中，如何在挖掘数据价值的同时保护用户隐私，是一个日益突出的问题。通过对存储数据的脱敏处理，进一步结合差分隐私和联邦学习等技术对跨平台情况下关联关系的计算过程加强安全保护，来避免复杂的人员关联关系出现泄露的情况。

通过关联关系分析，可以从海量的社交网络数据中发现个体和群体的隐藏模式，为公共安全领域提供决策支持。未来，将更加注重结合公共安全事件预警研判的需求，深入理解用户社交关联结构特征，结合开放式共享的数据资源、先进的分析工具和算法，形成对公共安全事件预警的有效支撑。

7.4.2　人员行为特征分析

社交网络中人员行为特征分析的应用领域非常广泛，包括但不限于个性化推荐系统、舆情监控和公共安全管理等。在个性化推荐系统中，通过分析用户的行为特征，系统可以推测用户的兴趣和需求，为用户提供更加精准的内容推荐。在舆情监控方面，政府机构和企业可以通过情感分析工具实时监测社交媒体上的公众情绪，为决策者提供民意分析，及时响应社会关切。在公共安全领域，对社交网络中人员行为特征的分析则是通过模型发现人员的行为规律以及人员的情感发展特征，从而进一步服务于公共安全事件的预判。

与社交网络中关联关系分析类似，社交网络中人员行为特征分析同样依赖于数据挖掘、自然语言处理、机器学习等多个领域的技术，特别是最近的趋势表明，深度学习技术已逐步成为分析社交网络行为特征数据的主流方法。

在数据挖掘领域，构建有效的用户行为模型是分析的基础。通过分析用户在社交网络中的点击、发布和交互行为，构建对用户行为序列的持续监测并建立相应的数据挖掘模型，可以有效地预测用户未来的行为趋势。通过自然语言处理技术对用户的具体言论进行分析，尤其是开展情感分析，可以在理解用户想法特征的同时，深入理解用户的情绪和意见，从而更好地形成对用户行为特征的整体刻画。

机器学习特别是深度学习技术在用户特征分析中的应用也越加广泛。利用卷积神经网络（CNN）和循环神经网络（RNN）等神经网络模型，借助其在处理序列数据方面的优势，已经被成功应用于社交网络中的行为特征识别。Time-LSTM 框架[18]是 RNN 和 LSTM 的变体，在 RNN 对顺序数据进行建模的出色表现基础上进一步考虑用户动作之间的时间间隔，更好地捕捉用户的短期和长期利益，从而提高用户特征分析性能。

深度学习社交影响预测（social influence prediction with deep Learning，DeepInf）框架[19]是一个对用户行为的社会影响力进行预测的方法，克服了传统依赖于领域专家的知识规则来提取用户和网络特定的特征，而是将用户的本地网络作为图神经网络的输入，将网络结构和用户特定特征整合到卷积神经网络和注意力网络中，开展潜在的影响力分析。

从发展趋势来看，未来的人员行为特征分析将随着人工智能技术的不断进步、计算算力的提升而不断优化，大规模社交网络数据的实时分析将成为可能，并需要在多模态分析等用户行为分析方面进行更大范围的融合分析。

实时分析：公共安全事件的发生往往具有一定的突发性，因此有必要对用户行为数据进行快速追踪和实时分析，从而满足社交网络数据的实时性分析要求，支持事件的快速响应。算力的提升和算法效率的不断优化，都将使得对社交网络结构的动态变化分析更加及时，对应对突发事件具有重要意义。

多模态分析：在当前的社交网络中，许多用户不再使用传统的文本而是使用短视频、图像、表情数据等多模态数据进行用户表达。而随着深度学习技术的发展，对于视频内容、图像中文本内容的理解能力快速发展。跨模态分析技术的应用将使得文本、图片、视频等多种类型的社交媒体数据能够被联合分析，以获得更全面的用户行为特征。同样的，未来的关联关系分析将更加注重多模态数据的综合利用，从而获取更全面的用户画像。

7.4.3 网络舆情监测

网络舆情对个人、组织乃至国家的安全和稳定都具有深远影响，也是引起公共安全事件的重要因素。网络舆情分析是通过技术手段对互联网上的公众情绪、观点和讨论进行搜集、监测、分析与管理的过程，是捕捉公众情绪、意见和态度的关键工具，也是当前社会治理、政府决策的有力辅助工具，帮助我们在复杂的信息环境中做出更明智、更有见地的决策。当前，对网络舆情分析的需求主要体现在实时监控网络议题的发展趋势，分析公众情绪变化，评估网络事件的影响力，识别和应对可能的危机，以及指导信息发布和舆论引导等多个层面。高效的网络舆情分析能够帮助政府部门及时响应民众需求、维护政府网络声誉。从关键技术上看，网络舆情分析的核心技术可以分为数据采集、文本处理、情感分析、传播分析、舆情评估与预警、可视化分析、集成化分析、动态化分析以及跨语言分析等几个方面。

（1）数据采集。网络舆情数据来源十分广泛，包括各种社交媒体平台、新闻网站等多种潜在来源，在数据特征方面也呈现出结构多样、规模海量的特征。需要应用前述章节提出的有效数据汇聚技术，实现对多源异构数据的高效抓取和可靠存储。例如，社交网络爬虫[20]是一种描述社交网络自动化收集信息的工具，并对现有的社交网络及其API进行了广泛的分析，从而可以高效应对大规模数据采集需求，提高数据采集的效率和稳定性。同时，也要重点关注不同级别数据的分类安全管理和存储。

（2）文本处理。网络文本数据的半结构化和非结构化特点使得对于海量文本数据的处理成为一项挑战，而自然语言处理技术的快速发展已经在分词、词性标注、命名实体识别等文本处理过程中发挥了重要作用。特别是深度学习方法，如 BERT（bidirectional encoder representations from transformers）模型[21]，已被广泛应用于文本特征提取，显著提升了文本处理的准确性。认知长文本（cognize long texts，CogLTX）框架[22]建立在 Baddeley 认知理论之上，通过模仿人的理解记忆力机制，训练判断模型来识别长文本中的关键句子，将它们排序、抽取并连接起来进行推理，从而让 BERT 模型也能用于长文本的处理。

（3）情感分析。情感分析旨在识别和分类文本中的情感倾向，是网络舆情分析的核心内容。传统的情感分析方法依赖于词典和规则，但深度学习技术的发展为情感分析带来了突破。卷积神经网络（CNN）和循环神经网络（RNN）已被证明在情感分析任务上具有优越性能，通过结合 CNN 和长短期记忆网络（LSTM）开发的情感分析模型，可以显著提高对社交媒体情感的识别精度。Co-LSTM[23]就是这样的混合模型，在社交网络数据情感分析方面具有很强的适应性和可扩展性，不受到特定领域的限制，可以较为准确地从社交媒体文本中提取用户情感倾向，为公共舆论监测提供了强有力的工具。

（4）传播分析。信息传播规律的分析是对社交网络中信息扩散机制的重要理解，有助于识别并预测信息的传播路径，预测未来的传播趋势，判断舆情的发展速度，以在必要时制定应对策略，如对谣言进行有效控制。

（5）舆情评估与预警。舆情评估旨在判断网络话题的影响力和传播范围，而预警则是对可能引发广泛关注或危机的舆情进行及时预测，这需要考虑文本内容、用户影响力、公众情感、传播路径等多种因素，进行综合评估。

（6）可视化分析。为了帮助公共安全事件的应对决策者快速理解舆情动态，数据可视化技术也是不可或缺的一个关键要素。通过图表、地图、时间序列等可视化手段，可以直观展示舆情的分布、趋势和变化。目前，如 Tableau 和 Power BI 等分析工具可以提供可视化分析模块，并用于舆情分析，以提供对舆情发展的直观洞察力。

随着在数据采集、自然语言处理和人工智能分析等方面技术的发展，网络舆情分析的能力也将不断增强，可以为公共安全事件研判中的舆情分析提供更准确、更深入的洞察。舆情分析的技术和方法还需要不断创新，以适应不断提升的分析需求，增强实时监测和预测能力，同时强化对跨语言内容的分析能力，主要体现在以下几个方面。

（1）集成化分析。面对复杂多变的网络环境和多来源社交网络平台，集成化的舆情分析平台能够提供从数据采集到分析评估的高效服务。同时，还要关注对多模态异构数据的自动化处理转换、多账号一致性分析、跨平台内容融合处理等，尽量减少人工干预，以应对海量数据中关注舆情的分析需求。

（2）动态化分析。网络舆情的变化通常十分迅速，对于舆情分析也要做到快速响应，以满足实时舆情变化监测的要求。同时，动态舆情分析不仅关注当前状态，还需要预测舆情的未来走向，这要求分析工具具备高效准确的融合预测能力，以提高网络舆情分析的准确度和效率。

（3）跨语言分析。随着全球化进程的加快，网络舆情可能会跨越语言和文化的界限，在多语言平台上进行贯通发展。因此，舆情分析工具还需要能够处理多语言内容，并具备在不同文化背景下的情感表达特点的获取能力，从而更好地推动面向全球范围的公共安全事件发展分析。

7.5　大模型技术

7.5.1　大模型构建

自 2022 年 12 月 OpenAI 公布 ChatGPT 大模型[24]以来，大模型技术在短时间吸引了全世界大量的关注，各大人工智能头部企业也纷纷推出自己的大模型产品，从不同层次将人工智能水平推上了一个新的高度。可以说大模型建设的发展，实际体现了对复杂海量数据处理能力的不断追求以及对于通用智能化水平提升的综合要求，是构建新时代人工智能体的集中目标体现。首先，随着数据量的爆炸式增长，传统模型难以有效处理和学习这些数据，而大模型能够利用其海量参数来捕获数据中的细微模式，提供更优的数据处理能力。其次，各行各业对于自动化与智能化的需求日益增长，大模型具备跨领域迁移学习的能力，具有强大的通用智能水平，可以较为轻松地适应新的任务和环境。再次，大模型能够实现更深层次的语义理解和推理，对于提高人机交互的自然度，满足各类传统业务的智能化水平具有重要意义。

在过去的几年中，从自然语言处理（natural language processing，NLP）到人工智能内容生成（artificial intelligence generative content，AIGC）再到计算机视觉（computer vision，CV），大模型已经显示出其在多个领域的巨大潜力。如 OpenAI 的 GPT 系列[25]和 Google 的 BERT 模型都在语言理解和生成方面取得了革命性的进步，Meta 公司推出的 SAM 模型[26]则是在图像分割任务上展现出了超越传统深度学习模型的分析水平。

大模型的建设涉及多个关键技术的发展，首先是模型架构的设计，这是一个综合考虑计算效率、参数规模和模型性能的问题。生成式预训练转化器（transformer）架构[27]的创新性设计使其在处理序列数据时效率极高，已成为构建各类大模型的基石。以 Transformer 为基础的模型，如 BERT 和 GPT，其自注意力机制都能够捕捉长距离依赖，对上下文有更好的理解。在视频与图像内容分析中，ViT（vision transformer）[28]将 Transformer 架构引入计算机视觉领域，其对图像块的处理方式在多个视觉任务上表现出色，如图 7-9 所示。

其次是参数优化技术，随着模型规模的扩大，参数数量急剧增加，GPT-3 有约 1 750 亿个参数，而 GPT-4 的参数量接近万亿级。因此，如何有效地训练这些参数成为一个重要挑战。在这方面，ZeRO-Offload 技术[29]通过优化数据并行策略来减少显存占用和数据传输以提高训练效率，为超大规模模型的训练提供了支持。

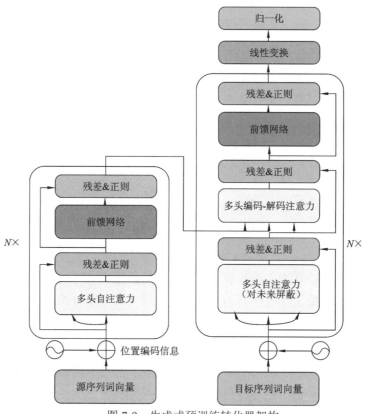

图 7-9　生成式预训练转化器架构

在数据处理方面，由于标注数据的获取成本较高，无监督和自监督学习技术在大模型构建中发挥着重要作用。自监督学习通过设计预测任务，使模型在无需外部标注的情况下学习数据的内在结构。例如，BERT 的 Masked Language Model（MLM）任务和 GPT 的 Next Token Prediction 任务都是自监督学习的典型例子，从而在无需大量标注数据的情况下学习语言的深层特征。

最后，硬件加速器的发展同样不可或缺。随着模型规模的增加，其对计算资源的需求也随之增长。英伟达推出的 A100、H100 等高性能 GPU，通过并行计算大幅度提高了训练速度，同时天数智芯、中科曙光等国内 GPU 厂商也在硬件加速器方面逐步有所突破，为国内大模型的建设提供了潜在的硬件基础。

在国际上，OpenAI 的 GPT-4 已经发展成为大模型领域的领导者，作为目前最新的大型生成模型，不仅在语言理解和生成任务上设立了新的标准，还在多模态任务中显示了其强大的能力，表现出超越其他大模型的能力和水平。同时，Google 公司推出了 PaLM2 模型并以此为基础改进了 Bard 聊天机器人，Meta 公司发布了 LLaMA2 大模型的开源商用版本，这些模型也在各自的应用领域内展现了优异的性能，推动了整个大模型领域的发展。

与此同时，国内的大模型建设也取得了显著进展。阿里的通义千问、百度的文心一言、科大讯飞的讯飞星火等头部厂商推出的大模型已经成为在国际上具有影响力的大模型。同时，如北京智源研究院发布的悟道大模型、MiniMax 公司发布的 Abab 大模型也具有各自的特色。在多个大模型基准测试中，国产大模型在部分领域取得了能与 ChatGPT 相媲美的成绩，也显示了中国在大模型建设上的实力。

未来大模型的发展趋势可能会集中在几个方面。首先是大模型本身的优化，随着算力的进一步提升和算法的优化，以及训练的不断推进，大模型能够捕捉到更加精细的数据特征，提供更为准确的预测；其次，多模态大模型将会是未来的一个重点发展方向，随着人工智能应用场景的多样化，模型需要能够处理并理解包括文本、图像和语音在内的各种不同类型的数据，提供更全面的融合理解，并为用户提供更加丰富的交互体验；第三，拓展大模型的领域应用，除现有的信息检索、智慧办公、媒体制作、智能教育等方面的应用外，进一步扩展在公共安全、智慧医疗、智慧生产等新领域的广泛应用；第四，大模型的安全问题是需要关注的一个重要方面，随着模型被应用到越来越多的领域，如何保证模型的决策公正性、内容安全性和用户数据的隐私安全将成为研究的热点。最后，需要解决国产化硬件的问题，急需国内厂商推出效能更高的高性能 GPU，支持更高效的训练方法和更节能的硬件设计，推动大模型建设在国内的持续发展。

7.5.2 基于大模型的内容分析

公共安全事件分析需要对文本、视频、图像等爆炸式增长的内容进行有效的内容分析，而大模型凭借其强大的处理能力和学习能力，以及逐步提升的内容分析准确性和效率，从而能够满足对个体和群体目标在行为特征提取、知识提取、情感分析等多个层面的需求。

在文本内容分析方面，大模型主要依靠先进的自然语言处理能力，如利用上下文嵌入技术去深入理解词与词之间的关系及其与整个句子的关联，提升文本内容理解的深度和广度。在此基础上，利用语言模型的强大生成能力，可以进行主题发现、内容摘要创建、情感分析等多项文本内容分析任务。特别是在公共安全领域，大模型可以用来对庞大的互联网内容信息和对象信息进行融合研判，发现关注要点并给出总结提示，从而对公共安全事件发展给出判断。同时，模型还可以快速适应新领域的文本数据，从而在多领域中保持强大的内容分析能力。

在视频内容分析方面，大模型已经被应用于视频分类、事件检测等场景，为视频监控、内容监测和个性化推荐等提供支持，并且在视频图像分割等任务上表现出超越传统计算机视觉技术的水平。然而，大模型对于部分特定场景适用性不足，单纯依靠大模型开展视频内容分析仍然存在缺陷，无法适应所有公共安全场景中对于视频内容分析的需求。因此，有必要建立一种大模型加小模型的架构，在大模型的推理研判能力支撑下，对视觉分析任务进行有效规划，一方面借助大模型的视觉分析能力去识别视频图像中的物体、场景和活动等基础特征，并将这些视觉信息与预训练的语义信息相结合，完成图像分类、目标检测、场景理解等任务，另一方面在特定场景下调用小模型执行特定视频内容分析任务，有效地提取视觉特征，再融合完成视频摘要等分析工作。

在跨模态学习方面,多模态学习已经成为大模型进行内容分析中的一个热门研究领域。多模态自监督学习法(multimodal self-supervised learning)使用无卷积 Transformer 架构从未标记的数据中学习多模态表示,通过大规模的视频、图像、语音和文本对比学习,获取到从视频、图像、语音到文本描述的跨模态表征,具有更好的通用性[30]。这使得模型既能理解视频图像语音内容,也能把握文本信息,从而有助于提高内容分析的准确性和多样性。大模型将不断提升在不同数据类型和任务之间迁移学习的能力,实现真正意义上的跨模态和跨领域内容分析,实现对内容的综合理解。其他技术如多模态嵌入和特征对齐算法,使模型能够将不同模态的信息映射到共同的特征空间,实现信息的互补和增强。

在深入的语义理解方面,通过引入更加复杂的推理机制,大模型将能够进行更深层次的语义分析,从而处理更复杂的分析任务,如因果关系推断、情绪变化追踪等。同时,通过引入人工强化反馈学习机制,可以在大模型的内容分析中优化决策过程,在复杂的内容分析和综合研判任务中,不断优化其策略,以提高用户使用大模型的满意度和互动性。

7.5.3 基于大模型的语义检索和推理应用

在内容分析的基础上,公共安全事件研判更重要的是从海量数据中快速准确地找到与自己需求相关的信息,这就对搜索和推理提出了更高的要求。传统的基于关键词的检索已经无法满足用户对相关性、准确性及深度研判需求的期望。同时,随着大模型等人工智能技术的进步,用户对智能化服务的期待也在不断提高,这就要求服务引擎能够提供更加智能的语义理解和推理分析能力,从而为用户提供更加准确、深入且具有是实质性意义的信息。大模型在语义检索和推理分析领域,也逐步起到至关重要的作用。

通过自注意力机制,大模型能够捕捉长距离的依赖关系,从而更好地理解查询语句和文本内容的语义。通过掩码语言模型 MLM 的预训练,以及 GPT 系列的无监督预训练,全面提高模型对语义的理解能力。未来,通过更大规模参数的神经网络、更为丰富精准的训练来源数据和更复杂的预训练任务,加强基于用户真实反馈数据的强化学习,大模型将能够捕捉到更细微的语义差别,实现更加细粒度的语义理解,从而为精准的语义检索和推理应用提供支撑。

为了更好地获取大模型的内容反馈,需要做好提示工程(prompt engineering)的工作,通过提供更为详细和完善的提示信息来获得更为精准高质量的检索或推理结果。典型的提升方案包括给出细致明确的指令,使其更好地理解任务要求;附上更多的上下文信息以及反馈的示例数据,从而对模型输出进行引导;提出链式思考的要求,将推理分为多个步骤逐步进行,从而实现更为复杂任务的推理能力。

同时,通过实践证明,微调虽然在一定程度上可以实现大模型的调优,但在很多需要事实知识的情况下对于大模型的参数微调也可能难以起到正向效果。此时可以引入检索增强生成(retrieval augmented generation,RAG)的方式,即通过引入外部知识库或本体，如存储外部知识的向量数据库或者知识图谱，打破知识的局限性，从很大程度上解决模型的幻觉问题。在应用中把检索模型和生成模型相结合，将相关知识融入到 Prompt，从而提高语义检索或推理的精度，引导模型给出更为合理的回答。这种方式能够实时适应外部的变化和新信息融合的需求，通过结合外部信息，提供更加丰富的语义表示，从而解决大模型的可靠性在部分情况下无法得到保障的突出问题。

为了进一步提升大模型的推理能力，研究人员也开始探讨更为复杂的预训练任务，比如逻辑推理[31]等，要求模型不仅仅理解文本的表面语义，还需要进行深层次的逻辑推断。为大模型注入更强大的推理逻辑，实现特定场景下对推理步骤的拆解和集成，通过更先进的逻辑推理框架以提供更加准确、符合应用需求的推理结果。此外，为了处理更大规模的数据，还需要提高检索和推理的速度，这就要求高效的计算技术，以及模型压缩和加速技术的进一步发展。

此外，在内容生成、推理等过程中还要注重对大模型技术风险的防范。目前，企图利用大模型生成恶意内容、虚构谣言事实、施行数据投毒、恶意引导回答等情况屡见不鲜，也给大模型的健康发展带来了隐患。必须要从安全机制、控制技术手段、数据全周期保护等多个方面着手，提升大模型使用的安全性。还需要确保数据安全和用户隐私，例如在不直接访问敏感数据的情况下进行学习和预测，从而在训练和部署大模型时最小化隐私泄露的风险。

在应用层面，大模型的语义检索和推理也已在多个领域取得实际成效。

（1）在线搜索引擎：利用大模型的语义理解能力，以 Bing 为代表的搜索引擎能够提供更加相关的结果，同时通过推理分析，理解用户的潜在需求，从而提供更深层次的搜索服务。

（2）个性化推荐系统：通过多轮次交互，理解用户的历史行为和内容的语义信息，捕捉用户的隐性喜好，为用户推荐更加个性化的内容。模型能够预测用户的兴趣，并提供相关性高的内容，已被广泛应用。

（3）决策支撑：在公共安全决策中，借助公共安全事件相关内容分析的成果，大模型能够通过理解和推理个人目标、群体目标或者事件的和行为特征和发展趋势，从而为决策提供支持。此外，在法律或医学等需要精确和权威解答的领域，大模型的推理能力也被用来提供基于现有法规和医学知识的咨询服务。

可以看出，大模型不仅改变了我们检索和获取信息的方式，还为提高信息的准确性、可靠性和个性化水平提供了可能。随着技术的不断进步，未来在公共安全领域，大模型的语义检索和推理分析也将得到深化应用，为社会安全保障带来积极影响。

7.6　数字孪生建模与分析技术

7.6.1　地理信息数据管理

地理信息数据是描述地球表面及其特征的数字化信息，包括地理空间数据、地形地貌数据、气象气候数据、人文社会经济数据等多个维度。数字孪生的建模与分析需要基于多源、多尺度、多维度的地理信息数据，以全面模拟和分析地球表面的现象和过程。在这一多维数据集中，地形地貌数据起着关键作用，包括数字高程模型（DEM）、地形图、坡度、坡向等，用于模拟地表的物理形状和地势。这为建模提供了地形的立体信息，使得数字孪生模型更贴近真实地表。地理空间数据是构建数字孪生中空间关系的基础，包括地理坐标、地物边界、行政区划、道路网络等。这些数据提供了地物之间的空间位置关系，为模型的精确性和实用性奠定了基础。气象气候数据则为数字孪生中的气象模拟和环境分析提供支持。温度、湿度、风速等气象要素数据揭示了地球表面的气候状况，为模拟气象事件和其对环境的影响提供了依据。人文社会经济数据涵盖了人口统计、经济指标、社会活动数据等，用于模拟人类活动对环境的影响。这些数据层面使得数字孪生模型能够考虑社会经济因素，从而更全面地预测和分析公共安全事件。

在数字孪生过程中，地理信息数据管理的重要性不容忽视，尤其是在公共安全领域。这一过程始于从各种源头收集数据，这些源头可能包括卫星遥感、地面测量以及无人机监测等。收集的数据类型繁多，从地形图到建筑布局图，再到交通流数据，每种数据都为构建真实世界的数字副本提供了关键信息。然而，仅仅收集数据是不够的，必须对这些数据进行彻底的预处理，以确保其可用性和准确性。这一过程包括数据清洗，数据格式化，以及空间数据的校准，可以大大提高地理信息数据在数字孪生模型中的价值和可靠性。

（1）数据清洗。这一步骤的目的在于识别并去除那些可能影响模型准确性的不准确和不相关的信息。这些信息可能是由于错误的数据录入、传感器故障或者数据传输中的错误造成的。数据清洗不仅涉及去除显而易见的错误数据，还包括对那些不符合预期模式或统计分布的数据进行深入分析。

（2）数据格式化。在这个环节中，不同来源和格式的数据被转换和标准化，使其能够在后续的数据集成和分析中无缝对接。这个步骤尤为重要，因为在现实世界中，地理信息数据往往来源于多个不同的系统，每个系统可能使用不同的数据格式和标准。

（3）空间数据的校准。这涉及确保数据在空间上的准确对应，包括坐标系统的统一和校正。比如，不同的地理数据源可能使用不同的坐标系统，这就需要将它们转换到一个统一的系统中，以保证数据在地理上的一致性。这个步骤对于后续的空间分析和模型构建尤为关键，因为任何空间偏差都可能导致模型预测的不准确。

数据集成在地理信息数据管理中占据了核心地位，特别是在构建数字孪生模型的过程中。这个环节的主要任务是将来自多个不同来源和不同格式的数据汇聚成一个统一、高质量的数据集合，以便于在数字孪生模型中进行有效使用。这一过程涉及诸多挑战，尤其是如何处理和解决数据之间的不一致性问题。不一致性可能源于多种因素，例如不同数据源可能采用不同的度量标准、数据格式或者时间戳标记方式。为了解决这些问题，首先需要对数据进行归一化处理，确保所有数据遵循统一的标准和格式。这可能包括转换度量单位、统一时间格式或者转换数据结构，使之能够在后续的分析和应用中无缝对接。

此外，确保数据在整合过程中的完整性和质量也是一个关键任务。这意味着在整合不同数据源时，需要采取措施避免数据丢失或误解。为此，可能需要开发专门的算法或使用现有的数据处理工具来识别和解决数据冲突或不一致问题，同时保持数据的原始含义和价值。

在技术层面，构建数据仓库是实现有效数据集成的一个重要途径。数据仓库提供了一个集中的存储环境，用于整合、存储和管理来自不同源的数据。无论是选择集中式数据仓库，还是采用分布式数据存储解决方案，主要目标都是提高数据访问效率和支持更复杂的数据查询与分析。集中式数据仓库的优势在于它提供了一个单一的数据访问点，简化了数据管理和维护。而分布式数据仓库则能够提供更高的灵活性和扩展性，尤其是在处理大规模数据集时更为有效。

进一步地，数据集成不仅仅是一个技术问题，还涉及数据治理的方面。这包括制定和实施一系列政策、规程和标准，以确保数据集成的过程遵循透明、一致的原则，并符合相关的法律和伦理标准。例如，在处理包含个人隐私信息的地理数据时，确保遵守隐私保护法规是非常重要的。

在数字孪生模型的运用中，集成数据的管理至关重要，尤其是在涉及公共安全的应用场景中。在这些场景下，数据不仅包含大量的地理和空间信息，还可能涉及个人信息、基础设施细节等内容。因此，必须确保这些数据的安全性和隐私性。为了达到这一目标，采用高级加密技术保护数据不被未经授权的访问或泄露变得至关重要。这些加密措施需要在数据传输和存储的每个环节都得到应用，以确保数据在整个处理过程中的安全性。除了加密，严格的访问控制和用户身份验证机制也是保护数据安全和隐私的关键。这意味着只有经过授权的个人和系统才能访问特定的数据集，且每次访问都应被记录和监控，以便在出现安全问题时能够追溯和处理。此外，为了进一步加强数据保护，可以实施细致的隐私保护措施，例如数据脱敏和匿名化，这样即使数据在某种情况下被泄露，也不会暴露敏感个人信息。在确保数据安全的同时，定期的数据更新和维护也同样重要。数字孪生模型的准确性和相关性高度依赖于数据的时效性。因此，需要定期对数据进行质量检查，及时纠正发现的错误，以及更新数据以反映现实世界的最新变化。这不仅包括静态数据，如地理特征和基础设施布局，也包括动态数据，如交通流量和人口分布等。最后，灾难恢复和数据备份计划的制定是数据管理中不可或缺的一环。在发生数据丢失或损坏的情况下，这些计划确保了数据的快速恢复和系统的连续运行。备份计划应包括定期备份重要数据，并在安全的位置存储这些备份。同时，灾难恢复计划应包括一套详细的操作步骤和流程，以便在发生数据损坏或系统故障时能够迅速采取行动，恢复数据和服务。对于数字孪生模型中的集成数据进行安全和隐私保护，定期更新和维护，以及制定有效的灾难恢复和备份策略，是确保模型在公共安全领域有效运用的关键因素。这些措施不仅保护了数据的完整性和安全性，也保证了数字孪生模型能够提供准确可靠的洞察，以支持关键的决策和应急响应。

总而言之，地理信息数据管理在数字孪生模型的构建和维护中起着至关重要的作用。从数据的收集和处理到集成，再到安全和维护，每个环节都需要精心规划和执行。这不仅确保了模型的准确性和效率，而且在公共安全领域，这些数据的有效管理直接关系到能否及时准确地响应各种紧急情况，从而保护社会和人民的安全。

7.6.2　三维建模

1. 重点部位外部环境影像

在数字孪生建模过程中，重点部位外部环境影像的获取至关重要，无人机作为空中遥感平台的微型遥感技术，被广泛应用于捕捉目标区域的影像数据。无人机是一种通过无线电遥控设备或机载计算机程控系统进行操控的不载人飞行器，能够搭载各类先进传感器，如光学、红外和雷达传感器，具有结构简单、使用成本低的特点。无人机能够聚焦于重点部位，执行特定任务，还能够将重点目标场所周边的环境信息进行真实反馈，如图 7-10 所示。

图 7-10　环境影像展示

关键部位的环境影像数据不仅仅侧重于重点目标场所，同时也包括了该区域的周边环境，无人机拍摄的影像数据不仅有助于用户对特定区域的详细了解，还能够提供周边环境信息的全面展示。通过对无人机拍摄的影像数据的处理，用户能够获得具体而真实的环境影像数据。它不仅能够完成有人驾驶飞机执行的任务，更适用于那些有人飞机难以执行的任务，如危险区域的地质灾害调查、空中救援指挥以及环境遥感监测等。

在进行环境影像数据展示时，首先需要将 OSGB（open scene graph binary）数据包转换成其他模型配置文件，例如*.scp 格式等。这些配置文件包含了倾斜摄影模型文件的相对路径、名称、插入点位置以及坐标系信息等重要内容。完成配置文件的准备后，倾斜摄影模型将以三维服务的形式进行共享，以方便用户的访问，同时也为更广泛的数据利用提供了可能性。在 WebGL 客户端浏览地形数据的过程中，用户可以通过简单的地址和参数修改，实现对地形数据的个性化浏览和深度分析。

综合而言，无人机技术在数字孪生建模与分析技术中的应用广泛，例如，通过微型遥感技术可为获取和处理重点部位的环境影像提供高效而灵活的解决方案。这种技术不仅限于特定领域，而是为数字孪生技术在环境感知、地理信息系统等多个领域的广泛应用提供了有力支持。未来，随着无人机技术的进一步发展，其在数字孪生建模与分析领域的作用将愈发深远。

2. 重点部位室内模型

随着虚拟现实技术的迅猛发展，室内三维场景的重建成为学术界热切关注的焦点。当前，大多数室内三维场景的重建依赖于激光扫描数据，尽管这种方法能够取得相对理想的效果，但需要投入大量的时间和人力资源，从而增加了项目的成本和周期。这对于需要迅速获取室内场所结构信息的紧急情境或实时监测要求较高的场合来说，显然是不够理想的。

在重点部位模型构建过程中，相较于通常基于激光扫描数据进行的重建方式，重点部位室内建模采用了一种创新性的方法，即通过重点目标场所的 CAD 图纸制作室内模型结构。这一方法在于通过贴图技术，使得场所室内模型更加贴近真实，呈现出更为细致和真实的场景。相较于传统的激光扫描数据，它更注重场所的实际结构。通过 CAD 图纸，还原在数字空间中实际场所的精准结构，通过贴图技术则赋予了模型更真实的外观，如图 7-11 所示。

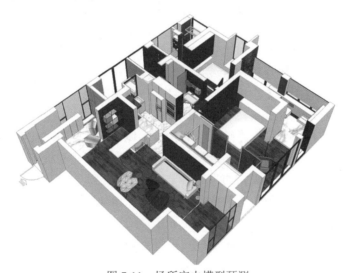

图 7-11　场所室内模型预测

通过这种方法，明确了室内建筑模型的结构，包括物品的精确位置以及所有门窗的准确位置。这对于指挥工作人员和安保人员来说，提供了极为重要的室内信息。不仅如此，更贴近真实的室内建模使得场所内的各项细节都能够得到精准展现，为决策和应急响应提供了更为可靠的依据。

总体而言，基于 CAD 图纸制作的室内建模结合贴图技术，是数字孪生建模与分析技术中一项重要的创新。它为实体场所提供了更为真实、可视化的数字化表达，为各领域的专业人员提供了更为精准、全面的信息支持。在未来，随着虚拟现实技术的不断发展，这一方法有望成为室内建模领域的主流，为各类应用场景带来更为丰富的数字孪生体验。

7.6.3 空间分析

在数字孪生模型中，空间分析扮演着至关重要的角色，尤其是在公共安全领域。

空间分析是一种利用地理数据来识别和解释模式和关系的方法。在数字孪生模型中，这种分析可以用于模拟和理解现实世界的复杂情况。以公共安全管理为例，空间分析的运用极大地提高了对危险区域和脆弱点的认知，从而使应急管理部门能够预先部署资源和制定响应策略。通过对特定地区的人口分布、交通流量、建筑布局以及其他相关地理信息的综合分析，空间分析不仅能够揭示当前的安全状况，还能预测未来可能的变化趋势。例如，对人口密集区域的空间分析可以帮助识别那些可能在自然灾害时面临较高风险的地区。这种分析不仅考虑人口密度，还综合考虑地形、建筑结构强度和历史灾害数据等因素。此外，交通流量分析可以揭示出在特定时段或特殊事件期间可能出现的交通瓶颈和拥堵点，这对于制定有效的交通管理策略和应急疏散计划至关重要。

空间分析在建筑布局方面的应用也同样重要。通过分析建筑物的分布、类型以及与关键基础设施的相对位置，可以评估在各种紧急情况下的潜在风险和影响。例如，在火灾或化学泄漏事件中，这些信息对于确定疏散路线和优先救援区域至关重要。此外，空间分析还能够揭示哪些区域由于特定的建筑布局或地理特征而更容易成为犯罪的目标，从而帮助执法机构在这些区域采取预防措施。

空间分析对于提升公共安全事件预警系统的效率和准确性发挥着关键作用。通过对各类空间数据进行深入的分析，不仅可以及时识别出潜在的安全风险，还可以对紧急情况做出更快的反应。例如，在城市犯罪预防领域，通过对犯罪发生的地点、时间和类型等空间数据进行分析，可以帮助警方识别出犯罪的模式和趋势。这样的分析可以揭示犯罪与社会经济因素、城市布局、甚至天气变化之间的关联。基于这些信息，警方可以在犯罪高发区域采取更有效的预防措施，如增加巡逻频率、安装监控摄像头或开展社区安全教育活动，从而有效减少犯罪事件的发生。

在自然灾害管理方面，空间分析的应用同样至关重要。例如，在洪水或飓风预警系统中，空间分析可以帮助确定哪些区域最有可能受到影响，预测灾害的严重程度，并为疏散计划和救援行动提供科学依据。通过分析地形、气候模式、建筑物抗灾能力和人口分布等数据，可以预测灾害可能造成的影响，从而提前进行资源调配和规划救援行动，以减少人员伤亡和财产损失。

除了对传统的安全威胁如犯罪和自然灾害的预警，空间分析还可应用于公共健康和环境监测。例如，在传染病的暴发期间，利用空间分析追踪疾病的扩散路径，可以帮助卫生部门及时做出反应，制定隔离区域，部署医疗资源。在环境保护方面，空间分析有助于监测空气和水质污染的分布，识别污染源，从而指导环境治理和保护措施的实施。

空间分析的另一个重要应用是趋势预测。通过分析历史和实时数据，空间分析可以帮助预测未来可能发生的事件和趋势。例如，在洪水预测中，通过分析地形、历史降水量和河流水位数据，可以预测洪水可能发生的地点和时间，从而提前进行疏散和其他防范措施。类似地，在城市规划和交通管理中，空间分析可以用来预测交通拥堵和事故高发区域，以优化交通流量和提高道路安全。

总体而言，空间分析在数字孪生模型中的应用极大地扩展了公共安全管理的视野和能力。它不仅提供了对当前情况的深刻洞察，还为未来的风险预测和应对策略提供了坚实的数据支撑。通过这种全面且详细的空间数据分析，可以更有效地预防和响应各种公共安全事件，保护社会及其成员的安全与福祉。

7.6.4 地理信息系统可视化

在公共安全领域，地理信息系统可视化是一种将复杂的地理数据转化为直观、易于理解的视觉表现的强大工具，通过提供清晰的视觉化地图和图表帮助决策者、应急响应团队和公众更好地理解和应对各种安全挑战。

地理信息系统可视化在提升公共安全领域的态势感知能力方面起着至关重要的作用，其通过实时更新的地图和数据流，能够迅速传达紧急情况下的关键信息，从而成为快速响应的核心工具。在自然灾害如洪水、地震或风暴发生时，可视化工具能够展示受影响地区的最新地图，包括灾害的扩散范围、受影响的基础设施，以及安全和危险区域的详细划分。这些信息对于紧急服务部门制定救援策略、疏散居民以及部署必要资源非常重要。在处理交通事故时，地理信息系统可以快速展示事故发生的确切位置、受影响的道路段以及周边交通状况，还能够展示关键的基础设施，如医院、消防站、警察局和避难所的位置。这对于优化资源分配和救援行动的协调至关重要，利用这些信息相关部门可以迅速做出反应，比如重定向交通流量、发送救护车和其他紧急服务。对于犯罪活动，地理信息系统可视化工具可以揭示犯罪的热点区域、犯罪类型以及时间分布等关键信息。通过这些数据，警方能够更好地了解犯罪模式，从而在特定区域采取预防措施，提高巡逻效率，甚至预测并防范未来的犯罪活动。此外，地理信息系统在大型公共活动或集会中同样发挥着重要作用。通过实时监控人群密度和流动情况，安全机构可以及时识别并应对潜在的安全威胁，比如拥挤、冲突或其他紧急医疗情况。

除了在灾害发生时的应用，地理信息系统可视化也是灾害预防和准备的关键工具。通过历史数据和模式分析，可以帮助预测哪些区域更可能受到特定类型灾害的影响，从而指导长期的规划和预防措施的制定。例如，可以用来识别洪水易发区，指导防洪堤的建设和城市排水系统的优化。此外，地理信息系统可视化工具在灾难演练和应急响应计划的制定中也起着至关重要的作用。通过模拟不同类型的紧急情况，决策者和应急响应团队可以更好地理解潜在的挑战和资源需求，从而提前做好准备。这种模拟不仅帮助相关部门评估和改进他们的应急计划，还有助于提高公众的意识和准备度。

地理信息系统可视化不仅提供了丰富的地理信息呈现方式，而且通过强大的交互性，允许用户根据需求进行实时查询、深入分析和解释地理信息。这种交互性在增强用户的理解和参与感方面远远超越了传统地图和图表的局限性。通过与地图和数据的互动，用户能够更主动地探索地理信息，深入挖掘其中的关联和趋势。其中一项重要的功能是用户可以根据特定的查询条件获取所需信息。通过简单的点击或搜索，用户可以准确地定位特定地点或区域，并获取相关的地理数据。这使得用户能够迅速获取他们感兴趣的信息，无需深入研究复杂的地理数据集。此外，地理信息系统可视化的交互性还体现在用户能够实时分析数据并观察其变化趋势。通过动态展示地理信息随时间推移的变化，用户可以更清晰地识别出事件的演变过程、发展趋势和潜在模式。这对于对紧急事件、自然灾害或犯罪活动进行实时监测和分析具有重要意义，有助于更及时地制定应对策略。

地理信息系统可视化通过直观的地理信息呈现和易用的交互界面，使用户能够更灵活地与地理信息互动，深入挖掘数据背后的信息，从而提高了对地理信息的理解深度，为决策者、专业人员和公众提供了更直观、实用的工具，以更好地应对各类紧急事件和安全挑战。地理信息系统可视化促进了更有效的决策制定，增加了公众对重要社会和环境问题的认识和参与，使得响应更加迅速和有针对性，而且通过实时数据分析，还有助于提前预防和减少潜在的安全风险，从而在保护公共安全和福祉方面发挥着不可替代的作用。

在各类公共安全事件的危机预测和预防方面，地理信息系统可视化通过深入分析历史和实时数据，成为识别潜在风险、预测可能发生事件并采取预防措施的关键工具。首先，通过对历史安全事件数据的详细研究，地理信息系统可视化能够揭示出特定地区的安全模式和趋势。通过分析过去的犯罪记录、自然灾害发生情况以及其他紧急事件，我们可以识别出某些地区发生的频率和可能性。这为未来公共安全事件的预测提供了有力的依据。其次，地理信息系统可视化通过实时监测数据，能够即时响应当前情况并预测可能发生的事件。例如，在监测社交媒体和警报系统时，地理信息系统可视化可以提供实时地理信息，帮助预测潜在的社会动荡、交通事故或其他安全事件。这种实时监测为及时采取预防措施提供了宝贵的机会。关键的一点是重点区域的数字孪生为预防措施的制定提供了直观的空间信息，决策者可以准确定位潜在风险区域，并有针对性地制定预防计划。例如，在犯罪预防中，地理信息系统可视化可以显示犯罪热点区域、人口密度和巡逻路线，以帮助制定更有效的警力调配和预防措施。

此外，数字孪生的地理信息系统可视化在灾害管理中也起到了关键作用。通过分析地形、气象和地理数据，可以预测洪水、地震、火灾等灾害的可能发生区域，从而制定相应的紧急疏散和救援计划。

综上所述，地理信息系统可视化在各类公共安全事件的危机预测和预防中具有巨大潜力。它为决策者提供了全面的地理信息支持，帮助他们更好地理解和应对潜在的安全威胁，从而提高社会的整体安全水平。

参 考 文 献

[1] Ren S, He K, Girshick R, et al. Faster r-cnn: Towards real-time object detection with region proposal networks. IEEE Transactions on pattern analysis and machine intelligence, 2017, 39(6): 1137-1149.

[2] Xu C, Qiu K, Fu J, et al. Learn to scale: Generating multipolar normalized density maps for crowd

counting//Proceedings of the IEEE/CVF International Conference on Computer Vision. New York: IEEE, 2019: 8382-8390.

[3] Graves A, Fernández S, Gomez F, et al. Connectionist temporal classification: labelling unsegmented sequence data with recurrent neural networks//Proceedings of the 23rd International Conference on Machine learning. New York: Association for Computing Machinery, 2006: 369-376.

[4] Amodei D, Ananthanarayanan S, Anubhai R, et al. Deep speech 2: End-to-end speech recognition in english and mandarin//International Conference on Machine Learning. San Diego: Journal of Machine Learning Research, 2016, 48: 173-182.

[5] Chan W, Jaitly N, Le Q, et al. Listen, attend and spell: A neural network for large vocabulary conversational speech recognition//2016 IEEE International Conference on Acoustics, Speech and Signal Processing Proceedings. New York: IEEE, 2016: 4960-4964.

[6] Dong L, Xu S, Xu B. Speech-transformer: a no-recurrence sequence-to-sequence model for speech recognition[C]//2018 IEEE international Conference on Acoustics, Speech and Signal Processing Proceedings. New York: IEEE, 2018: 5884-5888.

[7] Ramos J. Using TF-IDF to determine word relevance in document queries//Proceedings of the First Instructional Conference on Machine Learning. New York: Association for Computing Machinery. 2003, 242(1): 29-48.

[8] Zheng W Q, Yu J S, Zou Y X. An experimental study of speech emotion recognition based on deep convolutional neural networks//2015 International Conference on Affective Computing and Intelligent Interaction (ACII). New York: IEEE, 2015: 827-831.

[9] Xie Y, Liang R, Liang Z, et al. Speech emotion classification using attention-based LSTM. IEEE-ACM Transactions on Audio, Speech, and Language Processing, 2019, 27(11): 1675-1685.

[10] Ahmed M R, Islam S, Islam A K M M, et al. An ensemble 1D-CNN-LSTM-GRU model with data augmentation for speech emotion recognition. Expert Systems with Applications, 2023, 218: 119633.

[11] Wagner J, Triantafyllopoulos A, Wierstorf H, et al. Dawn of the transformer era in speech emotion recognition: closing the valence gap. IEEE Transactions on Pattern Analysis and Machine Intelligence, 2023, 456(9): 10745-10759.

[12] Atmaja B T, Akagi M. Dimensional speech emotion recognition from speech features and word embeddings by using multitask learning. APSIPA Transactions on Signal and Information Processing, 2020, 9: e17.

[13] Zhang H , Dantu R , Cangussu J W . Socioscope: Human Relationship and Behavior Analysis in Social Networks. IEEE transactions on systems, man, and cybernetics Part A: Systems and humans. A publication of the IEEE Systems, Man, and Cybernetics Society, 2011, 41(6): 1122-1143. DOI: 10. 1109/TSMCA. 2011. 2113335.

[14] Liaghat Z , Rasekh A H , Mahdavi A . Application of data mining methods for link prediction in social networks[J] . Social Network Analysis and Mining, 2013. DOI: 10. 1007/s13278-013-0097-9.

[15] Zeng J, Yu H. A distributed infomap algorithm for scalable and high-quality community detection//Proceedings of the 47th International Conference on Parallel Processing. New York: Assoc computing Machinery, 2018: 1-11.

[16] Zhou F, Liu L, Zhang K, et al. Deeplink: A deep learning approach for user identity linkage//IEEE Conference on Computer Communications. New York: IEEE, 2018: 1313-1321.

[17] Abbas A M. Social network analysis using deep learning: Applications and schemes. Social Network Analysis and Mining, 2021, 11(1): 106.

[18] Zhu Y, Li H, Liao Y, et al. What to Do Next: Modeling User Behaviors by Time-LSTM//Proceedings of the Twenty-sixth International Joint Conference on Artificial Intelligence. Freiburg: Albert-Ludwigs-Universität Freiburg. 2017, 17: 3602-3608.

[19] Qiu J, Tang J, Ma H, et al. Deepinf: Social influence prediction with deep learning//Proceedings of the 24th ACM SIGKDD International Conference on Knowledge Discovery & Data Mining. New York: Assoc Computing Machinery. 2018: 2110-2119.

[20] Pais S, Cordeiro J, Martins R, et al. Socialnetcrawler: online social network crawler//Proceedings of the 11th International Conference on Management of Digital EcoSystems. New York: Assoc Computing Machinery. 2019: 16-22.

[21] Devlin J, Chang M W, Lee K, et al. Bert: Pre-training of deep bidirectional transformers for language understanding. arXiv: 1810. 04805v1, 2018. https: //doi. org/10. 48550/arXiv. 1810. 04805.

[22] Ding M, Zhou C, Yang H, et al. Cogltx: Applying bert to long texts//Proceedings of the 34th International Conference on Neural Information Processing Systems. New York: Curran Associates Inc. 2020: 12792-12804.

[23] Behera R K, Jena M, Rath S K, et al. Co-LSTM: Convolutional LSTM model for sentiment analysis in social big data. Information Processing & Management, 2021, 58(1): 102435.

[24] Lund B D, Wang T. Chatting about ChatGPT: How may AI and GPT impact academia and libraries? Library Hi Tech News, 2023, 40(3): 26-29.

[25] Radford A, Wu J, Child R, et al. Language models are unsupervised multitask learners. OpenAI Blog, 2019, 1(8): 9.

[26] Kirillov A, Mintun E, Ravi N, et al. Segment anything. arxiv: 2304. 02643, 2023. https: //doi. org/10. 48550/arXiv. 2304. 02643.

[27] Vaswani A, Shazeer N, Parmar N, et al. Attention is all you need. //Proceedings of the 31st International Conference on Neural Information Processing Systems, New York: Curran Associates Inc. 2017, 30: 6000–6010.

[28] Dosovitskiy A, Beyer L, Kolesnikov A, et al. An image is worth 16x16 words: Transformers for image recognition at scale. arxiv: 2010. 11929v1, 2020.

[29] Ren J, Rajbhandari S, Aminabadi R Y, et al. ZeRO-Offload: Democratizing Billion-Scale model training//Proceedings of the 2021 USENIX Annual Technical Conference. Berkeley: USENIX Assoc. 2021: 551-564.

[30] Akbari H, Yuan L, Qian R, et al. Vatt: Transformers for multimodal self-supervised learning from raw video, audio and text. Advances in Neural Information Processing Systems, La Jolla, Neural Information Processing Systems 2021, 34: 24206-24221.

[31] Clark P, Tafjord O, Richardson K. Transformers as soft reasoners over language. arxiv: 2002. 05867, 2020. https: //doi. org/10. 48550/arXiv. 2002. 05867.

第8章 预警技术

随着各种安全威胁日益复杂多样，及早发现和预警可能的安全风险变得至关重要。本章探讨预警技术的重要性、挑战与机遇以及基于公共安全大数据的预警技术。首先，预警技术可以帮助提前发现安全隐患和潜在风险，从而采取及时有效的措施加以应对，保障公共安全。其次，预警技术虽然面临着包括数据质量、预警准确性等多方面的挑战，但也拥有技术快速发展的良好机遇和广泛的应用可能。因此，深入研究预警技术的原理和方法，以及基于大数据的预警技术的应用，对于提升社会安全防范能力和应对突发事件具有重要意义。

8.1 预警技术概述

预警技术是提前发现潜在风险并发出警告的系统和方法，被广泛应用于军事、公共安全、自然灾害、工业以及公共卫生等多个领域，能够帮助避免或减轻灾害和危机带来的影响，尽量减少损失，保护人们的生命财产安全，对于现代社会的安全至关重要。例如，在军事领域，雷达预警系统可以探测和跟踪飞机、导弹等目标[1]，为防御提供必要的预警信息；在自然灾害方面，预警技术应用于地震、气象、地质灾害监测等领域；在安全保障领域，卫星系统被用来预警桥梁的意外位移等异常情况[2]；在金融领域，预警模型可以用来预测市场风险[3]；在医疗领域，预警模型可以用来预测疾病的发展趋势[4]。

随着技术的进步，预警系统将更加智能化、高效化，为人类社会的安全发展提供更加坚实的保障。特别是在这个大数据和人工智能迅猛发展的年代，人工智能和大数据研判技术的结合是预警技术当前应用的热点。人工智能方法已经被应用于预警系统中，如基于机器学习、专家系统和信息融合技术的预警系统，可以大大提高预警模型的准确性和效率。通过学习和分析大量的历史数据和实时监测数据，人工智能模型可以自动发现数据中的模式和规律，从而更准确地预测未来的风险。在公共安全领域，一般都是基于大量的数据或可靠的智能推演规则，发布相关预警信息，并启动相关响应预案。预警模型的输出结果通常用于风险管理和决策支持。特别是在公共安全领域，各个警种都在大量且广泛使用基于专家经验、案例知识图谱的预警模型和技战法，有效地提升了缉查布控效能。

在构建预警模型时，通常包含以下几个关键要素。

（1）数据收集与整合：收集与潜在风险相关的各种数据，包括历史数据、实时数据、内部数据和外部数据等。

（2）特征工程：从收集到的数据中提取有用的信息和特征，这些特征应能够反映风险的各个方面。

（3）模型选择：根据问题的性质和数据的特点，选择合适的统计或机器学习方法来构建模型。常用的方法包括逻辑回归、决策树、随机森林、神经网络等。

（4）模型训练与验证：使用历史数据对模型进行训练，并通过交叉验证等方法对模型的性能进行评估和验证。

（5）阈值设定：根据模型的输出结果，设定合适的阈值来判断何时发出预警。

（6）预警生成与传播：当模型判断出潜在风险时，生成预警信息并通过适当的渠道传达给相关人员或系统。

（7）模型更新与维护：定期对模型进行更新和维护，以适应环境的变化和新的需求。

人工智能预警模型的核心之一是数据挖掘与分析，通过算法处理大量历史和实时数据，以发现异常模式和潜在风险，从而进行有效预警。机器学习算法是预警模型的基石，它使模型能够从数据中学习规律，自我优化预测能力，包括决策树、神经网络等多种算法，提高预警的准确性和效率。实时监控是预警模型的重要功能，它能持续跟踪关键指标变化，一旦检测到风险信号，即时触发响应机制，确保及时采取预防或应对措施，降低风险发生的影响。总的来说，预警模型是一种强大的工具，帮助提前识别潜在的风险和威胁，从而采取适当的预防措施，减少损失和影响。

8.1.1　预警模型的构建

随着技术的发展，预警模型已经经历了从基于规则的预警、基于统计学习的预警到基于深度学习的预警的发展阶段，现在正处于大数据和机器学习的黄金时期，展现出强大的预测能力和广阔的应用前景。

在模型构建时，需要根据任务特性选择合适的模型。在人工智能预警模型中，优化算法的选择对模型的性能和准确度有直接影响。一个合适的算法可以有效提高预警的准确性和响应速度。选择优化算法时，需平衡模型的复杂度与计算效率。太过复杂的算法可能导致过拟合[5]，而简单算法可能无法捕捉数据的全部特征。

在预警模型的算法选择时，还需要考虑到模型的实时性能力。实时监控是预警模型的重要功能，需要能持续跟踪关键指标变化，以确保即时触发响应机制，及时采取预防或应对措施。因此，算法的实时性十分重要，在确保可接受的准确性范围内，应优先考虑计算速度快、资源消耗低的算法。

预警模型还需要有一套动态的调整策略，调整模型中的参数以优化其性能[6]，包括学习率、层数、神经元数量等，确保模型能够在复杂环境中做出准确预测。这要求模型设计者定期审视模型性能，并根据最新的数据趋势进行必要的调整。此外，微调策略至关重要，因为它可以局部优化模型参数以适应特定场景，提高预测精度，从而确保预警系统的有效性和可靠性。随着新数据的不断积累和环境的变化，定期对模型进行更新和迭代，可以通过调整模型参数、改进算法或增加训练数据来提高模型的性能。这是提升模型预警准确性的关键，也是持续迭代过程中不可或缺的部分。

在预警模型中，结果的准确性也至关重要。通过持续监控和比较预测结果与实际事件，可以评估模型的准确性，从而为后续的优化提供依据。在对预警模型的结果进行分析时，需要关注模型在不同情境下的表现，包括其准确率、召回率以及 F1 分数等关键性能指标。主要的验证步骤通常包括收集测试数据、运行模型预测、比较预测结果与实际值，以及计算评估指标。通过使用历史数据和独立数据集，评估预警模型在真实场景中的预测准确性，对于确定模型的可靠性和有效性至关重要。

构建一个高效的信息反馈路径对模型的调整至关重要。确保所有相关方都能及时接收到预警信息，并能够将反馈信息快速传回，以便模型能实时更新和改进。

8.1.2 预警技术的应用场景

预警技术在多个领域发挥着重要作用，以下是一些具体的应用场景。

（1）城市公共安全事件预警：包括交通拥堵预警、重大活动安全保障、恐怖袭击预警等。

（2）火灾预警：火灾预警系统通过监测建筑内的烟雾、温度等指标，能够及时发现火灾并启动报警系统，保障人员安全。

（3）公共卫生：在公共卫生领域，预警技术尤其重要。它能够帮助政府和卫生机构监测疾病的传播趋势，及时采取防控措施，如新冠疫情的精准防控就是一个例证。

（4）工业安全预警：在工业生产领域，预警技术可以监控设备运行状态，预测潜在的故障和危险，确保生产安全。在化工、石油、电力等行业中，对设备故障、环境污染等进行实时监测和预警。

（5）网络安全预警：针对网络攻击、数据泄露等网络安全事件的预警，保护信息安全。

（6）自然灾害预警：预警技术在地震、气象等领域的应用对于提前发现自然灾害并采取措施至关重要。例如，地震预警系统能够在地震发生的几秒到几分钟前发出警报，为人员疏散和紧急应对争取宝贵时间。

8.1.3 预警技术在公共安全领域的发展趋势

预警技术的发展是一个不断进步和完善的过程，涉及多个领域的技术创新和应用。社会公共安全领域的预警技术发展是一个重要的研究方向，涉及通过技术手段预测和防范各种可能对公众安全造成威胁的事件。在社会公共安全领域，预警技术的发展主要体现在以下几个方面。

（1）视频监控系统：随着视频监控技术的普及和发展，越来越多的公共场所安装了大量的摄像头。这些摄像头不仅可以实时监控现场情况，还可以通过智能分析软件对异常行为进行预警。例如，当监控画面中出现人群聚集、打架斗殴等异常行为时，系统可以自动识别并发出警报[7]。

（2）智能化物联网监测：未来的监测预警工作将更多依赖于各类先进的仪器设备，实现实时远程监测，而人工抽样检验将成为辅助手段。这种模式的转变意味着预警系统将更加自动化和智能化，能够快速准确地收集和处理数据。

（3）公共安全数据分析与挖掘：随着大数据技术的发展，越来越多的公共安全数据被收集和存储。通过对这些数据的分析和挖掘，可以发现潜在的风险因素和趋势，从而提前采取预防措施。例如，通过对历史犯罪数据的分析，可以预测未来可能发生犯罪的地点和时间[8]，从而加强巡逻和防范。

（4）社交媒体监测：通过对社交媒体上的舆情进行分析和监测，可以及时发现一些可能引发公共安全问题的信息，如谣言、恐慌情绪等，并采取措施进行引导和处置。

（5）人工智能与大数据的结合：预警技术的发展将融合多种感知监测和数据采集技术，结合基于人工智能和大数据的定量化模型方法及专业软件，从而显著提升对于公共安全事件的风险识别、高效预警和协同响应能力。通过与语义技术、数据蒸馏与知识图谱等手段结合，提供更加精准和个性化的预警服务。

（6）预警模型的安全智能化：在城市公共安全领域，城市安全运营预警技术的发展将趋向于实现预警数据的多元化、集成化，以及预警模型的安全化和智能化。这意味着数据安全和模型安全将是预警技术重要的研究方向，以确保预警决策的可信性和可靠性。一方面需要提高预警系统的准确性和效率，另外一方面需要有安全兜底机制确保模型及决策的安全可靠。

可见，社会公共安全领域的预警技术发展呈现出多样化、智能化的趋势，不仅包括技术层面的创新，如智能化、自动化、数据集成化等，还涉及应用层面的拓展。随着技术的不断进步和应用的深入，未来这一领域的预警技术将更加成熟和完善，预警系统的准确性和响应速度将得到进一步提升，为保障公众安全提供更强有力的支持。

8.2　预警技术的挑战与机遇

社会公共安全领域的预警技术发展面临着一系列的挑战与机遇，其挑战主要来自数据质量和完整性、隐私保护、技术更新迅速等方面，而机遇则主要来自社会需求和创新驱动的发展要求。

8.2.1　预警技术面临的挑战

预警技术在为社会带来安全和便利的同时，也面临着一些挑战。

（1）数据收集与处理是一个重要挑战。预警系统需要大量的实时数据来进行分析，这些数据可能来自多个不同的来源，包括传感器、监测设备、社交媒体等。如何有效地收集、整合和处理这些数据，提取有用的信息，是预警技术发展的关键。

（2）准确性和及时性也是预警技术面临的挑战。预警系统的准确性直接关系到预警的有效性，而及时性则是预警发挥作用的关键。如何提高预警系统的准确性和响应速度，减少误报和漏报，是预警技术研发的重要课题。

（3）系统集成与协同也是一个挑战。不同领域的预警系统需要整合资源，实现信息共享和协同响应。这需要建立标准化的数据格式和通信协议，以及高效的协调机制。

（4）公众教育与培训也是预警技术面临的一个重要挑战。提高公众对预警信息的认识和应对能力，是提升预警效果的重要环节。这需要开展广泛的宣传教育活动，提高公众的风险意识和应急能力。

综上所述，预警技术的发展虽然取得了显著成果，但仍面临诸多挑战。我们需要继续投入预警技术的研究和应用，不断提高预警系统的准确性和响应速度，加强公众教育和培训，以确保在面对各种风险和挑战时，我们能够做好准备，最大限度地减少损失，保护人民的生命财产安全。

8.2.2　预警技术发展的机遇

在面临挑战的同时，预警技术的发展也面临着诸多机遇。

（1）随着科技的不断进步，预警技术得到了快速发展。传感器、监测设备、人工智能等技术的应用，为预警系统提供了更加准确、及时的数据，提高了预警的准确性和响应速度。这为预警技术的发展提供了坚实的技术基础。

（2）社会对安全的需求不断增加，这为预警技术的发展提供了广阔的市场空间。无论是自然灾害、公共卫生事件还是工业安全事故，都对人们的生产生活造成了严重影响。因此，发展高效的预警技术，提高应对突发事件的能力，成为了社会的迫切需求。

（3）政府对预警技术的重视程度不断提高，为预警技术的发展提供了政策支持。各级政府纷纷出台相关政策，鼓励和支持预警技术的研发和应用，加强预警系统的建设和管理，提高预警技术的普及率。

面对这些发展机遇，急需加大研发力度，推动预警技术的不断创新和发展，为社会的稳定和发展提供更坚实的保障。

8.3　基于公共安全大数据的预警技术

基于公共安全大数据的预警技术研究结合了大数据分析、机器学习、人工智能和公共安全知识，旨在通过分析大量数据来预测和防范公共安全事件，提高预警的准确性和时效性。这一领域的研究主要涉及以下几个方面。

（1）数据收集与整合：研究如何从不同的来源收集和整合公共安全相关的大数据，包括视频监控、社交媒体、传感器网络、公开报道等。

（2）特征提取与分析：研究如何从大数据中提取有用的信息和特征，以便进行深入的分析。这可能包括时间序列分析、空间分析、情感分析[9]等。

（3）模型构建与训练：研究如何利用机器学习算法构建公共安全事件预测模型，并通过历史数据进行训练，以提高预测的准确性和可靠性。

（4）预警生成与传播：研究如何根据预测结果生成预警信息，并通过适当的渠道传播给相关人员或公众。这可能涉及多渠道传播策略的研究，以确保信息的及时性和有效性。

（5）效果评估与优化：研究如何评估预警系统的效果，并根据评估结果对模型进行调整和优化。这有助于不断提高预警系统的准确率和实用性。

（6）隐私保护与伦理考量：研究如何在保护个人隐私的前提下[10]，合理利用大数据进行预警。

（7）跨学科合作与应用：鼓励不同学科领域的专家合作，共同探索基于大数据的预警技术在公共安全领域的应用，以实现更广泛和深入的研究。

由此可见，基于公共安全大数据的预警技术研究具有重要的现实意义，可以帮助我们更好地理解和预测公共安全事件，从而采取有效的措施防范和应对。然而，这一领域仍然面临着许多挑战和问题，如隐私保护、跨部门协作等。因此，未来的研究需要不断探索新的方法和技术，以克服这些挑战并取得更大的进展。

8.3.1　基于时空数据的预警技术

基于时空数据的预警是一个利用时间和空间数据来预测和防范公共安全事件的过程。这种预警方法结合了时空数据分析技术和公共安全领域的专业知识，如时间序列分析、空间聚类、时空模式挖掘等，从数据中提取有用的信息和特征，检测到潜在的风险并自动生成预警信息。基于时空数据的预警技术在许多方面都取得了显著的成果，如犯罪预测、交通拥堵预警、自然灾害预测等。

1. 基于时空数据的预警技术原理

基于时空数据的预警技术通常包括数据预处理、基于人工智能的时序预警以及不确定性分析等。

（1）数据预处理：在处理时空数据时，首先需要将数据转换成适合深度学习模型处理的格式，通常涉及将不同类型的时空数据实例转换为典型的数据表示形式。

（2）人工智能时序预警：时序数据预警可以采用智能化手段开展，如智能化运维（artificial intelligence for IT operations，AIOps）[11]技术支持自动生成报警阈值，并且这些阈值能够动态更新，从而减少对人工经验的依赖。这样的系统配置简单，维护成本低，能够有效降低人工配置成本。

（3）不确定性分析：时空预测的不确定性包括数据不确定性和模型不确定性。数据不确定性可能源于观测手段和处理算法的局限性，而模型不确定性则来自于预测方法或模型难以完全模拟现实世界的复杂性。

综上所述，基于时空数据的预警技术通过综合应用数据预处理、基于人工智能时序预警以及不确定性分析等方法，从而实现对各种时空数据的监控和预警，并提高应对突发事件的效率和效果。

2. 基于时空数据的预警技术应用案例

基于时空数据的预警技术已经在传染病防控、气象预警、智能监测等多个领域发挥了重要作用，这些应用案例展示了该技术在实际问题解决中的潜力和价值。

应用案例1：电信网络诈骗预警

面对电信网络诈骗手段不断更新、"黑灰产"链条日渐成熟和诈骗窝点逐步向境外蔓延等困境，必须从事后追溯、事中阻拦，向事前预警转变，反诈宣传和预警等事先防范措施的重要性日渐凸显，加大防范力度已成为提升电信网络诈骗犯罪有效治理水平、完善社会治理体系建设的必经之路。电信网络诈骗受害者群体画像及预警防范机制如图8-1所示。

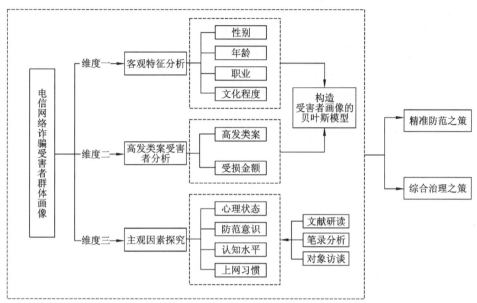

图8-1　电信网络诈骗受害者群体画像及预警防范机制

应用案例2：舆情预警

舆情分析预警是一种针对特定行业或领域的舆论监测和预警机制，旨在及时发现和处理可能产生负面影响的舆论信息。这种机制的关键关注点包括：

情感分析：利用自然语言处理技术，对文本数据进行情感倾向分析[12]，判断其态度是正面、负面还是中性。

主题识别：通过文本挖掘技术，识别出舆论信息中的主要主题和关键词[13]，以便了解舆论关注的焦点。

趋势分析：分析舆论信息的时间序列数据，了解舆论的变化趋势和周期性规律。

预警生成：根据预设的规则或算法，当发现某些类型的舆论信息达到一定数量或强度时，生成预警信号。

响应与处置：将预警信息传达给相关部门或人员，采取相应的公关措施或管理行动，以减轻或消除负面影响。

持续监控：建立持续的舆论监控机制，不断更新数据和模型，以适应舆论环境的变化。

基于时空数据的舆情预警技术是一个多维度、多层次的复杂系统，它涉及数据采集、处理、分析和预警等多个环节。通过这种技术，能够更好地掌握安全和舆论动态，及时做出反应，保障公共安全的稳定性。以铁路舆情为例，典型舆情预警模型的时空要素和预警机制如图 8-2 所示。

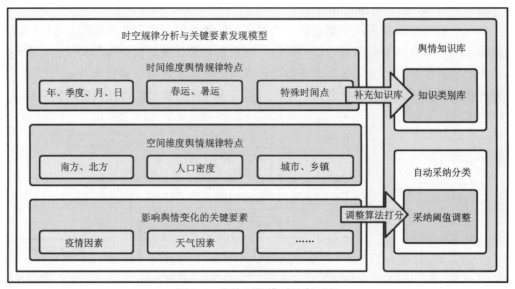

图 8-2　舆情预警模型时空要素

8.3.2　基于社交网络数据的预警技术

基于社交网络数据的预警机制是一种利用社交媒体上的用户生成内容来进行公共安全事件预测和防范的方法。随着社交媒体的普及，人们在平台上分享了大量的信息，其中包括与公共安全相关的信息。这些信息可以作为预警系统的重要数据源，帮助预测和应对各种安全事件。基于社交网络数据的预警机制在许多方面都取得了显著的成果，如突发事件预警、疾病传播预测等。

1. 基于社交网络数据的预警技术原理

基于社交网络数据的预警机制涉及的关键步骤主要包括：

（1）数据采集：从社交媒体平台上收集与公共安全相关的数据，如用户发布的文本、图片、视频等。这些数据可以通过 API 接口或网络爬虫等方式获取。

（2）数据预处理：对收集到的数据进行预处理，包括数据清洗、去重、格式转换等。这一步骤是确保数据质量的关键，有助于提高后续分析的准确性。

（3）内容分析：利用自然语言处理和计算机视觉技术对社交媒体内容进行分析，提取与公共安全相关的信息和特征。这可能包括情感分析、主题建模、图像识别等。

（4）趋势预测：通过统计分析和机器学习算法，构建风险识别和预警模型，挖掘社交媒体数据中的规律和趋势，预测未来可能发生的安全事件。这可能涉及时间序列分析、关联规则挖掘等方法。

（5）预警生成与传播：当预测到潜在的风险时，生成预警信息并通过适当的渠道传播给相关人员或公众[14]。

（6）效果评估与优化：持续监测预警系统的效果，并根据实际情况对模型进行调整和优化。

其中，社交媒体风险识别及预警模型是核心要素，通常包括对突发事件社交媒体风险案例知识库的构建，以及使用解释结构模型（interpretative structural model，ISM）[15]对突发事件社交媒体网络舆情的风险因素进行分析和识别。此外，还可以借助社交媒体检测恶意或颠覆性信息的可扩展分析手段，包括用于检测恶意或颠覆性信息的方法和工作流程。

2. 基于社交网络数据的预警技术应用案例

基于社交网络数据的预警技术已经在多个领域得到了应用，并取得了显著成效。

（1）在自然灾害预警方面，社交网络数据被广泛应用于灾害监测和预警。例如，Twitter等社交媒体平台上的实时数据被用于监测和预测地震[16]、洪水等自然灾害的发生。通过分析用户发布的地理位置信息、关键词和情感倾向等数据，预警系统能够快速准确地识别灾害事件，并向相关地区发出预警信息。

（2）在公共卫生事件预警方面，社交网络数据也发挥了重要作用。例如，在新冠疫情期间，研究人员通过分析微博、微信等社交媒体平台上的用户行为和情感倾向[17]，预测疫情的传播趋势和可能的暴发区域。这为政府和卫生部门的疫情防控工作提供了有力支持。

（3）在金融市场风险预警方面，社交网络数据同样具有巨大的潜力。通过对微博等社交媒体平台上的用户行为和情感倾向进行分析，研究人员能够及时发现市场的异常波动和潜在的风险因素，为投资者和监管机构提供有价值的信息。

（4）在网络谣言预警方面，构建预警模型，提升网民的辨别能力和守法意识，提升网民的网络素养迫在眉睫。典型的基于社交网络数据的网络谣言预警模型应用如图8-3所示。

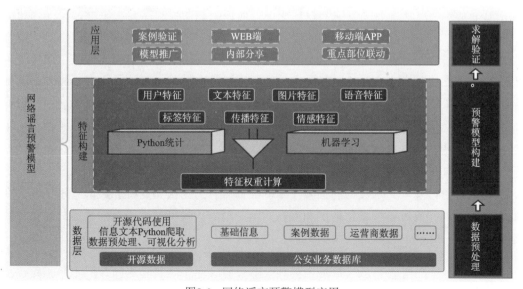

图8-3 网络谣言预警模型应用

这些应用案例表明，社交网络数据具有实时性、广泛性和多样性等特点，能够为预警技术提供丰富的信息源和有效的分析手段。随着技术的不断进步和数据量的不断增加，未来基于社交网络数据的预警技术将有更广阔的应用前景。

8.3.3　基于文本数据的预警技术

基于文本数据的预警技术是一种利用自然语言处理（NLP）和机器学习方法来分析文本数据，从而预测和防范公共安全事件的方法。这种技术在舆情监控、突发事件预警、网络暴力检测等方面具有广泛的应用前景。

1. 基于文本数据的预警技术原理

首先，通过使用 NLP 技术，可以对文本数据进行预处理，包括分词、去除停用词、词干提取等操作，以便将文本数据转换为适合机器学习模型处理的格式。然后，可以应用机器学习算法来训练模型，以预测未来的事件或趋势。例如，可以使用朴素贝叶斯、支持向量机、随机森林等算法来构建分类模型，或者使用回归分析来预测数值型数据。此外，深度学习方法也被广泛应用于文本数据的预测中，如循环神经网络（RNN）、长短时记忆网络（LSTM）和 Transformer 等模型。这些模型能够更好地捕捉文本数据中的时序信息和语义关系，从而提高预测的准确性。

基于文本数据的预警技术体系主要涉及信息挖掘分析和智能方法的应用。信息挖掘分析的过程通常涉及大数据分析、人工智能等前沿技术，用于从大量的预警情报数据中提取特征、规律和关联关系。这些信息可以作为研判识别目标的证据，结合实时的预警情报信息，实现对空天地目标等的精准识别和预警。智能化处理方法则是在公共安全文本情报处理中，使用知识图谱等进行智能化情报处理，从而为情报预警工作和情报分析研判提供新的思路和方法，尤其是在处理海量文本信息时，能够快速有效地检索并提取所需信息。

2. 基于文本数据的预警技术应用案例

社会安全事件发生前预警，公安机关可以利用文本数据分析工具来监控潜在的威胁或不安定因素。例如，通过分析论坛、博客和新闻文章中的关键词和语义模式，可以预测并防范群体性事件的发生；当网络上发生紧急事件，公安机关可利用文本数据分析工具来监测和预防网络攻击。通过分析网络日志文件、恶意软件的描述以及黑客论坛的帖子，可以识别出潜在的安全威胁，并提前进行防御。

可以看出，基于文本数据的预警技术能够提供有力的决策支持和风险管理工具，有助于及时发现并应对各种紧急情况和潜在风险。随着大模型技术等自然语言处理技术的不断进步，未来这一领域的应用将更加广泛和深入。

8.3.4 基于图像数据的预警技术

基于图像数据的预警技术是利用计算机视觉和机器学习算法对图像数据进行分析，以实现对潜在风险或异常事件的实时预警。

1. 基于图像数据的预警技术原理

基于图像数据的预警技术原理主要涉及计算机视觉技术的应用，包括图像分析、特征提取和模式识别等图像内容分析关键步骤。具体来说，图像预警的核心算法可以分为以下几个方面。

（1）异常检测算法：这些算法能够在没有异常样本的情况下，通过正常样本构建模型来检测各种异常图像。这种技术在工业缺陷检测、医学图像分析等领域具有重要应用。

（2）深度学习方法：深度学习在图像预警技术中的应用包括基于重构、预测和生成的算法。这些算法能够有效地处理网络异常、医疗数据异常、监控视频异常等多个领域的任务。深度学习在图像预警技术中的应用包括卷积神经网络（CNN）、循环神经网络（RNN）等模型，这些模型能够有效地提取图像特征并进行预测。生成对抗网络（generative adversarial networks，GAN）[18]是一种强大的生成模型，可以生成逼真的图像，并用于图像预测任务。例如，GAN 可以用于预测未来的天气情况、股票市场走势等。

（3）图像匹配技术：图像匹配技术涵盖了特征匹配、图匹配、点集配准等子领域，它对于图像数据的预警同样至关重要。

2. 基于图像数据的预警技术应用案例

基于图像数据的预警技术在多个领域有着实际应用，展示了其广泛的应用潜力。图 8-4 为基于图像的预警技术在内容鉴别方面的应用场景。

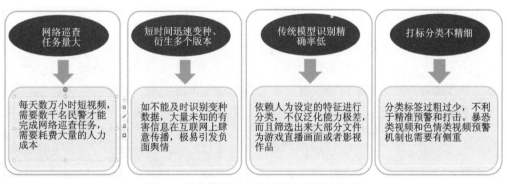

图8-4　图像数据内容鉴别预警的现实问题

网络视频内容鉴别是通过技术手段对可能含有宣扬恐怖主义、极端主义、色情等有害内容的音视频进行识别和审核的过程。在实际的网络视频内容检测方面，除了针对暴恐内容，还会对视频进行多维度的智能审核，包括色情、广告等内容的筛查，以降低人工审核成本并保护平台免受审查的风险，其分类预警流程如 8-5 所示。

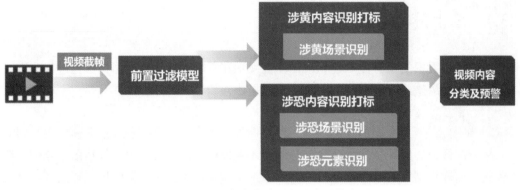

图 8-5　网络视频内容鉴别和分类预警应用

8.4　面向目标的分析与预警技术

8.4.1　行为分析技术

行为分析技术使得计算机能够处理和理解复杂的行为模式，主要包括现实环境下的行动特征的识别和网上行为识别两大类。

（1）视频行为识别：视频行为识别需要分析目标的空间依赖关系以及目标变化的历史信息，因此比单纯的目标识别更为复杂。通常涉及输入一系列连续的视频帧，并对其进行分割和目标分离，以便准确识别行为。

（2）网上行为识别：用户行为分析聚焦于理解和建模用户的过去、现在行为，并预测未来的行为，涉及多种机器学习模型和应用。在网络安全领域，用户与实体行为分析被用作一种异常检测技术，用于识别潜在的威胁事件。

1. 个体行为分析技术

个体行为分析技术是一种研究个体行为及其影响因素的科学方法，旨在理解和预测个体的行为模式。个体行为分析技术的应用非常广泛，包括但不限于心理学研究、市场研究、用户体验设计、安全监控、健康管理等。在实际应用中，这些技术可以帮助我们更好地理解个体的需求和动机，预测个体的行为趋势，从而为决策提供科学依据。

在公共安全事件分析中，我们更为关注个体极端行为的分析技术。现实社会中，由于社会运行节奏加快，工作、生活各方面的压力增强，个体极端行为呈高发多发态势，对社会安全运行具有严重危害，对此需要开展预警预防机制研究。个体极端行为分析技术通常涉及多学科的知识，包括心理学、社会学、数据科学等领域的理论和方法。这些技术的目标是理解和预测个体可能采取的极端行为，以便及时进行干预和预防。以下是一些用于分析个体极端行为的技术和方法。

（1）社会物理学：这是一种受物理学启发，利用数学工具来理解人类群体行为的学科。它通过分析大量的数据信息流，试图构建人类行为的定量理论。

（2）心理学评估：通过对个体的心理特征进行评估，如气质、人格和自我控制能力，可以识别出可能导致极端行为的个人特质。这些心理因素被认为是决定极端行为发生率的有效变量。

（3）情境分析：除个人特质外，情境因素也是影响个体行为的重要因素。分析特定情境下的压力、诱因和环境因素，可以帮助预测个体在特定情况下的行为反应。

（4）网络分析：个体的行为往往受到其社交网络中其他个体的影响。通过网络分析，可以研究个体在社交结构中的位置以及他们如何受到周围人的影响。

（5）案例研究：深入研究个体极端行为的案例，可以帮助理解行为背后的动机、触发因素和过程。

（6）跨学科研究：结合心理学、社会学、数据科学等多个学科的研究方法和理论，可以提供一个更全面的视角来分析和理解个体极端行为。

总的来说，个体极端行为分析技术是一个复杂的领域，需要综合运用多种方法和理论。通过这些技术的应用，研究人员和专业人士可以更好地理解极端行为的成因，从而设计出有效的预防和干预措施。个体极端行为分析预警机制如图8-6所示。

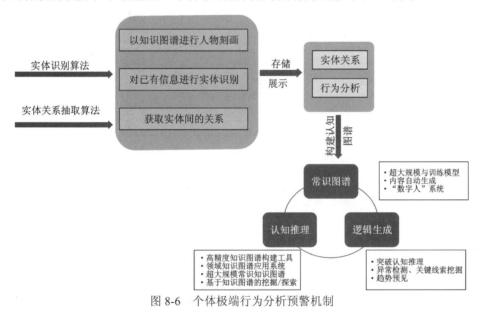

图8-6　个体极端行为分析预警机制

2. 群体性行为异常事件预警技术

群体性行为异常事件多种多样，如打砸、堵路、自焚等，需要研究其特点并提取共性，以供视频分析检测。首先分析不同类型的目标检测算法，选择适合群体性行为异常事件检测的模型，检测聚集人群，同时识别群体性行为异常事件中扰乱治安秩序的行为。进一步开展综合研判预警，检测人群聚集数量、密度，提取条幅、标语、旗帜上的文字，判断事件发生位置，生成包括规模、方式、时间、地点、事件背景多维度的预警情报信息。群体性行为异常事件的视频分析检测研判流程如图8-7所示。

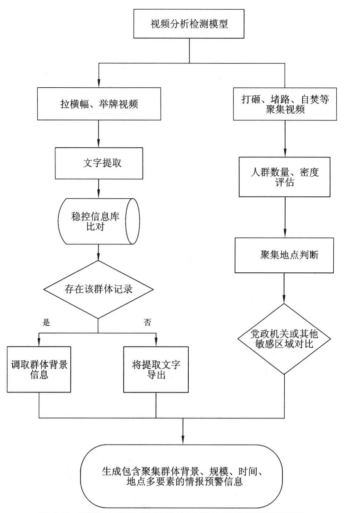

图 8-7 群体性行为异常事件视频分析检测研判流程

8.4.2 区域场景分析技术

区域场景分析技术是一种综合运用多种数据分析和建模方法，对特定区域内的各种场景进行深入分析和研究的技术。这种技术旨在理解区域内的复杂情况，为决策提供支持。具体来说，区域场景分析技术可能包括以下几个关键步骤。

（1）数据收集和处理：收集区域内的各种数据，包括地理信息、人口统计数据、经济数据、环境数据等，并对收集到的数据进行清洗、格式统一、缺失值处理等预处理操作。

（2）特征提取：根据分析目标，从数据中提取有用的特征，如趋势分析、模式识别等。

（3）模型构建：利用统计学、机器学习等方法构建分析模型，用于区域场景中预测、分类或聚类等任务。

（4）场景模拟：通过模型对不同区域场景进行模拟，分析各种情况下的可能结果。

（5）决策支持：根据场景分析的结果，为区域内的规划、管理、应急响应等提供决策支持。实施决策后，收集反馈数据，评估分析模型的效果，并根据需要进行调整。

区域场景分析技术在城市规划、交通管理、环境保护、公共安全等多个领域都有广泛的应用。在公共安全事件预警中，可以通过区域场景分析技术来预测区域的人口增长、态势变化、环境变化等，从而制定更为合理的管理方案。

参 考 文 献

[1] 贺沁荣, 赵全习. 气球载雷达支援抗击巡航导弹作战军事概念建模. 火力与指挥控制, 2010, 35(2): 119-121.

[2] Cusson D, Rossi C, Ozkan I F. Early warning system for the detection of unexpected bridge displacements from radar satellite data. Journal of Civil Structural Health Monitoring, 2021, 11(1): 189-204.

[3] Wang P, Zong L, Ma Y. An integrated early warning system for stock market turbulence. Expert Systems with Applications, 2020, 153: 113463.

[4] Smith M E B, Chiovaro J C, O'Neil M, et al. Early warning system scores for clinical deterioration in hospitalized patients: a systematic review. Annals of the American Thoracic Society, 2014, 11(9): 1454-1465.

[5] Vanneschi L, Castelli M, Silva S. Measuring bloat, overfitting and functional complexity in genetic programming//Proceedings of the 12th annual conference on Genetic and evolutionary computation. 2010: 877-884.

[6] Wang H, Cui Z, Sun H, et al. Randomly attracted firefly algorithm with neighborhood search and dynamic parameter adjustment mechanism. Soft Computing, 2017, 21(18): 5325-5339.

[7] Ben Mabrouk A , Zagrouba E. Abnormal behavior recognition for intelligent video surveillance systems: A review. Expert Systems with Applications, 2018, 91: 480-491.

[8] Shah N, Bhagat N, Shah M. Crime forecasting: a machine learning and computer vision approach to crime prediction and prevention. Visual Computing for Industry, Biomedicine, and Art, 2021, 4(1): 9.

[9] Hosseini S A, Naghibi-Sistani M B. Emotion recognition method using entropy analysis of EEG signals. International Journal of Image, Graphics and Signal Processing, 2011, 3(5): 30-36.

[10] Binjubeir M, Ahmed A A, Bin Ismail M A, et al. Comprehensive survey on big data privacy protection. IEEE Access, 2019, 8: 20067-20079.

[11] Dang Y, Lin Q, Huang P. Aiops: real-world challenges and research innovations//2019 IEEE/ACM 41st International Conference on Software Engineering: Companion Proceedings (ICSE-Companion). New York: IEEE, 2019: 4-5.

[12] 冯时, 付永陈, 阳锋, 等. 基于依存句法的博文情感倾向分析研究. 计算机研究与发展, 2012, 49(11): 2395-2406.

[13] Pei Z, Zhou Y, Chen C, et al. Critical public opinion location and intelligence theme clustering strategy-based biological virus event detection and tracking model. International Journal of Wireless and Mobile Computing, 2015, 9(2): 192-198.

[14] Sutton J, Kuligowski E D. Alerts and warnings on short messaging channels: Guidance from an expert panel process. Natural Hazards Review, 2019, 20(2): 04019002.

[15] Attri R, Dev N, Sharma V. Interpretive structural modelling (ISM) approach: an overview. Research Journal of Management Sciences, 2013, 2319(2): 1171.

[16] Earle P S, Bowden D C, Guy M. Twitter earthquake detection: earthquake monitoring in a social world. Annals of Geophysics, 2011, 54(6): 708-715.

[17] Wang J, Zhou Y, Zhang W, et al. Concerns expressed by Chinese social media users during the COVID-19 pandemic: content analysis of Sina Weibo microblogging data. Journal of Medical Internet Research, 2020, 22(11): e22152.

[18] Aggarwal A, Mittal M, Battineni G. Generative adversarial network: An overview of theory and applications. International Journal of Information Management Data Insights, 2021, 1(1): 100004.

第9章 数据协同

在全球信息产业的迅猛发展中，信息技术正迎来新一轮的快速增长期，涵盖了大数据、云计算、物联网、虚拟现实、5G网络以及人工智能等领域。这一变革导致了企业内各类数据的急剧增长，数据已成为企业决策、运营和创新不可或缺的核心资源。

然而，企业在处理这些数据时面临着诸多挑战。数据的种类繁多，标记不一，结构各异，检索效果难以保证，同时数据变化频繁，流向难以追踪，安全性也无法得到充分保障，这些因素共同导致了大量数据无法有效共享，形成了数据泛滥和数据隐患问题。

在这样的背景下，数据协同显得尤为重要。它能够帮助企业更好地解决上述问题，确保数据的有效管理和利用，为企业的稳定发展提供坚实的数据支持。

此外，鉴于社会已逐渐由技术驱动向数据驱动乃至场景驱动转变，数据治理已成为政府实现治理创新、提升治理效能的关键标志和实际领域。特别是在新的发展阶段，加速数字化进程和数字政府的建设，实施数据治理，已成为提升我国国际竞争力和话语权的必要举措。政府数据协同治理不仅是数据治理的核心环节和基本原则，更是构建数字政府、推动数字化发展的关键着力点。通过实施数据协同治理，可以促进政府内部和外部的数据共享与利用，进而提升政府的治理效能和服务水平，为数字经济的蓬勃发展和社会全面进步提供有力支撑。

9.1 数据协同的定义和意义

9.1.1 数据协同的定义

数据协同是指在组织或团队内部，通过各种技术和方法，实现数据的共享、整合和协作，以达到更好的数据管理和价值最大化目标，本质上是数据管理和协同学在数据管理上的应用。数据协同的核心思想是将散落在不同部门、系统和数据源中的数据进行整合和共享，以实现数据的一致性、准确性和完整性。通过数据协同，不同部门或人员可以共同访问和使用数据，避免数据孤岛和信息壁垒，促进数据的流动和共享。数据协同通常是一种跨部门或跨组织的合作[1-2]，旨在利用互联网、云计算技术和分布式计算等技术，将多个来源的数据进行分析和共享。数据协同旨在以高效和无缝的方式管理数据，以提高数据价值、质量和可用性。

数据协同包括局部协同和全局协同。局部协同是指特定部门或业务单元之间的数据协同，主要关注特定业务目标的数据共享和整合。以用户画像为例，数据工程师、软件工程师和业务人员可以共同制定统一的数据标准和技术实施方案。通过这种方式，他们可以从多个业务系统中获取集成、一致的用户数据，从而更好地理解用户需求和市场趋势。全局协同是指整个组织或跨组织的数据协同，是整体的数据生产、采集、加工、利用的全链路协同方式，旨在实现全面的数据管理和价值最大化。目前，大多数机构和组织数据协同处于局部协同阶段，这主要由于数据所有权、隐私保护、技术限制等各种原因[3-6]。

9.1.2　数据协同的意义

数据协同不仅有利于提升数据的质量，还有利于提高机构和组织的数据管理能力，其拥有诸多益处。

（1）数据协同可确定统一的数据标准，共同规范多方的数据，保证数据的一致性和准确性，促进数据交流与共享的效率，提升数据交互价值。

（2）数据协同可提高工作效率，避免重复的数据录入和转换工作，减轻员工的工作量，并且可以实现数据自动传输和共享，从而提高工作效率。

（3）数据协同可以促进不同部门和业务之间的协同，通过共同制定数据标准和整合数据，不同部门之间合作将更加紧密，能够更好地解决跨部门的问题，提高整体业务效果。

（4）数据协同可以优化资源配置，帮助机构更好地了解各部门的工作情况和资源需求，从而更好地协调资源分配，实现资源的最大化利用。通过对数据的深入分析和挖掘，机构可以发现资源利用中的瓶颈和浪费现象，进而采取针对性的措施进行改进和优化。

（5）数据协同可以提升客户体验，可以帮助机构更好地了解客户需求，提供更个性化的服务和解决方案[7]。通过整合客户数据，机构可以更好地分析客户行为和偏好，优化产品设计和服务质量，提高客户满意度和忠诚度。

（6）数据协同可以激发创新活力，能够帮助机构打破传统思维模式的束缚，开拓新的业务领域。通过对大量数据的分析和挖掘，机构可以发现潜在的市场需求和用户，进而开发出具有竞争力的新产品或服务。

9.2　数据协同的发展历程

数据协同的发展历程可以追溯到早期的数据管理和信息共享阶段[8]。随着计算机和网络技术的不断发展，数据的生成和获取变得越来越容易，同时也出现了各种数据格式和标准。为了更好地管理和利用这些数据，人们开始探索数据整合和共享的方法。

在20世纪80年代和90年代，数据库管理系统的兴起使得数据的存储、查询和管理变得更加规范化和高效。数据库是任何逻辑上连贯的数据集合，它为数据收集提供了高层次的结构。数据库支持使用查询和搜索工具，这使得从大量数据中检索信息变得快速和具体。两种主要类型的数据库是平面文件和关系数据库，在这两种数据库中，数据都放置在具有列和行的表中。然而，在平面文件数据库中，数据放在单个类似电子表格的表中。而在关系数据库中，多个表中的每一个都包含特定类型的信息，并且这些表通过主键和外键链接。

随着物联网技术的普及，数十亿不同类型的设备产生了大量数据。这些数据具有丰富的多样性，涵盖了对象、流程和系统的描述性数据、射频识别数据、传感器数据、定位数据以及历史数据等多个方面。对象、流程和系统的描述性数据是记录在参与对象、流程和系统上的数据或元数据。射频识别数据是指利用无线电波进行识别和跟踪产生的数据。传感器数据是指通过无线传感器网络来监测各种环境现象所产生的数据。定位数据用于确定特定标记对象在全球定位系统或本地定位系统内的精确位置。历史数据是各种数据随着时间的推移，给数据加上一个时间戳。在物联网的环境下，数据管理将被视作连接数据实体、相关设备与利用它们进行数据解析与服务提供的应用程序的关键层面。

进入 21 世纪，随着科技的飞速发展，尤其是云计算、大数据和人工智能等领域的技术突破，数据协同这一概念得到了更深入的发展和完善。云计算技术的崛起，为企业提供了弹性可扩展的计算资源和数据处理能力。它使得大规模的数据处理和分析成为可能，消除了传统数据处理的限制。企业可以更加高效地处理和分析数据，从而更好地挖掘数据的价值。大数据技术的兴起，为企业提供了更加高效、灵活的数据处理和分析方法。它能够处理海量、高增长、多样化的数据，使企业能够更好地理解和分析市场趋势、用户行为等，从而做出更加明智的决策[9]。人工智能技术的发展，使得数据协同更加智能化。通过机器学习和深度学习等技术，企业可以对数据进行更加精准的分析和预测，从而更好地应对市场变化和用户需求。人工智能技术为数据协同提供了强大的决策支持，为企业的发展和创新提供了新的动力。

随着云计算、大数据和人工智能等技术的快速发展，数据协同的核心理念逐渐形成，包括数据的集中管理、整合与共享，以及通过数据分析和模型预测实现更好的决策支持。为了实现这些目标，人们开始探索更加高效和智能的数据协同方法和技术，包括数据湖、数据管道、数据虚拟化、数据联邦等。这些技术为数据的存储、查询、分析和共享提供了更加灵活和高效的方法，进一步促进了不同部门和组织之间的数据共享和整合[10]。

9.3 大数据的协同挖掘技术

大数据的协同挖掘是指在庞大而复杂的数据集中，通过多方协同合作，利用数据挖掘技术发现隐藏在数据背后的模式、关联和趋势。在公共安全事件预警预测应用中，这一技术通过整合来自多个源头的天空和地面数据，实现更全面、准确的预测和分析。

9.3.1 协同过滤算法

在公共安全事件预警预测应用中，协同过滤算法是大数据协同挖掘技术的一个重要组成部分。该算法利用用户或物品之间的相似性来进行个性化的预测和推荐。

1. 基于用户的协同过滤算法

基于用户的协同过滤算法是一类利用用户历史行为和兴趣的算法，通过寻找具有相似兴趣的其他用户，为目标用户提供个性化的安全事件分类。在基于天空地大数据的公共安全事件预警预测应用中，这一算法的应用旨在提高对用户关注的安全事件类型的准确预测，从而增强公共安全的个性化感知。对天空地大数据中的用户信息以及相关的安全事件历史数据进行适当的表示，通过计算用户之间的相似度，使用多种相似性度量方法，识别与目标用户最相似的一组用户，并将这些用户关注的安全事件作为候选推荐。基于用户的协同过滤算法强调用户之间的相似性，公共安全决策者可以更好地了解和满足不同用户的安全需求，提高安全事件的预测个性化水平。

2. 基于物品的协同过滤算法

基于物品的协同过滤算法通过分析安全事件的相似性，为用户推荐与其过去关注的事件相似的新事件，相似的事件可能在相似的地理位置或具有相似的特征。通过分析目标用户过去关注的安全事件，找到与这些事件相似的其他事件，之后将相似事件按照用户关注度或其他权重进行排序，并推荐给目标用户。基于物品的协同过滤算法强调事件之间的相似性，适用于用户兴趣相对变化较大的场景。它能够更灵活地适应用户的兴趣演变，提供更加动态的推荐。

9.3.2 协同聚类算法

协同聚类算法在基于天空地大数据的公共安全事件预警预测应用中扮演着关键角色。通过将相似的数据点组织成簇，协同聚类算法能够识别潜在的安全风险区域，为公共安全决策提供更全面的信息。

1. 基于距离的协同聚类算法

基于距离的协同聚类算法是一类将数据点按照它们之间的距离进行分组的算法，可以应用于将相邻地理区域或相似事件聚合成簇，以便更好地理解安全事件的分布规律和潜在关联。将天空地大数据，包括事件类型、地理坐标、时间戳等中的安全事件以及相关地理信息进行适当的表示，选择合适的距离度量方式，通过设置阈值或采用基于密度的方法，将距离较近的数据点划分为一个簇，对形成的簇进行分析，探讨每个簇中的安全事件之间的关系。这有助于识别潜在的安全风险区域，使得公共安全预测更具实际意义。

2. 基于密度的协同聚类算法

基于密度的协同聚类算法属于一类将数据点根据它们之间密度的高低进行分组的算法。在基于天空地大数据的公共安全事件预警预测应用中，这一算法可应用于将相邻地理区域或相似事件聚合成簇，以更好地理解安全事件的分布规律和潜在关联。选择合适的密度度量方式，通过设置适当的阈值或采用基于密度的方法，将距离较近的数据点划分为一个簇。这一过程中，识别出具有足够高密度的核心点，这些核心点代表着潜在的安全风险区域的中心。进而，通过连接核心点并将与之相连的数据点加入簇中，形成一个完整的聚类。最后，对形成的簇进行详细分析，探讨每个簇中的安全事件之间的关系，有助于更深入地理解潜在的安全风险区域。基于密度的协同聚类算法的优势在于能够灵活地适应不同密度和形状的簇，对于发现非均匀分布的安全事件非常有用。

9.3.3 协同分类算法

协同分类算法通过分析用户的行为和历史数据，为用户提供个性化的安全事件分类，从而提高公共安全的预测准确性，在基于天空地大数据的公共安全事件预警预测应用中具有重要意义。

1. 基于特征的协同分类算法

基于特征的协同分类算法致力于根据用户关注的安全事件特征，发现具有相似特征的其他用户，从而为目标用户提供个性化的安全事件分类。在这一算法中，需要对天空地大数据中的用户信息和相关安全事件特征进行适当的表示，通过计算用户之间在安全事件特征上的相似度，使用相关系数或余弦相似度等方法，系统能够了解用户在关注特征方面的一致性程度。在相似度计算的基础上，找到与目标用户最相似特征的一组用户，并将这些用户关注的安全事件作为候选推荐。这个步骤有助于个性化地理解用户的关注点，更好地适应用户的兴趣，提升预测的个性化水平。通过将候选事件按照用户关注度或其他权重进行排序，并将其推荐给目标用户，系统能够实现高度个性化的安全事件推荐。通过基于特征的协同分类算法，公共安全决策者可以更全面地理解和满足不同用户的安全需求，为用户提供更有针对性的安全事件信息。

2. 基于实例的协同分类算法

基于实例的协同分类算法是公共安全事件预警预测应用中的一项关键技术，其目标是通过考虑用户历史行为中的具体实例，为目标用户提供个性化的安全事件分类。这种算法强调对具体实例的分析，能够更细致地了解用户的偏好，提高预测的准确性。对天空地大数据中的用户历史行为进行适当的表示，这包括用户与安全事件的具体互动实例，例如用户的点击、浏览、评论等行为，这些实例构成了用户行为的详细记录。通过计算用户之间在历史行为实例上的相似度，使用适当的相似性度量方法，找到与目标用户最相似的一组用户，并将这些用户历史行为中关注的安全事件作为候选推荐。之后将候选事件按照用户关注度或其他权重进行排序，并推荐给目标用户。基于实例的协同分类算法特别适用于用户行为变化较为频繁的场景。在公共安全事件预测中，它能够更为精准地预测用户可能感兴趣的安全事件类型，因为算法关注的是具体实例的相似性，而不仅仅是抽象的特征。

9.4 数据协同平台的架构和设计

9.4.1 数据的整体策划

数据协同不仅针对特定人员，而是面向机构内部的所有人员，它是一个全面的解决方案，可以细分为三个层次。最底层以协同平台和数据中心为核心，收集全专业数据，形成数据网络，为项目管理、监控提供数据支撑，实现工期缩短、成本控制和质量提升。中间层是管理层，通过协同平台直观展示多个项目的动态信息，使管理人员快速分析项目进度、成本和安全风险，实现资源调配和进度监控，为数据协同打下坚实基础。最顶层提供完整、真实的项目信息，支持机构做出正确经营和决策[11-12]。

9.4.2 建立数据标准

如第 6 章所描述，数据标准是使数据和信息的发现、收集、利用和交换安全方便，并不断挖掘新价值，以更好地帮助决策者。因此，数据在创建时，就应该按统一标准进行数据处理。数据标准的建立通常需要以下几个步骤，如图 9-1 所示。

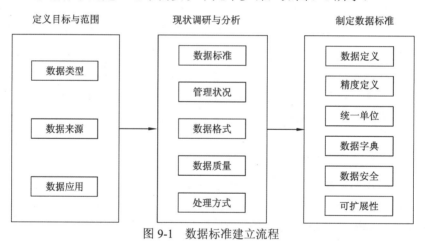

图 9-1 数据标准建立流程

（1）定义目标与范围：首先，需要明确哪些数据需要标准化，这可能包括结构化数据、半结构化数据以及非结构化数据。还需要了解这些数据来源于哪些系统、应用或平台，因为这有助于评估数据标准化的复杂性和工作量。明确标准化的数据将服务于哪些部门、业务单元或个人同样重要，这有助于根据他们的需求来确定数据标准化的优先级和方向。最后，必须将数据标准化与机构的业务目标相联系，以确保数据标准化能够有效地支持业务的发展和战略的实现。

（2）现状调研与分析：在现状调研与分析中，需要收集现有的数据标准，包括公司内部的标准、行业标准和国际标准。了解这些标准的适用范围和内容，评估它们在实际操作中的执行情况。此外，还需要通过调查和审计，了解当前的管理状况，包括数据的存储方式、数据的处理流程、数据的流转和使用等。同时，需要分析数据的格式，了解数据的结构化和非结构化状况，并评估数据的质量，包括数据的完整性、准确性、一致性和及时性等方面。最后，需要了解数据的处理方式，包括数据的抽取、转换、加载等流程，以及使用的数据处理工具和平台。

（3）制定数据标准：在制定数据标准中，需要对数据格式标准进行定义，如文本、数字和日期等数据类型的定义。还需要对数据精度标准进行定义，针对数值型数据，确定所需的精度和取值范围[13]。同时，需要统一数据单位，通过统一数据的计量单位，以确保数据的一致性和可比性。除关注数据格式的统一和数据单位的统一外，建立数据字典也是至关重要的环节。数据字典旨在明确数据的定义、含义、来源和约束，确保所有相关人员对数据含义的理解保持一致。通过数据字典的建立消除数据含义上的歧义，提高数据的一致性和可比性。数据转换规则涉及一系列的处理步骤，包括数据清洗、格式转换、数据映射等，其明确定义能确保不同格式或数据来源的数据能够正确地转换为目标格式。在数据标准化的过程中，必须重视数据的安全性。因此，制定严格的数据安全标准至关重要。为确保数据的机密性、完整性和可用性，采取一系列严格的标准和措施，包括但不限于数据加密、备份恢复以及访问控制等关键环节[14]。最后，需要考虑未来业务的发展和变化，确保数据标准具有一定的可扩展性和灵活性。

9.4.3 建立数据中心

构建一个集数据存储、管理与应用于一体的数据中心，旨在提供卓越高效的服务，降低运营成本，并推动效益增长，这已成为未来发展的重要趋势。通过集中存储和管理数据，能够大幅提升数据检索与应用的效率，加快服务响应速度。此外，采用统一的管理模式有助于减少数据冗余与冲突，确保数据的一致性与准确性。数据中心提供了以下几种能力。

（1）数据集成能力：机构通过数据中心与各业务系统的整合，能够有效汇集管理、生产和设计等多方面的数据，确保数据中心接收到的数据全面、准确且及时，为其运营提供坚实的基础数据支持。

（2）数据融合能力：所有进入数据中心的数据都将经过标准化处理，并与现有数据无缝融合，构建一个庞大且高效的数据信息网络。该网络具备高度敏感性，任何数据变动均能迅速通知相关权益者，保障数据的实时性和准确性。

（3）数据追踪能力：数据中心具备强大的数据版本管理能力，确保各专业团队能够轻松追溯关键历史数据，避免数据版本混乱或丢失，为企业的数据管理提供坚实保障。

（4）多维存储能力：利用先进的服务器、存储设备和数据库技术，数据中心不仅擅长处理传统结构化数据，还具备高效管理非结构化和半结构化数据的能力。这种全面的存储策略使数据中心成为企业和机构信赖的多维度信息库，为其提供稳定可靠的数据支撑。

（5）数据处理能力：借助强大的计算资源，数据中心能够执行复杂的数据处理和分析任务，如数据挖掘、机器学习和模拟等。这大幅提高了数据处理效率，为用户提供了更加精准、实用的数据分析结果，为企业和机构的决策、运营和创新提供了坚实的数据基础。

9.4.4 数据协同平台建设

数据协同平台是一种集中式的数据管理工具，它通过集成、整合和优化不同部门、不同系统中的数据，实现数据的实时获取、共享和分析[14]。借助数据协同平台，能够实时获取真实可靠的数据资源，进而构建和完善公共数据库，实现数据资产的累积。通过运用先进的信息技术手段，对这些数据进行深度处理与分析，在数据驱动下优化经营管理和决策流程。一个标准的数据协同平台通常涵盖以下几个层级，如图 9-2 所示。

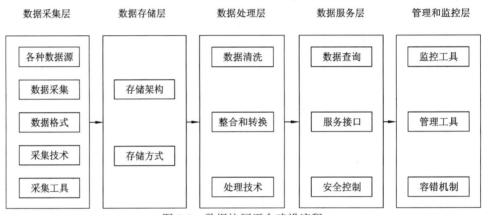

图 9-2 数据协同平台建设流程

（1）数据采集层：数据采集层的主要目的是从各种数据源中获取所需的数据，包括数据库、数据仓库、API 接口、文件系统等。这些数据源可能分布在不同的系统和平台上，数据格式和标准也可能存在差异。因此，数据采集需要采用合适的技术和工具，如 ETL 工具、数据爬虫等，以确保数据的准确性和完整性。

（2）数据存储层：数据存储层负责数据的存储和管理。为了实现数据的统一管理和访问，数据存储层需要设计合理的存储架构，如分布式存储、云存储等。同时，为了满足数据分析和查询的需要，数据存储层还需要设计高效的数据存储方式，如索引、分区等。

（3）数据处理层：数据处理层的主要任务是对来自不同数据源的数据进行清洗、整合和转换，以支持后续的数据分析和应用。数据处理层需要使用各种数据处理技术，如数据去重、异常值处理、数据转换、流处理、图处理等。同时，为了提高数据处理效率，数据处理层还需要设计合理的并行处理和分布式计算机制。

（4）数据服务层：数据服务层负责提供对外数据服务，包括数据查询、API 接口等。数据服务层需要设计灵活的服务接口，以满足不同业务的需求。同时，为了保障数据安全和服务稳定性，数据服务层还需要设计完善的安全控制。

（5）管理和监控层：管理和监控层负责对整个数据协同平台的运行状况进行监控和

管理。该层需要提供各种管理和监控工具，如任务调度、资源管理、性能监控等。同时，为了保障数据协同平台的稳定性和可靠性，该层还需要设计合理的故障恢复和容错机制。

9.5　公安数据协同平台

数据协同链的概念应用到公安系统，指的是：在不改变目前烟囱式系统建设的模式下，通过采集最小规模的数据，协同各系统作战。协同，是指以具体作战任务为目标，采集各系统中相关数据，在业务模型的组织下，进行多源数据深度融合，协同指挥作战[15-16]。

具体到时空大数据系统的场景，数据协同链是指为了实现一个任务而对各类 AI 模型及分散在各处的源数据进行组织调度的一条信息链路。

9.5.1　设计需求

基于数据协同链的数据与模型组织调度需要解决以下几个问题。

首先，感知与理解的业务模型获取与数据的接入问题，模型是处理的核心，模型的实现将决定数据的取值范围，包括时间范围、空间范围、目标范围、属性范围。

其次，数据协同链的定义问题，感知与理解的业务由不同任务或者活动节点组成，每个节点对应一个模型的调用，还有相应的源数据输入，数据协同链需要对节点的执行顺序进行配置。

最后，数据协同链的执行调度问题，感知与理解的业务被触发后，按照事先的定义，接入数据，调用模型做检测，基于检测数据做预测，从而形成感知与理解。

9.5.2　系统架构

如图 9-3 所示，数据协同链管理通过多源异构数据一体化管理模块完成数据的接入，数据模型注册中心负责感知与理解业务模型获取。数据服务编排技术负责数据服务和服务的整合，在此基础上，通过多云异构服务编排调度技术完成数据协同所需的信息化基础设施的获取与管理。在实际计算任务的调配方面，一般的任务通过工作流调度引

图 9-3　数据采集模块流程图

擎完成任务的设计、下发和跟踪，针对 AI 类型的计算任务的调度则通过 AI 模型计算任务调度技术实现。

9.5.3 系统组成

数据协同链由工作流引擎、数据调度器、模型调度器三者构成。

工作流引擎会定义业务流程中的任务节点，每个节点对应一个模型的调用，还有相应的源数据输入，在每个节点，数据调度器会按照数据源的配置，去获取源数据，并传送给模型作为输入。模型调度器根据事先配好的模型服务地址、接口，把数据上传，经过模型处理后，返回结果数据。结果将按照业务需求发送到数据可视化系统，或是触发其他用例的进一步处理。

其中，数据调度器主要包含多云异构数据一体化管理模块，模型调度器主要包含数据模型注册中心模块，工作流引擎主要包含工作流调度模块。下面对上述关键技术做重点介绍。

9.5.4 关键模块

1. 多源异构数据一体化管理模块

1）多源异构数据的采集

大数据多源异构数据采集模块是系统核心模块，通过 XML 服务接口、分布式文件读取、关系数据库同步抽取等方式，将元数据抽取到数据交换平台，并经过数据预处理操作，完成数据清洗、转换、加载等流程将采集到的数据进行数据规范化、脏数据及其他特定规则的数据预处理操作，形成清洁大数据池供业务支撑平台使用。

（1）数据抽取。以元数据池、业务数据池、文件数据池为基础，通过增加字段关联，形成中转数据池，在中转数据池中根据抽取方式的不同进行数据抽取，支持两种抽取方式：增量抽取、全量抽取。增量抽取完成部分新增数据或新增字段数据抽取。全量抽取完成当前中转数据池中数据整体抽取，原数据以历史数据形式保留。

（2）数据清洗。经过数据清洗流程，业务部门完成了对原始数据的清洗与过滤工作，成功去除了无效数据。数据清洗的主要功能包括：确立清洗配置，即制定适用的数据过滤规则等清洗配置信息，以备后续清洗过滤之用；实施清洗过滤，根据先前确立的清洗配置，对交换后的数据进行精确过滤。数据源主要来源于各部门业务系统在数据转换后形成的原始数据。在获取这些原始数据后，进一步制定相应的数据清洗规则，经过清洗过滤处理，形成部门的基础数据库。

在多源数据的组织和汇聚过程中，同一份文件可能会产生多个相同的副本。根据互联网运营统计数据的分析，纯文档性质的数据重复度为 15%~30%，而全部数据的重复度则是这一数据的两倍。

2）多源异构数据的存储

经过优化设计的存储管理系统，具备高效的数据处理能力，能够自动合并重复数据，进而显著提升存储空间的利用率，有效节约宝贵的硬件设备资源。同时，这一功能也极大地增强了用户的体验。当文件被汇聚至存储系统时，系统能迅速识别并确认文件是否已经存在。如果文件是首次存入，系统则会进行标准的存储流程。而对于已存在的文件，系统则能实现零秒汇聚存储，这一特性在处理大文件时尤为突出，能极大提升文件处理效率。

在存储文件数据时，该系统采用了创新的分离存储策略。具体而言，文件的信息和属性（统称为元数据）与文件内容数据被分别存储。文件内容数据被切割成固定大小的块，称为块数据。每一块数据都以其内容摘要值作为唯一标识，而元数据则通过引用这些块数据的标识来建立关联。

值得注意的是，尽管多个文件可能包含相同的数据内容，但在系统中，它们被视为不同的文件实体，各自拥有独立的拥有者、共享等属性，仅共享数据内容部分。若其中一个文件进行了修改，则该文件的元数据将不再引用原有的数据内容块，从而确保修改后的文件与其他曾共用数据的文件之间不再存在任何关联。

当新文件需要进行汇聚存储时，系统会实时监测到这一事件，并计算新文件的摘要值（可采用 SM3 或 MD5 摘要算法）。随后，系统会向中央数据库发起请求，查询该摘要值是否已存在于系统中。若摘要值不存在，系统将返回允许信息，允许客户端进行数据的汇聚存储，并新建该文件。这一机制确保了存储系统的高效运行，同时也保障了数据的完整性和安全性。

3）多源异构数据的转换

数据转换是数据预处理过程中重要的一环，它负责将不同数据源的格式转换统一的数据格式，在转换过程中，根据转换规则的定义可以完成数据从原始格式，到既定统一格式的转换。

数据格式转换的主要功能包括：转换定义，转换定义完成对数据原始格式的定义、原数据源的定义、目标数据格式的定义、目标数据的定义等配置；转换处理，根据转换定义的规则，完成数据转换的处理。将原始的数据转换为需要的数据格式。

数据转换模块由服务总线（ESB）组成，要能够提供服务接入、服务路由、服务调用等功能，并提供服务松散耦合机制。实现静态和动态路由功能，提供有效的消息路由功能，在调用方和被调用方之间建立中间层，完成必要的转换后，将消息准确、高效地路由到目标系统，满足系统中各个模块之间在技术上松耦合的需求，使得业务应用可以在一定的程度上，利用已有的服务进行组装。

4）多源异构数据的管理

数据资源管理负责数据库及表结构元数据的维护工作，并定义、维护数据字典内容。通过数据资源管理，用户可以便捷地查询数据库中存储的数据类型、数据结构、数据量等信息，从而全面了解企业基础信息库中的数据情况。

数据更新管理则负责将经过加工处理的数据更新至企业基础信息库中。在更新过程中，需遵循既定规则，将新处理的数据与企业基础信息库中现有数据进行合并与整合。

数据导出管理负责将基础信息库中的数据导出为特定格式。在导出数据时，系统将记录导出数据的类型、操作人、导出时间、导出数据量、数据接收方等信息，以便进行审计跟踪。

数据审核用于校验数据的一致性，而数据核实比对则支持单条或批量数据的比对工作。针对服务数据的关键数据项，使用方需提供待核实的原始数据。通过系统的核实比对功能，系统将标识数据的一致性或不一致性状态。

2. 数据模型注册中心

数据模型注册中心负责提供全局性的模型库目录，使得各类模型能够在资源目录中得到发布，并通过直观的目录树形式展现系统所能提供的感知和理解服务数据项。这为模型共享机制提供了基础的数据导航功能。目前，数据目录方法已广泛应用于信息系统数据交换领域，通过资源目录系统，实现了与信息系统数据交换的接口功能。

共享信息服务系统则基于业务部门的共享信息库，为用户提供信息访问服务。用户可以通过目录服务系统快速定位并获取所需的共享信息资源。编目模块会根据共享信息资源内容，提取其基本特征，形成目录内容。目录传输系统则确保目录内容在部门目录内容信息库与目录服务中心的目录内容管理信息库之间的高效传输。

目录管理系统则负责对目录服务中心的目录内容和目录服务运行进行全面管理，包括目录内容形式审核、标识符前段码管理、目录管理信息库和目录服务信息库的基本维护等功能。目录服务系统则为用户提供目录内容查询检索服务，支持目录服务接口和人机交互界面两种形式的服务，并提供至少两种查询方式进行目录内容查询。

3. 数据服务编排技术

在时空大数据协同过程中，往往需要根据应用情况对多个系统进行数据虚拟整合、基础数据服务以及存档数据共享。在云的时代，系统通过服务接口完成集成的方式大行其道，在技术上表现为对微服务和容器的大量使用。这一新的模式除显示出在敏捷性、可移植性等方面的巨大优势以外，也为交付和运维带来了新的挑战，随着系统被拆分成越来越多细小的服务，运行在各自的容器中，那么该如何解决它们之间的依赖管理、服务发现、资源管理和高可用等问题呢？基于容器及微服务的编排技术就这样应运而生。

在容器环境中，以 Docker 容器及 K8S 为例，编排通常涉及以下三个方面。

（1）资源编排：负责资源的分配，如限制 namespace 的可用资源，scheduler 针对资源的不同调度策略。

（2）工作负载编排：负责在资源之间共享工作负载，如 K8S 通过不同的 controller 将 Pod 调度到合适的 node 上，并且负责管理它们的生命周期。

（3）服务编排：负责服务发现和高可用等，如 K8S 中可用通过 Service 来对内暴露服务，通过 Ingress 来对外暴露服务。

基于 Docker 容器及 K8S 实现适用于时空大数据的服务编排技术。

时空大数据的协同需要调度数据、模型、基础设施来完成，在多云环境下，把不同厂商、不同技术路线的云服务捏合成一个整体供协同系统调配是急需解决的问题。

9.5.5 重点人员布控与抓捕数据协同

该服务旨在进行"重点人员检测识别",如图 9-4 所示,通过实时监测卡口视频数据进行人脸检测识别。一旦发现重点人员,系统将发出预警,界面上呈现相关预警信息、人脸照片和身份信息。进一步,系统提供该人员的全息档案,包括个人属性、社交档案、物品档案、行踪档案、寄递档案、消费档案、通联档案、亲属档案、学历档案和上网行为档案。系统还绘制该人员的位置轨迹,显示其经过的摄像头位置。在人工处理预警阶段,若确认需要实施布控抓捕,系统将调用"重点人员轨迹预测"服务,结合三维 BIM图数据、卡口监控视频解析的人脸信息和楼层通道数据,输出目标人员的轨迹预测。预测结果可在界面上显示潜在的进出口位置。在人工处理预测后,若确认需要生成布控方案,系统将调用"重点人员布控与抓捕方案"服务,输出目标人员抓捕方案。界面上将呈现相关布控方案数据文本,并绘制警力的布控位置。这一系统流程旨在全面监测、识别和处理重点人员相关信息,以提高安全管理和应对潜在风险的能力。

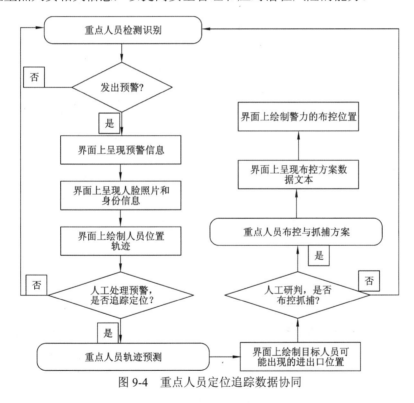

图 9-4　重点人员定位追踪数据协同

9.5.6 重点车辆布控与抓捕数据协同

该服务专注于"异常车辆检测识别",如图 9-5 所示,通过实时联合多源数据进行车辆行为分析检测。一旦检测到异常车辆,系统将发出预警,界面上呈现相关预警信息以及目标车辆和驾驶员信息,并绘制车辆轨迹。在人工处理预警阶段,若确认需要实施布控抓捕，系统将调用"异常车辆轨迹预判"服务，结合多时相遥感数据、地面卡口监控视频解析的车辆信息和路网数据，输出目标车辆的轨迹预判[17]。预测结果将在界面上显示可能的车辆位置。在人工处理预测后，若确认需要产生布控方案，系统将调用"异常车辆布控与抓捕方案"服务，输出目标车辆抓捕方案。界面上将呈现相关布控方案数据文本，并绘制警力的布控位置。这一系统流程旨在实现对异常车辆的全方位监测、识别和处理，以提高安全管理和对潜在威胁的响应能力。

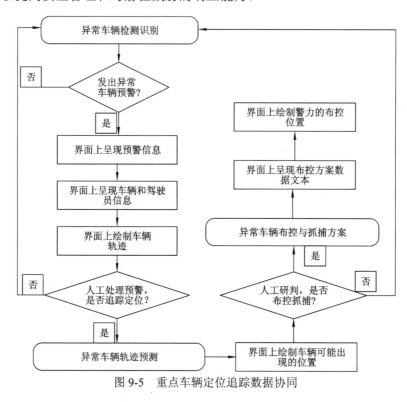

图 9-5　重点车辆定位追踪数据协同

9.5.7　人流密度监测数据协同

该"人流计数监测"服务驻守在后台，如图 9-6 所示，通过对摄像头视频区域内的人流进行计数，并与设定的门限进行比较。系统界面呈现区域位置和人流计数信息，同时显示摄像头实时画面。如果检测到的人头个数超过设定门限，系统将调用"人流峰值预测"服务，该服务输出预测一定时间内（例如 10 min 内）将会达到的峰值。若预测的人流峰值超过某个门限，系统将发出人流密度超限预警，界面上呈现相关预警信息。在人工处理预警阶段，若确认需要实施人流管控疏导，系统将调用"人流疏导方案"服务，启动应急预案，并输出针对该场所的人流疏导方案。系统界面上将呈现人流疏导方案数据文本，同时绘制人流的疏导通道走向，以及相应的进出口关闭与开放状态。这一完整系统流程旨在实现对人流密度的实时监测、预测和有效疏导，以保障场所安全并提升管理效能。

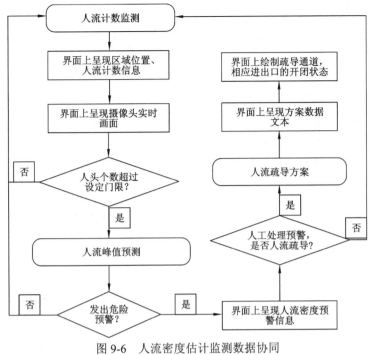

图 9-6　人流密度估计监测数据协同

9.5.8　群体异常事件监测数据协同

"群体异常行为检测识别"服务在后台驻守，如图 9-7 所示，通过摄像头视频实时检测识别人群的突然聚集和散开行为。一旦检测到人群突然聚集散开的异常行为，系统

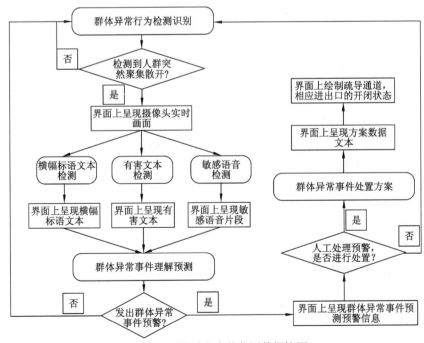

图 9-7　群体异常事件监测数据协同

将发出相应的预警，界面上显示摄像头实时画面。此预警将自动触发"横幅标语文本检测""有害文本检测""敏感语音检测"三个服务的调用，界面上呈现横幅标语文本和敏感语音片段。接着，系统调用"群体异常事件理解预测"服务，若判别为群体异常事件，则发出群体异常事件预警，界面上呈现相关信息。在人工处理预警环节，若确认需要实施群体异常事件处置服务，系统将调用"群体异常事件处置方案"服务，启动应急预案，并输出针对该场所的群体异常事件处置方案。系统界面上将呈现方案数据文本，同时绘制人流的疏导通道走向，以及相应的进出口关闭与开放状态。这一全面系统流程旨在实现对群体异常行为的及时识别和处置，以确保场所安全管理的全面有效性。

9.6 数据协同的挑战和机遇

9.6.1 数据协同的挑战

数据协同在发展和完善的过程中面临着许多问题。首先，随着数据量的爆炸性增长，如何有效地整合和管理这些数据成为了一大难题。由于各部门或团队的数据来源、格式和质量各异，以及他们之间的复杂利益关系，导致数据整合的难度加大。此外，数据隐私和安全保护也是不可忽视的问题。以下是数据协同所面临问题的具体描述。

（1）多源数据：多源数据是指来自多个不同数据源的数据。这些数据源可能包括不同的应用程序、数据库、文件系统、传感器或网络服务。多源数据可以包含结构化数据、半结构化数据和非结构化数据。多源数据的存在给数据协同的数据整合和分析带来了挑战，因为不同数据源的数据可能具有不同的形式、结构和语法[18]。

（2）统筹规划：在企业中，数据协同需要考虑企业内部不同部门、不同业务线或项目团队之间的复杂关系。由于不同的部门或团队都有其独特的数据需求和工作流程，这要求企业从宏观的角度出发，全面了解各部门的数据需求、数据来源以及数据使用情况，并在此基础上制定相应的策略和措施。在政府中，数据协同治理是一个复杂且多元的过程，涉及多个主体，包括政府主体，以及非政府主体如高校院所、企业、媒体、社会组织、公众等。不同主体的高效协同是发挥协同治理效能的关键。数据采集、加工、存储、传播、分发、利用等环节需要不同主体在互信基础上的协同参与。综上所述，数据协同不仅涉及单一部门或项目的操作，更是一个将所有相关部分进行整合的协同过程。

（3）数据的安全与隐私保护：数据协同涉及多个部门和多方利益相关者，需要保护数据的隐私和安全，防止数据泄露、被篡改或滥用。在数据协同的环境中，首先要对各类数据进行识别与分类，例如识别哪些数据是敏感的，哪些是普通的。其次需要对数据权限进行严格的管理，以保障数据的隐私[19]。

（4）法律法规的完善：数据协同涉及法律法规的问题。需要完善相关法律法规，明确数据所有权、使用权、收益权等权利，为数据协同提供法律保障。

9.6.2 数据协同的机遇

随着互联网、数字经济和智能化技术的迅速发展，数据协同也得到了广泛的应用和推广。互联网的发展为数据协同提供了基础平台。同时，互联网还提供了丰富的应用场景。数字经济的发展为数据协同提供了巨大的市场需求。在数字经济中，各种新业态、新模式不断涌现，对数据共享和整合提出了更高的要求。而智能化技术为数据协同提供了必要的技术支持。

我国互联网产业发展迅速，截至 2022 年 12 月，中国的互联网普及率提升至 75.6%，网民规模达 10.67 亿，其中农村网民规模为 3.08 亿，占网民整体的 28.9%；城镇网民规模为 7.59 亿，占比为 71.1%。互联网的迅速发展促进了数据的生成和流通。在互联网环境下，网民通过各种应用生成和交换大量数据，这些数据涵盖了社交媒体、电商、金融、医疗等多个领域。数据之间的传播与交换，使得不同主体之间的数据发生了融合，这为数据协同的应用提供了基础。互联网也为数据协同提供了必要的技术支持和平台，物联网、云计算、大数据等互联网技术，为数据的存储、处理、分析和可视化提供了强大的支持。通过互联网平台，可以实现数据的集中管理和处理，提高数据处理效率。

数字经济是推动高质量发展的新动力，也是竞争的关键战略。它已深入个人、家庭、企业、产业、城市和乡村的各个环节，引发全方位变革，助力经济发展动力、效率和质量的提升。个人享受更便捷、高效和个性化的服务，家庭体验智能家居和在线教育等新服务，企业实现数字化转型和创新升级，产业经历转型升级和新产业涌现，城市构建智慧城市和物联网等新型基础设施，乡村也通过数字经济推动乡村振兴战略，助力农村经济和农民增收。数字经济与数据协同密不可分，数据协同打破数据孤岛，促进数据流通和共享，为数字经济提供坚实支撑，同时推动跨界融合和创新，为社会发展注入新的活力[20]。

随着计算机技术和人工智能理论的迅速发展，智能化技术在各个领域得到了广泛的应用。在制造业领域，智能化技术可以实现自动化生产、智能化检测和智能物流等应用场景，提高生产效率和产品质量。在服务业领域，智能化技术可以实现智能客服、智能推荐、智能管理等应用场景，提高服务质量和客户满意度。在金融领域，智能化技术可以实现智能风控、智能投顾等应用场景，提高金融服务的效率和安全性。数据协同在智能化技术的应用过程中起到了重要作用。数据协同为智能化技术的应用提供了必要的数据支持。通过数据协同，多源异构数据可以得到整合和共享，为智能化技术的应用提供必要的数据保障。同时，智能化技术为数据协同提供了技术支持。智能化技术可以对数据进行处理、分析和学习，从而自动识别和提取有用的信息。这种智能化处理可以大大提高数据协同的效率和准确性，减少人工干预和误差，促进了数据协同的发展。

参 考 文 献

[1] 胡峰, 王秉, 张思芊. 从边界分野到跨界共轭: 政府数据协同治理交互困境扫描与纾困路径探赜. 电子政务, 2023(4): 93-105.

[2] 彭忠益, 陆怡, 高峰. 国家矿产资源安全管理部门的数据协同: 困境与对策. 湖南社会科学, 2021(4): 86-93.

[3] 梁宇, 郑易平. 我国政府数据协同治理的困境及应对研究. 情报杂志, 2021, 40(9): 108-114.

[4] 党燕妮. 政府数据协同治理: 逻辑、困境与实现路径. 理论视野, 2022(9): 66-70.

[5] 洪伟达. 政府数据协同治理存在的问题及应对. 审计观察, 2021(4): 52-56.

[6] 齐旭. 达索系统张鹰: 工业软件最大突破是实现全生命周期数据协同. 中国电子报, 2022-08-12: 004.

[7] 阿比娅斯, 刘慧, 刘鑫. 大数据时代城建档案数据协同治理的路径探析. 未来城市设计与运营, 2023(8): 90-92.

[8] 符京生, 刘汉青, 苏兴华, 等. 大型企业档案与数据协同治理框架与实现路径. 浙江档案, 2020(12): 56-57.

[9] 储华. 构建人类命运共同体理念下的交流合作人员档案数据协同治理与开发利用探讨. 档案管理, 2023(5): 12-14.

[10] 罗春华, 陆金晶. 政务联盟链助推政务创新的内在逻辑及构建——基于数据协同视角. 财会月刊, 2022(3): 154-160.

[11] 张茜, 王藤, 茅明睿. 核心区城市治理大数据协同管理平台建设研究. 北京规划建设, 2020(S1): 68-72.

[12] 蒲泓宇, 马捷, 胡漠. 政务数据协同治理超网络模型研究. 图书馆建设, 2022(3): 161-173.

[13] 于薇. 面向科研信息资源整合的元数据协同方法研究. 现代情报, 2017, 37(8): 74-79, 84.

[14] 张吉斌, 李鹏, 任贺, 等. 基于数据协同的内管精准治理体系的构建. 现代商贸工业, 2023, 44(19): 106-108.

[15] 万方. 警务数据协同治理的实现路径研究. 北京: 中国人民公安大学, 2022.

[16] 李昊霖, 吴苑菲. 数字化时代政府数据协同安全治理路径探究. 网络空间安全, 2023, 14(3): 35-40.

[17] 薛志祥. 基于深度神经网络的多源异质遥感数据协同分类技术研究. 河南: 战略支援部队信息工程大学, 2023.

[18] 谢鹏, 张晋维, 魏佩莹, 等. 基于知识图谱的物联网多源信息协同挖掘系统设计. 电子设计工程, 2023, 31(12): 92-95.

[19] Wang H, Wei Z. Research on Personalized Learning Route Model Based on Improved Collaborative Filtering Algorithm//2021 2nd International Conference on Big Data & Artificial Intelligence & Software Engineering (ICBASE). New York: IEEE. 2021: 120-123.

[20] 王强. 智慧城市数据协同治理的路径研究. 产业创新研究, 2023(4): 5-7.

第 10 章 应 用

本章将探讨各种领域中大数据技术的具体应用，涵盖了交通枢纽、石化园区、危化品监管、无人机管控以及天空地应急指挥等方面的应用场景。这些应用展示了大数据技术在实际工作中的重要作用，为提升公共安全水平和应对突发事件提供了重要支持。通过对这些具体应用场景的深入研究，可以更好地了解大数据技术在实践中的应用效果和发展趋势，为进一步推动大数据技术在公共安全领域的应用提供理论和实践指导。

10.1 交通枢纽异常管控应用

10.1.1 重点人员的识别与定位

面向火车站的异常管控任务，实现对火车站及周边范围出现的重点人员进行识别和定位。通过闸机、视频监控获取的视频图像数据，以及公安部门推送的重点人员库信息，对重点人员进行实时的人脸与人体识别，并发送人员所在的位置信息；利用多摄像头联动，对人员进行跨摄像头跟踪，通过对历史数据进行分析形成人员轨迹的重现、定位，并发送报警，对重点人员进行跟踪和轨迹回溯。重点人员识别和定位系统结构如图 10-1所示。

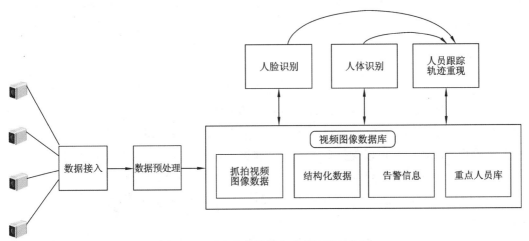

图 10-1 重点人员识别和定位系统结构图

1. 人像采集

系统能够从人像采集摄像机接入的实时视频流、历史视频流中，提取出人脸及人员图像照片，并自动提取人脸特征属性信息（性别、年龄段、是否戴眼镜等）及人员人身特征属性信息（性别、是否戴眼镜、是否戴帽子、是否戴口罩、发型、年龄段等）。

2. 黑名单布控

系统可根据重点管控需求，对在逃、涉恐、涉案等人员进行实时布控。用户可设定布控对象、范围、有效期、预警阈值和时段等参数。一旦有关注人员出现在布控范围内，系统将立即触发报警，便于民警及时展开抓捕行动。

3. 实时预警

系统能够实时比对前端摄像头抓拍到的人脸图像与报警库中的"名单"人员。如果发现有人员在黑名单中，则立即触发报警。同时，系统支持接收、显示实时预警信息，并提供报警详情的显示功能。

4. 人员身份确认

系统可建立人像样本库，支持导入公安业务数据库的常住人口库、前科、逃犯等库或民警自建人员数据库，通过后台人像建模设备建立人像样本库，自建的人像样本库可记录人员姓名、性别、所在省份、城市，以及证件类型、证件号、生日、人脸图像特征模型等信息；在民警侦查办案或者需要确认嫌疑人员身份时，可利用已有的人脸图片从人像样本库中快速确认目标人员身份信息。

5. 报警记录查询

用户可以查询历史报警信息，根据摄像头名称和时间等条件，检索系统中的历史报警记录。查询结果将形成报警历史记录，展示了布控申请人、布控申请事由、摄像头地点、摄像头名称、个人信息（姓名、身份证号、性别）、证件照片以及人脸图片等相关信息。

6. 人员轨迹搜索

可根据时间段、摄像头点位生成人员轨迹。在拥有海量的前端人脸抓拍机采集的人脸照片和接入的高清网络摄像机视频流中抓拍的人脸照片后，在确认目标人员身份，获得正面标准照或清晰照片后，可以在海量的抓拍人脸图片库中进行搜索，及时确认该目标人员的行为轨迹，就可以支持刑侦干警采取进一步的行动，其业务的流程如下。

（1）身份确认：已通过情报研判工作，对目标人员的身份进行确认。

（2）清晰图片：通过身份确认，已获取该目标人员的标准证件照片或清晰的人脸图片。

（3）抓拍库：系统存储前端人脸抓拍机采集的人脸照片和接入的高清网络摄像机视频流中抓拍的人脸照片，形成了自己的抓拍库。

（4）设定阈值：按抓拍库的情况设定搜索阈值，建议由高到低进行搜索，即高阈值下无法获取时，则降低阈值。

（5）以图搜图：清晰图片对抓拍图片的搜索，即清晰图片对模糊或信息不完整图片的搜索。

（6）轨迹还原：按搜索出的图片所具有的摄像头及时间信息，确认每一张图片的时间、地点，按此即可实现对目标人员的出行线路进行还原。尤其是针对频繁出现分析，根据抓拍时间段、抓拍卡点位置，在海量人脸抓拍库中，按照相似度条件进行碰撞比对，查找出该时间段、位置出现的相似人脸，从而分析活动异常的人员，以及时发现嫌疑人案前踩点会频繁出现等特征行为。

（7）采取行动：通过获得的轨迹还原情报信息，如果是重复出现的，则可以实现人工布控抓捕；如果是单次行程，则对目标人员的动向，进行清晰的掌握，可以明确目标人员的离开或进入线路，即可采取更好的追踪。从而利用人脸识别特征的唯一性，精准、高效地实现对海量人脸抓拍照片库的有效排查，帮助公安民警快速锁定嫌疑人的活动轨迹，提高案件侦查效率。

10.1.2　人员精准轨迹描述和溯源

1. 人员基本档案

呈现选定关注人员的档案明细，人员照片包含了人员档案登记照片、与登记照片相似的采集人脸（档案）。

2. 人员档案查询

根据人员类型、人员姓名、人员身份证号码等关键条件，查询关注人员档案。通过关注人员档案列表的操作列，即"人员轨迹追踪"链接，可以具体查看选定人员的基本档案信息、过去活动轨迹信息、与其他实体的关联关系信息、活动轨迹对应的接触者信息等。

3. 人员轨迹分析

人员轨迹分析包含了以下 5 个方面的内容。

（1）基于电子地图刻画人员的时空活动轨迹，并可动态推演。

（2）针对每一个轨迹点，具体呈现此人此时此地的采集详情。

（3）在每个轨迹点上，可以直接筛查此时此刻周边还出现哪些其他人员/实体。

（4）与当前整条轨迹线有高度伴随关系的实体。

（5）整条轨迹线的每个轨迹点上，同时出现的实体的分析（可能接触者）和批量导出。

图 10-2 是人员活动的时空轨迹实际效果图。

10.1.3　人群异常行为告警

对拉横幅、打架等异常行为进行识别，对突发事件（如恐袭、游行演说、意

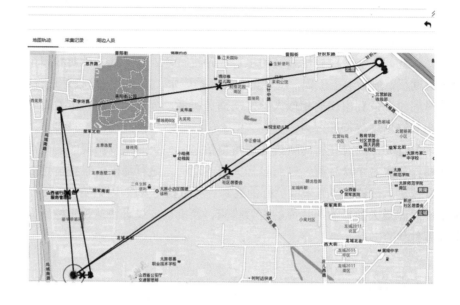

外伤害、疾病、事故、盗抢、打架斗殴、灾害等）造成的人群聚集和离散，进行识别和及时告警。要对一些正常的聚集行为比如旅行团、排队买票取票等情况进行识别，能够形成站内热力图。

1. 人群异常聚集和离散

利用视频智能分析技术，基于视频的异常事件检测能够从包含大量正常事件的视频数据中及时发现异常事件，并进行报警。一般情况下，人群异常事件指的是在视频监控区域发生次数较少的事件，例如群体聚集、人群恐慌、四散奔逃等。

（1）异常事件的检测过程中，存在一些假设：①异常事件的发生频率较正常事件低；②异常事件有特定具体的含义；③与正常事件相比，异常事件的特征有明显的区别。

（2）火车站的人群特征包括以下几个方面：①人群的密集性：大型场馆通常是人群密集的公众聚集场所；②人群的不可预测性：尽管可以根据历史数据对人群规模、高峰时段等进行粗略预测，但由于多种不确定因素的影响，预测结果往往与实际情况存在较大出入，一旦人群超出预期，可能超出人群管理的能力，从而埋下事故发生的隐患；③人群分布的不均一性：人群的分布包括时间分布和空间分布。在不同的时间段和区域，人群分布都呈现出明显的不均一性，例如，在周末和节假日时，人员数量较多。在不同区域，人群分布也存在不均一性，例如，人群主要集中于检票口等区域。

（3）群体运动模式的分类：人群的运动模式可根据其在不同空间场所的行进方式进行分类。根据监控区域内人群的运动方向，可以将群体运动模式分为单向运动、双向运动、中心聚拢、四周发散和散漫无序五类：①单向运动模式指人群朝着同一个方向移动，例如车站入口和出口处的人群流动；②双向运动模式指人群在道路上以相反的两个方向运动，通常在人群聚集的路段会形成两个方向的人群流动模式，呈现出一种"自组织现象"；③中心聚拢模式指人群朝向同一个中心点聚拢，可能是因为某一点发生了打架斗殴等事件，导致周围的人群涌向该中心点。从众心理会使得较远的人群也朝这一方向移动；④四周发散模式指人群从某一中心点向周围方向散开，通常是因为在人群密集区发生了突发事件，导致人群向四周散开；⑤散漫无序模式指人群在某一场所各自按照自己设定的方向行进，没有特定的行进方向。

交通枢纽异常管控应用系统关注中心聚拢模式和四周发散模式两种异常人群事件。图10-3为异常事件检测流程图，图10-4为人群异常聚集和离散示意图。

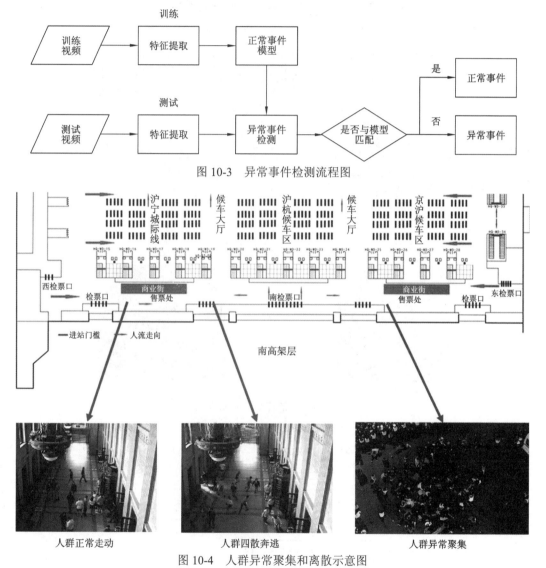

图 10-3　异常事件检测流程图

图 10-4　人群异常聚集和离散示意图

2. 标志识别

首先，标志识别的过程是通过设计卷积神经网络对采集到的标志数据进行处理。这包括确定网络输入层的大小、网络的层数以及每层的特征图数量。接着，将训练数据调整到卷积神经网络所需的输入大小，并将所有不同种类的标志样本归为一类，即标志类，而将不含任何标志的样本作为非标志类。随后，对这些数据进行迭代训练，以构建一个能够同时进行特征提取和分类的卷积神经网络。最后，将测试图片的局部区域输入到卷积神经网络中，根据网络的输出来判断该区域是否含有标志。

3. 异常行为识别

系统通过视频分析对车站的人群进行监控，如发现冲撞、斗殴、摔倒等异常行为进行报警。视频分析过程采用 RGB 图像和光流信息相结合的方法，并将两部分数据作为样本输入给深度学习模型进行训练，利用学习后的模型对监控场景进行实时分析。图 10-5 为异常行为识别示意图，图 10-6 为异常行为识别流程图。

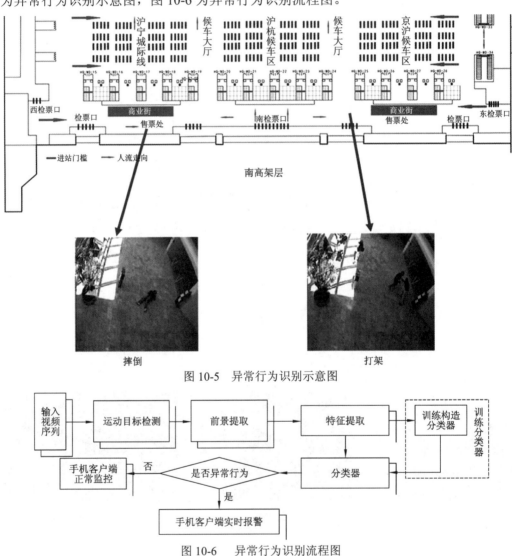

图 10-5　异常行为识别示意图

图 10-6　异常行为识别流程图

10.2　石化园区异常管控应用

针对石化园区危险的预警难题，利用天空地一体化数据汇聚到数据资源，实现危化品存储重点部位异常检测，火灾和烟雾检测与识别，进出人员和危化品检测识别，进出危化品车辆身份识别、危险危化品车辆跟踪、布控和处置等功能。

10.2.1 人员管理

1. 园区访客管理系统设计

访客管理系统主要由员工管理子系统、访客管理子系统、人证核验子系统、人脸拍摄子系统、黑名单子系统等构成，如图 10-7 所示。

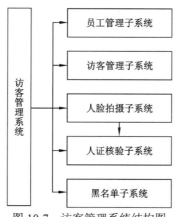

图 10-7 访客管理系统结构图

（1）员工管理子系统：主要面向全区员工的出入门禁，可实现园区人员统计、访客与员工的关联等。

（2）访客管理子系统：主要面向外来人员的管理，可实现访客统计、定位、被访员工的关联等。

（3）人证核验子系统：访客与其身份证件信息关联，可实现访客身份自动登记、访客与身份一致性认证等。

（4）人脸拍摄子系统：访客人脸自动抓拍，可实现访客与身份证件照片一致性认证，人脸检索等。

（5）黑名单子系统：访客身份证件比对，可实现访客是否为在逃人员的判定、访客历史到访行为评估等。

2. 园区访客管理系统功能实现

访客管理子系统保证整体的安全性，做到人员、证件、照片三者一致，能够高效记录、存储、查询和汇总访客的相关信息，解决危重场所来访登记这一薄弱环节，主要有访客登记、访客查询、访客历史记录、访客实时监控功能等。

（1）访客登记：可与人证核验子系统相关联，实现身份证信息登记自动录入。选择身份证件自动读取或者手动添加访客信息，访客控制器设有访客进出通道，可按照危重区域分级设置访客人员的出入范围，并设置进出门权限。

（2）访客查询：所有访客信息在访客查询里都有记录，访客信息可以设置模糊查询和精确查询，并具有查询、删除、打印、导出等功能。

（3）访客历史记录：主要查询历史人员进出访客记录，可查询所有访客人员和符合查询条件的访客人员，具有查询、打印、导出等功能。

（4）访客实时监控：主要依靠园区新设读卡设备或内置位置芯片的访客卡进行；实时监测访客控制器访客人员和内部人员进出信息；实时监测所有控制器访客人员和内部人员进出信息；实时监控访客人员相对位置和轨迹；实时监控控制器权限变更访客卡的权限等。

3. 人证核验子系统

人证核验子系统主要是读取、采集身份证信息的设备，并接入访客管理系统，可读取居民身份证、港澳台居民居住证、外国人永久居民身份证等，符合公安部认证标准。人证合一核验可以与人脸拍摄子系统相关联，判断拍摄人脸与证件照片的一致性。

4. 人脸拍摄子系统

人脸拍摄子系统主要用于员工或者访客出入园区时的人脸图像抓拍。当员工或访客刷卡经过通道时，系统自动抓拍该人员的进/出图像，并自动存档，用于事后核查，如图 10-8 所示。

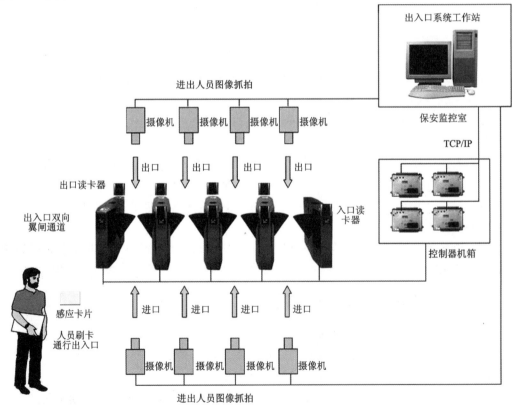

图 10-8　人脸拍摄识别进出闸机子系统

系统支持人脸以图搜图和结构化信息检索（时间、地点、属性），可集群扩展，支持高可用、负载均衡，当任意一台引擎故障时，其他引擎自动托管，保证数据不丢失，业务连续；可对前端原有监控设备进行结构化改造，也可以直接提供前端人像结构化处理设备；应提供公安部下属检测机构出具的检验报告复印件。

支持多个库跨库搜索（身份库、重点人员库、动态采集库等），输入一个检索条件，可以同时检索出多个库中的所有满足相似度要求的图片信息，不受某个库的限制；支持多张图片检索，提供交集或并集结果；支持基于时间、相似度过滤检索结果；支持按指定时间段、时间段的周期、指定区域进行检索；支持检索事由权限查看。

5. 黑名单子系统

黑名单子系统属于用户管理的高级功能，主要有黑名单系统、布防与撤防、强制开门和关门。

10.2.2 车辆管理

汇聚车辆卡口、视频监控、车辆位置、驾驶人员等数据，建设临时车辆进出定位系统，研究危爆品车辆行进路径规划，研究危爆品车辆身份识别与视频跟踪技术，实现对园区进出危化品车辆的跟踪与引导及异常行驶预警。

1. 园区危化品车辆管理现状

石化工业园区存在车辆进入园区管不住的问题，特别是危化品车辆的 GPS 数据在市交通委，园区没有数据，存在风险；某园区部署了 3 000 个摄像头，多为模拟摄像头，其中联网的摄像头只有 1 800 个；同时园区面积大、单位多、门口多、复杂因素多、管控困难，特别是对危化品车辆，需要加装车辆的跟踪、定位、轨迹等系统。

2. 园区车辆管理系统设计

园区危化品车辆管理系统主要有车辆临时定位系统、车辆跟踪监控系统、车辆特征识别系统、车辆行驶状态检测系统、车辆集中停放系统，如图 10-9 所示。

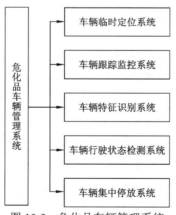

图 10-9　危化品车辆管理系统

（1）车辆临时定位系统：进入园区的危化品车辆发放临时停车卡，集成 GPS/4G 或 RFID 收发芯片，用于对车辆在园区的实时定位和驾驶员、车辆一致性检验。

（2）车辆跟踪监控系统：采用视频监控的方式对园区内行驶、停放的系统进行监控，可实时调度相关摄像装备对危化品车辆进行跟踪。

（3）车辆特征识别系统：用于对园区内的危化品车辆车牌、车型、车辆标志等车辆相关信息进行识别，可动态感知车辆信息。

（4）车辆行驶状态检测系统：用于对园区内的危化品车辆的行驶速度、位置、轨迹等进行检测，判断行驶状态是否正常，并给出相关报警信息。

（5）车辆集中停放系统：该系统已经开始启动建设，目的是引导进入园区的危化品车辆在固定场所停留，避免车辆事故引发风险。

3. 园区危化品车辆管理系统功能实现

1）系统功能实现

园区危化品车辆管理系统主要在园区现有监控中心基础上进行提升改建，实现数据汇聚和预测预警作用。结合视频采集、RFID 识别、GPS/北斗定位等多种传感技术，通过无线网络进行传输、记录、分析与展示，实现园区内危化品车辆的远程管控与异常预警。

园区危化品车辆管理系统总体架构如图 10-10 所示。

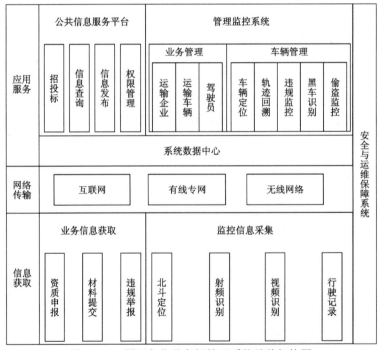

图 10-10　园区危化品车辆管理系统总体架构图

（1）信息获取：信息分为监控信息和业务信息，监控信息采集是通过多种传感技术，如 GPS/北斗卫星定位、RFID 射频识别、视频图像识别、行驶记录等技术对运输车辆的过程信息进行采集，实现对运输车辆的远程监控。业务信息获取是通过公共信息网络、公安网等获取车辆的运输企业、驾驶人员信息等，避免违规作业。

（2）网络传输：监控信息的传输以园区内的网络环境条件为基础，可通过有线专网、无线网络或在 Internet 上建立 VPN 的方式。业务信息的交互基于 Web Service 技术、B/S

架构。

（3）应用服务：①系统数据中心是平台的核心，采用满足业务需求的数据库技术，存储包括车辆监控信息、运输相关等信息，为监控管理系统以及公共信息服务平台提供数据支撑。②管理监控系统分为业务管理子系统和车辆管理子系统，业务管理子系统实现对取得园区内外相关运输部门及其下属的运输车辆、驾驶员的管理，并定期评估运输规范性等；车辆管理子系统实现对监控信息的处理和展示，基于 GIS 可实现车辆定位、轨迹回溯、偏离预定线路报警、超载超速、违规停留等违规监控功能。③公共信息服务平台可提供信息查询、信息交互等；④安全与运维保障系统保障平台运行可靠性、持续性、安全性。

2）车辆临时定位系统功能实现

危化品车辆临时定位系统主要依靠对现有石化园区门禁车牌识别升级、车辆 RFID+北斗/GPS 定位终端、园区定位信息支撑系统、后台系统等实现，图 10-11 是危化品车辆园区内部临时定位系统拓扑图。在出入口配备门禁系统，需要集成补光灯设计，并采用闪光拍摄方式的高清高速摄像机。这样可以自动捕获出入库车辆的前部特征图像，并自动识别车牌号码，同时记录车辆的前部全景图像。这些图像将作为园区内车辆管理识别的依据。车载终端由 RFID 芯片及 RFID 天线、北斗模块及北斗天线、移动网络通信模块组成。定位信息支撑系统包含北斗地基增强站、移动通信基站、RFID 识读基站等。北斗地基增强站实时提供北斗区域伪距差分信号，辅助北斗模块完成高精度定位；移动通信基站辅助完成车载终端信息回传；RFID 识读基站安装在道路卡口的龙门架上，完成卡口车辆数据的读取。后台由系统架构数据中心和处理平台构成，汇入大数据处理系统，并进行危化品车辆的全程预测预警。图 10-12 是园区车辆出入口危化品车辆门禁信息采集示意图。图 10-13 是危化品车辆园区内高分影像地图实时定位。

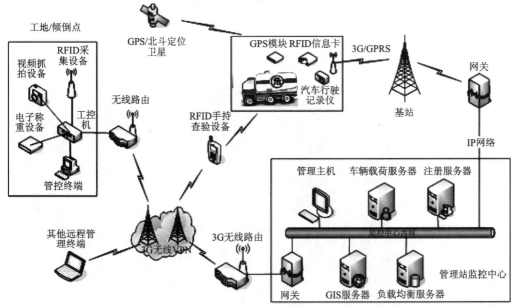

图 10-11　危化品车辆园区内部临时定位系统拓扑图

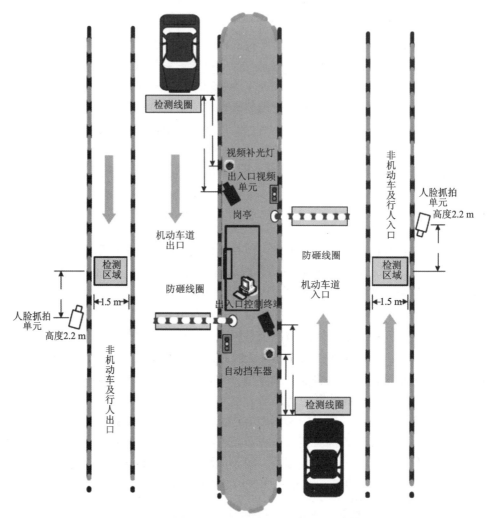

图 10-12　园区车辆出入口危化品车辆门禁信息采集示意图

图 10-13　危化品车辆园区内高分影像地图实时定位

支持视频和抓拍图片的独立配置字符叠加功能；通过集成多帧车牌识别技术，有效提高车牌识别率；抓拍帧采用 JPEG 编码，可根据需要设置图片质量和文件大小；系统支持同步闪光灯 1 路输出，以及频闪 1 路输出；触发方式包括视频和线圈两种方式，并支持故障自动切换功能；此外，还支持高清 DC 电动光圈控制功能，以满足白天和夜间的抓拍要求；系统也支持机动车抓拍、车牌识别功能，以及车身颜色识别功能。

3）车辆跟踪监控系统功能实现

车辆跟踪监控系统利用园区监控资源对特定危化品车辆进行跟踪，实时显示该车辆状态。该系统依托园区现有视频监控中心进行升级，加载 GIS 图形工作站，为车辆提供导航，同时为监控中心确定车辆方位提供电子地图支持。此外，系统还能辅助规划线路、选择最短或最优路径，并实现地图的缩放、漫游等操作，以及地理和空间分析等功能。

4）车辆特征识别系统功能实现

车辆特征识别系统主要在园区视频监控系统上进行升级，增加针对危化品车辆的车型、颜色、标志、驾乘人员等进行视频特征识别，用于车牌遮挡时辨别目标车辆。本方案采用公安部第三研究所自主研制的危化品车辆特征识别技术，主要包括：车辆图像识别，可实现车的类型、车牌号码等明显特征的快速准备识别；局部特征识别，实现针对关注的个性化特征，如遮阳板、安全带、年检标志、摆饰、撞损等。图 10-14 是危化品车辆标志识别示意图。

图 10-14　危化品车辆标志识别示意图

5）车辆行驶状态检测功能实现

危化品车辆进入园区后，通过监控系统、车载定位终端对车辆行驶状态进行实时监测、评估，利用预警模型进行研判，并给出结果提示。监控系统主要报警的状态包括超速、越界（擅闯禁区）、异常停留。车辆行驶状态检测功能如图 10-15 所示。

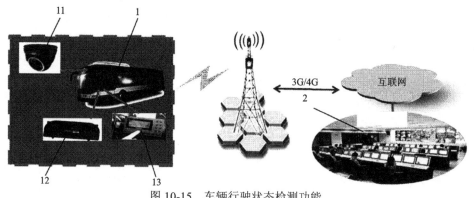

图 10-15　车辆行驶状态检测功能

1—管控车辆；11—车载监控设备；12—车载预警系统；13—车载超速预警；2—园区调度系统

技术参数如下：越界报警功能允许园区管理员设定危化品车辆的行驶范围或路线。一旦车辆超出设定的界限或线路，车载设备将自动向客户服务中心发送越界报警信息，中心会立即对车辆进行实时跟踪。监控人员可以通过短消息或语音通知司机返回规定路线。超速报警功能允许针对不同路段和车辆类型设定速度限制。当司机的车速超过限定值时，车载系统将自动向园区管理员发送报警信息，管理员可通过调度系统提醒司机减速。异常停留报警功能允许在园区内设置禁停区域。当危化品车辆停留在禁停区时，系统将根据车载终端的位置向园区管理员发送警报，管理员可以通过调度系统提醒司机立即驶离。

6）车辆集中停放系统

危化品车辆集中停放系统建设是石化园区开展的重点建设工程，主要对接停放区的视频监控、RFID+北斗/GPS 等数据，用于停车场车辆统计、停放区异常事件预警等。

10.2.3　重点部位管理

汇聚卫星遥感数据、无人机航拍数据、视频监控数据、公网舆论信息、人员上网数据等数据，建设周界报警系统，利用危化品存储重要部位异常检测技术，构建风险预警模型，实现园区内重点部位管理。

1. 重点部位周界管理系统设计

园区周界管理系统主要包括陆地周界管理系统、海域周界管理系统和入侵目标识别系统。

（1）陆地周界管理系统：石化工业园区是易燃易爆场所，应尽量避免采用高压带电的设备，多采用被动检测设备。采用光纤周界入侵报警系统，即以光纤振动传感技术为核心，采用光纤（缆）作为传感传输二合一的器件，实时、持续的采集各种扰动数据，通过后端分析处理和智能识别，辨别出不同类型的外部干扰，并可搭配多类传感监测设备协同工作，构建立体防护网络体系，从而有效预警监测侵入设防区域周界的威胁行为。

（2）入侵目标识别系统：光纤周界入侵报警系统能够有效监测常见的各种入侵行为，如攀爬、破坏围栏等，还能够排除非入侵行为，如人的动物停落触碰、风吹等。海域周界管理系统能够在全天候条件下发现目标并进行识别，结合外部信息判断是否是异常目标或非法入侵目标，并对异常目标进行跟踪。

2. 园区安全管理系统功能实现

1）周界管理系统

石化园区新建的周界报警系统需要满足常规的安全防范之外，还需要对园区事故预防、入侵信号识别、入侵定位、安全生产等提供保障。面对这种大范围周界安防的需求，传统的周界安防解决方案（如视频监控、微波对射、泄漏电缆、红外对射、振动电缆等）无法准确识别危险地点，也无法及时采取制止措施。因此，新建的周界报警系统必须具备对各种入侵事件的及时识别响应能力，同时需要具备长距离监控、高精度定位、低能源依赖性、高环境耐受性、抗电磁干扰和抗腐蚀等特性。基于这些需求，采用全光纤周界监控报警技术为主，辅以视频监控和其他报警技术的集成方案。周界管理功能示意图如图 10-16 所示。

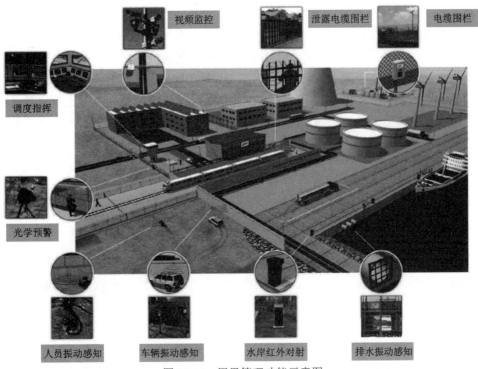

图 10-16　周界管理功能示意图

全光纤周界监控预警系统是一种基于激光、光纤传感和光通信等技术构建的新型系统，旨在应用分布式光纤传感技术实现周界监控防护。该系统利用单根光纤（光缆）作为传感传输器件，通过直接触及光纤（缆）或经由承载物传递给光纤（缆）的各种扰动，进行持续实时监控。采集的扰动数据经过后端分析处理和智能识别，可判断出不同的外部干扰类型，如攀爬铁丝网、按压围墙、禁行区域奔跑或行走，以及可能威胁周界建筑物的机械施工等。系统可实现预警或实时告警，有效监测侵入设防区域周界的威胁行为。为了精确定位，只需获取光纤的准确长度，然后根据现场情况将光纤长度距离转换为实际距离，可在报警信息中提供准确可靠的定位精度，实现远距离安全保障系统的定位报警功能。

电子围栏周界报警系统包括电子围栏主机和前端探测围栏。电子围栏主机负责产生和接收高压脉冲信号，在前端探测围栏出现触网、短路、断路等状态时发出报警信号，并将入侵信号发送至安全报警中心。前端探测围栏由杆和金属导线等组成，形成有形周界，可实现多级联网。电子围栏采用主动入侵防越技术，可延迟入侵时间，对人体无生命威胁。围栏本身作为有形屏障，若设置适当的高度和角度，难以攀越；一旦强行突破，主机即刻发出报警信号。该系统通常安装在远离生产区的安全地带或出入口处。

监控系统同前文所述，此处不再赘述。

2）入侵目标识别系统

入侵目标识别是在周界入侵报警系统建设完成后，进行信号采集，根据园区特定的环境进行优化后运行。对于陆地周界入侵目标识别，主要依据入侵信号和环境振动信号在小波尺度上方差幅值的分布特征，利用小波多尺度分析理论构建特征向量，其中包括各尺度下的方差，进而识别不同尺度下的振动信号。这种方法在超过 30 km 的距离上有效区分入侵信号、环境噪声和非入侵事件，从而提高了检测概率并降低了虚警率。至于电子围栏入侵目标识别，则主要依赖于主机产生和接收高压脉冲信号，通过分析脉冲信号，可以确定入侵目标的位置和大小。对于海域周界入侵目标识别，则主要依赖雷达信号处理和光电探测信号处理。雷达信号处理方面，采用发生波能量密度来区分船舶目标和海杂波、地杂波以及电离层干扰信号。光电探测图像目标识别方面，则采用视频图像处理方法和图像色温对比进行目标提取和识别。

10.2.4　火灾烟雾检测

汇聚烟雾温度检测数据、油气泄露检测数据、区域异常人车数据、视频监控数据等，研究早期火灾烟雾检测技术，建立易燃易爆目标事故预防系统，实现易燃易爆事故的早期预防与风险警示。

建设视频监控系统可以实时查看现场监控视频监测火灾，但视频监控系统规模较大，完全依赖人工查看，工作强度高，漏查误判发生频繁。

采用智能化手段，对监控视频进行实时分析，以识别火灾，并与相关火警报警系统联动。同时，系统将推送预警信息，并自动拨打电话通知相关人员，确保在火灾初期能够快速响应。系统能够通过多种方式查找和确认火源，并在火情蔓延之前将其扑灭。

在重点区域架设红外摄像头，通过红外图像识别明火；同时火警前端、监控中心自动触发声光报警、识别明火事件后电话提醒值岗人员进行二次人工确认，人工确认之后，预警信息短信推送给执勤保安和消防管理部门，同时与火警报警系统进行联动提醒。监控中心大屏自动弹出警情视频窗口。

1. 红外探头监测

在火灾易发生的重点关注区域架设烟火识别红外高清摄像头，实时识别监控现场的火灾并将信息推送给消防预警系统。

2. 明火图像识别

实时检测接入的点位视频中监控图像帧是否出现明火，检测到明火则推送报警信息（时间、点位和现场图像），如图 10-17 所示。在已有模型的基础上，采集企业接入点位视频监控图像进行算法优化，减少与明火相似的背景的误报。

图 10-17 明火检测

3. 预警信息联动

红外探头识别明火和监控探头识别明火事件后用电话提醒值岗人员进行人工二次确认之后，预警信息短信推送给执勤保安和消防管理部门，同时联动园区的声、光、电火警报警系统进行现场提醒。

10.3 危化品监管应用平台

10.3.1 重大危险源备案子系统

重大危险源备案通过对重点行业的重大危险源辨识、登记建档、安全评估、备案申报及审核，统计分析重大危险源的种类、数量、地理分布等情况，为重大危险源的监测预警提供基础数据支撑。图 10-18 为重大危险源备案流程。

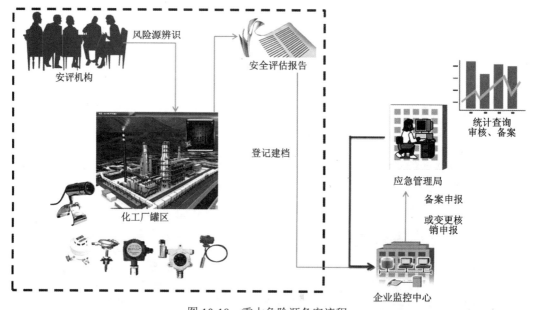

图 10-18　重大危险源备案流程

重大危险源备案子系统主要包括重大危险源备案审核、重大危险源分析和重大危险源报警。

1. 统计分析

需要实现统计分析重大危险源的种类、数量、地理分布等情况，为风险的监测预警提供基础数据支撑。

2. 重大危险源备案审核

重大危险源备案审核包括企业端和政府端。

（1）企业端主要实现重大危险源智能辨识、登记建档、安全评估、审核备案、核销与变更报告等功能。

（2）政府端实现审核备案、监督管理和危险源定位等功能，满足应急管理局针对企业提交备案材料、核销申请、变更报告进行审核，对需要核销的重大危险源进行核销审核，以及通知公告、备案查询、备案统计等日常监督管理。

3. 重大危险源分析

（1）重大危险源级别占比分析：通过统计市级系统分析全市范围的重大危险源和县（市、区）级系统分析所辖区域的重大危险源，得出重大危险源级别的数量和占比。

（2）重大危险源可能引发事故类型占比分析：通过统计市级系统分析全市范围的重大危险源和县（市、区）级系统分析所辖区域的重大危险源，得出重大危险源可能引发事故类型的数量和占比，事故类型为火灾、爆炸、中毒三种。

（3）重大危险源逐年变化趋势：通过统计市级系统分析全市范围情况和县（市、区）级系统分析所辖区域情况，得到重大危险源逐年变化趋势，包括整体数量、级别占比和可能引发事故类型占比变化趋势。

（4）重大危险源可能引发事故死亡人数分类统计：将死亡人数分为四个级别，即0～9人、10～29人、30～99人、100人以上，按事故死亡人数分类统计化工和危险化学品安全事故的逐年变化趋势。

（5）重大危险源"一张图"：开展重大危险源空间定位，实现全市重大危险源"一张图"，开展重大危险源区域分布分析，通过统计重大危险源级别和可能引发事故类型的区域分布情况，包括市级系统分析全市范围内分布情况和县（市、区）级系统分析所辖区域的分布情况。得出"一张图"融合重大危险源报警分析结果。

4. 重大危险源报警

（1）报警区域统计：根据不同范围进行统计重大危险源报警的区域分布情况，以满足不同层级监控中心的监管需求。

（2）报警季节统计：统计报警在不同季节的分布情况，包括报警总量的季节分布以及各设备报警的季节分布，以探索报警与季节之间的关系。同时，可对报警在一天中的分布情况进行统计。

（3）报警行业统计：按行业分类（如某区域的精细化工、石油化工、煤化工等），统计报警的季节变化趋势，分析各行业安全报警与季节之间的关系。

（4）报警设备类型统计：根据设备类型（视频摄像头、压力传感器、温度传感器、液位传感器、气体浓度传感器），统计报警情况。既可以统计历史总量信息，也可以实时监控变化情况。

10.3.2 监测指标管理子系统

1. 监测指标管理

（1）对重点行业重大危险源的监测指标进行分级分类、关联和更新。

（2）监测指标按照重大危险源的行业、对象、风险等实行分类分级。

（3）监测对象包括煤矿、金属非金属矿山、危险化学品、重点工业企业各类重大危险源。

（4）根据重大危险源监测对象、监测目的或者风险级别等划分监测标准，形成分类数据。

（5）制定监测对象状态变化的阈值，按照监测对象的阈值划定分级标准，形成分级指标。

（6）监测数据和指标的分级分类由应急管理部门组织相关专家、评估机构、企业代表进行审核确定。

2. 报警数据

危化品行业中的相关报警指标分级如表10-1所示。

表 10-1 危化品行业报警分类

企业类型	监测数据类型	报警数据分级
危化品生产企业	视频	➢ 一般
	浓度	➢ 一般严重
	温度	➢ 较严重
加油站	视频	➢ 严重
	液位	➢ 特别严重
油库	图像	（其中一般严重须向企业报警；较严重、严重须同时向区域报警；特别严重须直接向市局报警，同时向区域报警）
	可燃气体浓度	
	油罐罐壁温度	
	油罐压力	
	液位	
危化品仓库	感烟探测	
	可燃气体监测	
	视频	

3. 预警数据

预警数据分级分类管理是对报警数据中所重点关注的监测信息的管理，包括设定预警点、设定预警数据等。其中，对符合以下条件的报警数据，需要产生预警信息（目前假定按以下条件产生预警信息）。

（1）可能发生的死亡人数超过一定人数；

（2）同一监测点在一定时间内连续一定次数报警；

（3）同一企业在多个生产环节出现报警；

（4）报警状态长时间没有被关闭。

对于产生的预警信息将根据确定的预警级别进行处理。举例：假设条件 1 中的不可能造成伤亡的条件不会产生预警信息，而死亡人数 1 人以下会产生 IV 级预警、2 人以下会产生 III 级预警、3 人以下会产生 II 级预警、4 人以上会产生 I 级预警。

在应急处置过程中，对突发事件所影响的范围、后果、次生灾害进行预警，根据预测分析结果，对可能发生和可以预警的突发事件进行预警，预警级别依据突发事件可能造成的危害程度、紧急程度和发展态势，由高到低划分为 I 级（特别严重）、II 级（严重）、III 级（较重）及 IV 级（一般）四个级别，并依次用红色、橙色、黄色和蓝色表示，如表 10-2 所示。

表 10-2 危化品行业预警对象表

预警对象	预警级别/类型	预警内容	发布/解除预警单位	预警响应
危险化学品事故	蓝色预警等级	危险化学品发生少量泄漏或在生产、经营、储存、运输、使用和废弃处置等过程中发生的火灾事故或爆炸事故，危险化学品尚未发生扩散，不会造成社会影响	由市生产安全事故应急指挥部办公室或区域政府发布和解除，并报市应急办备案	市生产安全事故应急指挥部办公室及事发地区域生产安全事故应急指挥部办公室相关人员到岗，确保通信畅通，通知危险化学品事故应急救援队伍原地待命

预警对象	预警级别/类型	预警内容	发布/解除预警单位	预警响应
危险化学品事故	黄色预警等级	危险化学品发生一定量泄漏或在生产、经营、储存、运输、使用和废弃处置等过程中发生的火灾事故或爆炸事故，危险化学品发生扩散，由于扩散距离较近，不会影响到周边居民，可能造成一定社会影响	由市生产安全事故应急指挥部办公室或区域政府发布和解除，并报市应急办备案	在蓝色预警响应的基础上，市生产安全事故应急指挥部通知危险化学品事故应急救援队伍赶赴现场，调运事发地区域危险化学品事故应急救援物资到现场 告知附近居民周边发生危险化学品事故，但是事故暂时不会影响到居民的正常生活，做好万一事故扩大时的疏散准备
	橙色预警等级	危险化学品发生较大量泄漏或在生产、经营、储存、运输、使用和废弃处置等过程中发生的火灾事故或爆炸事故，危险化学品发生扩散，可能影响到周边一定范围内的居民，可能造成较大社会影响	由市生产安全事故应急指挥部办公室提出预警建议，报市应急办，经指挥部总指挥批准后，由市应急办或授权市生产安全事故应急指挥部办公室发布和解除	在黄色预警响应的基础上，市生产安全事故应急指挥部通知相邻区域危险化学品物资储备库做好准备 组织附近可能受到影响的居民立即进行疏散
	红色预警等级	危险化学品发生大量泄漏或在生产、经营、储存、运输、使用和废弃处置等过程中发生的火灾事故或爆炸事故，危险化学品发生扩散，可能影响到周边较大范围内的居民，可能造成重大社会影响	由市生产安全事故应急指挥部办公室提出预警建议，报市应急办，经市应急委主要领导批准后，由市应急办或授权市生产安全事故应急指挥部办公室发布和解除	在橙色预警响应的基础上，市生产安全事故应急指挥部及时调运相邻区域危险化学品事故应急救援物资到现场 组织周边居民迅速进行疏散

10.3.3 危化品园区（企业）监管系统

1. 系统概述

该系统同已经开发应用的危化品园区/企业监管系统互联互通，统一展示、调度、管理危化品行业的应急资源和业务。

危化品园区（企业）可利用安全监控子系统、安全预警子系统和安全管理子系统实现本企业的安全管理。

1）安全监控子系统

安全参数监控：监控特定区域、特定设备的安全参数和安全报警情况。
视频监控：监控特定区域、特定摄像头的实时和历史监控录像。

2）安全预警子系统

基于企业的重大危险源、报警信息和安全参数进行分析预警，分析主题和分析模型与县（市、区）级预警系统一致，预警子系统应按照相关规定存储某个时间段的报警信息和安全参数信息，并支持具体分析和大数据统计挖掘。具体的报警指标阈值可根据区域情况进行调整。

3）安全管理子系统

在线监控预警监管：根据重大危险源在线监控预警工作管理需求，提供在线监控预警系统隐患排查活动、隐患监控、隐患整改通知、隐患整改报告、隐患治理项目等功能。

报警处置：根据报警处置需求，提供信息查看、情况核实、预案处置、报告生成等功能。

任务管理：提供任务下达和任务报告功能，满足监管用户和企业的工作沟通需要。

4）企业数据采集系统

通过设置数据采集系统，企业实现了对现场设备数据的采集、过滤和集成等功能。该系统能够读取安全监控装置所记录的压力、液位、温度、可燃气体和有毒气体等安全参数以及报警数据，并实现对视频信息的读取和视频摄像头的控制。

数据采集系统是一款高性能服务器，由高性能硬件和智能数据采集软件共同组成。

（1）硬件部分。具备双处理器板，支持冗余备份。任意一个板卡故障时，另一个板卡可自动接替。

双路冗余供电，保证供电可靠性；双电源应互为热备份，单路电源输出能力大于1.5 kW，并有足够的负载能力储备。

整个系统可通过扩展 CPU 实现处理能力提升。

在上联通信中断 24 h 以内，可将采集、处理后的数据存储；当通信恢复后，数据可上传到上级中心设备。

应采用模块化设计，方便维护；硬件平台关键部件（单板、风机等）应采用现场更换单元（FRU）进行设计。

应采用可扩展机框管理单元，通过 IPMI 总线完成插箱内各节点板及风机的控制和管理。

应具备 USB 接口，并支持加密卡。

（2）软件部分。在通信协议方面，系统应当内置数据接口引擎，以兼容主流的数据接口和中间件，包括但不限于 OPC、RS232、RS485、ODBC、JDBC、COM、DCOM、COM+、EJB 等，从而最大限度地扩展系统的集成能力。另外，系统还应嵌入专业的数据过滤软件，以便过滤掉无效的信息，提高数据处理的效率和准确性。

为了节约建设成本，在满足上述技术要求的前提下，根据采集数据量、并发量、转发视频等业务对处理器、内存和存储的要求，企业配置高、中、低三档数据采集系统。

2. 应用平台级接入模式

如图 10-19 所示，在企业端增加安全生产数据采集服务器，利用数据接入软的 WebService 接口，由企业对自有安全生产监管系统进行升级改造，将安全生产数据报送至数据库表或相应文件中，再由物联数据采集平台进行编码赋码和定时转发。此种方式适用于大中型企业，其安全生产监管信息化水平较高，企业通过成熟的 Web 业务系统对生产流程进行监管。

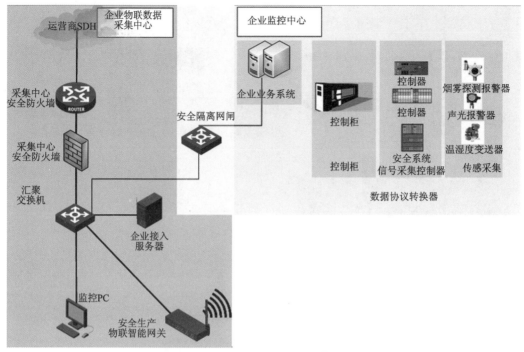

图 10-19　应用平台级接入模式

SDH 为同步数字系列（synchronous digital hieiarchy）

利用数据交换汇总平台，与企业已有系统对接，通过数据格式定义、数据配置等工作实现数据的采集和交换。

数据交换汇总平台提供对数据采集的接口，对前端企业安全生产数据的统一编码工作，实现统一的物联网数据接口标准。基于 XML 等多种方式实现数据共享交换；采用公钥数据安全技术实现数据的加密传输；支持的网络传输协议和数据接口有 CAN、485、232、Modbus 等多种现场总线接入协议转换。

采用应用平台接入模式的企业，实际上实现的是应用层对接，不直接面对企业工控生产网络，只要保障与企业应用系统的安全隔离和防护即可。此种模式下，只需利用防火墙与企业内部局域网进行隔离，通过安全策略配置实现数据的安全传输。

3. 分散控制系统对接模式

如图 10-20 所示，利用安全隔离网关实现安全隔离，在企业配合下，利用数据接入软件，从企业分散控制系统获取重大危险源监控传感数据，通过物联数据采集平台软件定时编码发送至上级平台。此种模式适用于大中型企业，其传感数据基本全部汇聚至中控室，通过 DCS 系统管理、控制整个生产环节和流程。

在 DCS 对接模式下，通过采用安全隔离网闸方式，实现采集端和企业工业控制网络的安全隔离。

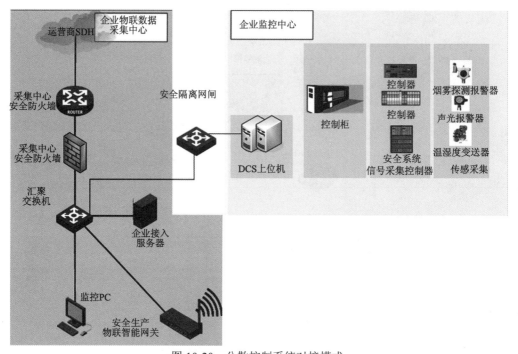

图 10-20　分散控制系统对接模式

DCS 为分布式控制系统（distributed control system）

4. 前端控制柜接入模式

如图 10-21 所示，通过安全栅、数据协议转换器等，将汇聚至控制柜的传感数据分一路至物联网关，经过编码后上传至上级平台。此种模式适用于中小型企业，企业端生

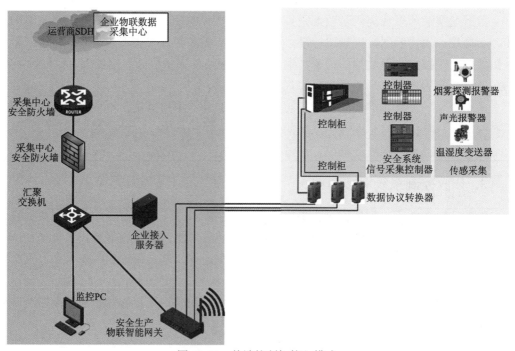

图 10-21　前端控制柜接入模式

产过程或者贮存区的状态检测传感数据都已经汇聚至企业监控室控制柜，通过模拟或者数字仪表进行实时监测、控制。通过安全栅、数据协议转换器等，将传感数据分出一路来接入物联网关，上传至县（市、区）级平台。

此种模式下，由于利用 I/O 模块，实现企业已有信号的分路输出，安全生产物联智能网关只被动接收数据，且信号传输方向不可逆，不存在原有系统的交互，不存在传输过程中的安全问题。

5. 物联网关直接接入模式

如图 10-22 所示，风险监测点的传感器直接通过串口数据线、网线或者无线方式，直接与安全生产物联智能网关连接，传感数据通过物联网关采集并进行编码后通过主干网络上传至上级平台。此种方式适用于小型企业，其企业端新建或已有的传感器与外界无信号传输、未接入中控室，平常只能通过人工巡检方式查看、记录数据。通过改造，以有线或无线方式将传感器数据接入物联数据网关，共享给企业监控，上传至上级监管平台。

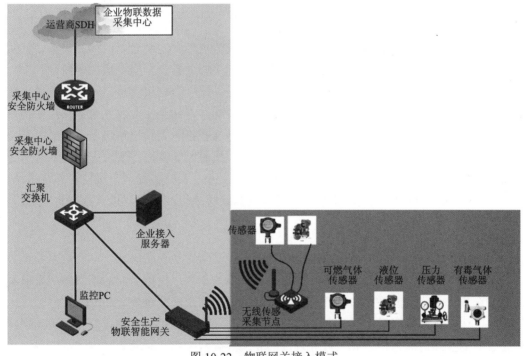

图 10-22　物联网关接入模式

此种模式下，直接与前端具备二次数据生产功能的仪表通信，不与企业生产系统关联。

6. 跨区大型集团企业监管模式

大型集团企业的安全生产监控系统及配套信息化建设一般较为完善，均建有较为完善的企业监控中心并开发部署了集团级的综合监控平台，基本实现了其下属分支机构监控物联数据和视频的汇聚。因此，大型集团企业采用直接从企业监控中心应用平台和视频管理平台接入监控物联数据和视频的方式，其架构如图 10-23 所示。

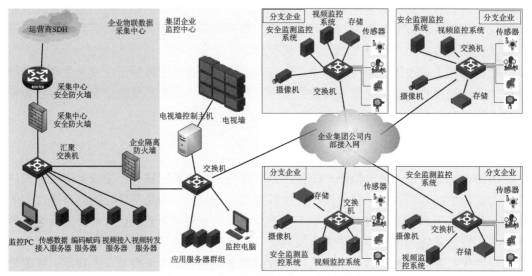

图 10-23　跨区集团的企业级平台架构图

1）安全生产物联数据和视频接入的组成部分

（1）企业安全生产传感数据采集。企业在其风险点部署安装必要的感知设备，并实时、定时采集监控现场物联数据和视频至企业数据中心并整合至企业监控系统。

（2）企业安全生产感知物联数据对接。系统提供统一数据接收接口和标准，要求企业对其监控平台进行升级，将物联数据通过接口发送并存储至企业物联数据采集的传感数据接入服务器，并通过物联数据编码赋码服务器加密打包上传至市级监管预警系统。

（3）企业已有安全生产视频监控系统的对接。按照监管需求，要求企业提供其图像平台接口程序 SDK，通过视频接口，接入企业视频，并可实时转发至市级监管预警系统。

（4）网络接入和数据传输。安全生产物联数据经交换机和路由器接入数据传输链路，上传至市级监管预警系统。

2）安全生产物联数据采集和汇聚方式

由于区内企业的自身安全生产监控建设水平参差不齐，根据企业的不同情况采取不同的安全生产物联数据采集和汇聚方式，主要由以下几个部分组成。

（1）传感物联数据采集。各企业对其风险点、危险源监控的管理方式有较大差别。根据企业的实际情况和相关安全管理规范的要求，有两大类不同的处理方式：一是对于已通过工控系统汇聚监控数据的企业，可采用从控制柜直接连接或 DCS 系统对接采集的方式采集数据；二是对于尚未汇聚监控数据的企业，可采用加装物联网关并通过有线、无线两种方式采集企业物联传感数据：传感数据有线汇聚的方式通过数据传输线，直接从传感器输出分一路有线传输至安全生产智能物联网关；传感数据无线传输的方式利用无线传感采集节点，在监测点仪器、仪表端采集数据，无线方式中继传输至安全生产物联智能网关。

（2）视频图像数据采集。当前，区内企业已根据安全生产规范的有关要求建设了部分视频监控系统。对于尚未建设较为完善的视频图像平台的区内企业，根据企业的实际情况和相关安全管理规范的要求，采取两种方式采集视频图像数据：一是根据市、区两级安全生产监督的实际需要和相关安全生产管理规范的要求，在企业重大危险源的补充新建立视频监控摄像头。利用视频分配设备将新建摄像头的一路图像传给企业已有监控系统，纳入企业自由监控体系，另一路传至企业物联网监控中心，通过编码器在本地编码和存储；二是将企业原有视频监控直接通过视频分配设备接入区域应急管理局。

（3）危险源（区）外围应急视频监控。为了实现企业的安全生产监管以及企业事故发生时的应急管理，需要在部分危化生产和经营企业的重大危险源外围架设应急视频监控设备并配备应急电源，通过单独线路直接传至区域平台，避免重大事发生时企业传输、供电等发生故障而无法掌握现场情况，为应急决策提供支撑。

（4）网络接入和数据传输。安全生产监控的物联数据和视频图像经交换机和路由器接入数据传输链路，上传至监管部门。

10.3.4 可视化展示子系统

可视化展示子系统作为危化品监管平台的重要组成部分，主要用于展示危化品行业前端视频监控图像、视频会议图像、电子地图和报警信息等各系统的视频信息。该系统能够将监控实时视频、历史回放视频、视频会议图像、GIS 地图和三维地图等内容显示在大屏幕上，实现信息的直观展示和有效传达。

1. 可视化大屏环境

大屏幕显示系统充分采用现代计算机通信技术与信息综合决策的先进技术，能够实现计算机信号、视频信号、报警信号的综合显示。用户可以通过大屏幕显示系统，轻松实现各个系统的信息实时、直观、全方位的集中显示，使得监控指挥、视频会议等能够"准确、快速、可靠、实用、系统化"地进行实况播出。可以对显示信息进行智能化管理，例如，各系统信息可根据需要以任意大小、任意位置和任意组合进行显示，便于指挥中枢准确、实时、全面地观看和掌握各方面信息，从而做出正确的决策，极大地提高了指挥调度决策的效率，增强了各信息显示的直观性和可操作性。

如图 10-24 所示，大屏幕显示系统主要包括信号源部分、传输部分、信号处理部分、显示单元部分和信号传输路线。进入显示系统后，可以根据用户指定的显示方式，将来自各席位的桌面计算机信号、视频监控信号、视频会议信号和报警信号，经过信号处理系统、信号传输系统与管理系统后，进入显示系统，在大屏幕墙上呈现给监控中心值班人员。

交换机、视音频交换处理设备组成了网络传输系统，共同形成整个系统的数据传输媒介。为系统数据传输和交换提供稳定、高速、安全、完整的保障。

如图 10-24 所示，视频综合平台、控制键盘、管理电脑以及 LED 屏控制器等组成了解码拼控系统。视频综合平台负责信号源接入、视频解码、大屏拼接和控制等功能，控制键盘用于实现大屏的切换和上墙控制，LED 屏控制器则负责驱动 LED 屏显示，并与控制电脑实时同步更新案事件信息数据。控制电脑通过软件实现对整个大屏幕墙的内容、显示窗口和显示时间等的控制。

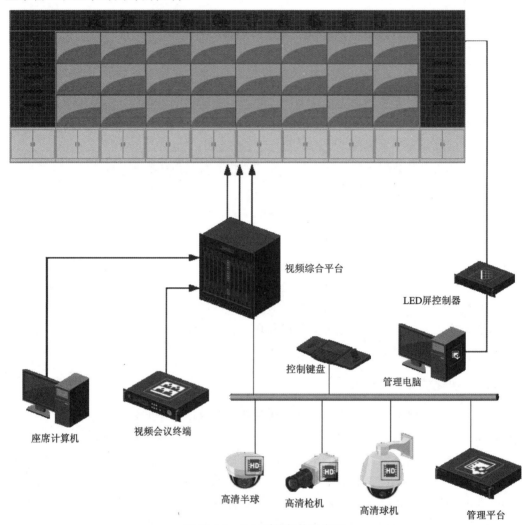

图 10-24　显示系统架构示意图

　　显示系统采用 LCD 大屏幕，主要用于承载整个系统的信息集合和画面显示功能。它能够将各种数据和信息以用户定制的方式清晰地展示出来，为用户提供良好的观看体验。

2. 总体信息可视化

　　该本部分旨在应用电子大屏可视化展现涉及危化品的各要素总体信息，包括危化品园区、从业单位、仓储库、运输车辆、报警信息等。

　　（1）地理信息"一张图"。根据危化品管理要求形成全市 GIS 基础图层，标识基础的道路、地下管道、建筑、门牌、坐标体系等。

　　（2）各要素撒点和信息关联。涉及危化品的各要素信息需要在 GIS 图上进行位置撒点，并形成要素间的关联便于关联查阅。

（3）现场三维建筑展示。用于展现危化品的实时位置，间接通过危化品所在仓储库或运输车辆的位置在 GIS 图上撒点标示并展现三维建筑展示。

（4）周边重点场所提醒。图上标出事故发生地，并可在其周边标出重点场所，如加油站、学校、商场等，展示可能的影响半径。

（5）应急处置预演展示。针对不同类型的应急处置事件，以动画形式在三维建筑模型中展示如何有效进行应急处置相关操作。

（6）统计图表调阅。设立常用统计分析样例，系统后台计算后在电子大屏上以图表方式进行直观展示。例如图 10-25 的驾驶行为统计信息展示。

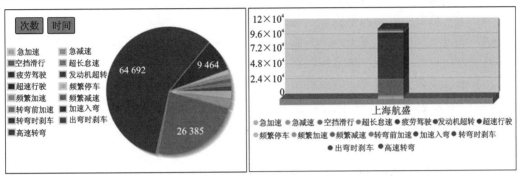

（a）驾驶行为分布图（汇总）　　　　　（b）驾驶行为累计图（次数）

图 10-25　统计信息展示

3. 应急资源可视化

该部分旨在实现监测预警和指挥救援资源的可视化呈现和查询功能。

1）资源上图

基于 GIS 平台，将危化品行业应急监管相关的所有感知资源，如地图资源、视频监控资源、视频会议资源、通信终端资源、卫星资源、无人机资源、低慢小飞行器防控资源、地基应急通信资源、网络状态感知资源、温度/湿度/压力/气体浓度传感资源，按照不同的图层叠加显示在地图上，详细标明和显示资源的地理位置、数量、名称、所属单位和工作状态等属性参数。

基于 GIS 平台，将危化品行业指挥救援相关的所有救援资源分布，如医疗资源、消防资源、大型场馆资源等、按照不同的图层叠加显示在地图上，详细标明和显示资源的地理位置、数量、名称、所属单位和工作状态等属性参数。

2）资源统计

按照资源的数量、属性、类别、状态、地域等条件对应急资源进行统计分析，形成不同形态的统计图，可视化展示。

3）资源搜索

按照时间、地点、状态、距离等查找条件，搜索相关资源，并将搜索结果显示在地图上。

4）资源访问

该部分旨在实现应急监测预警和指挥救援资源的访问和呈现功能。

（1）视频监控：①单路视频实时播放和保存；②多路视频实时播放和保存；③历史视频查询、播放和保存；④多路视频编组；⑤视频一键上墙。

（2）视频会议：①历史会议视频查询、播放和保存；②一键上墙；③通信终端；④历史音频查询、播放和保存。

（3）卫星资源：①过境卫星运行状态显示；②卫星过境时间和属性查询；③卫星历史过境影像查询、保存和叠加。

（4）无人机资源：无人机状态、属性查询。

（5）低慢小飞行器防控资源：①低慢小飞行器防控实时数据展示和保存；②低慢小飞行器防控历史数据查询、展示和保存。

（6）地基应急通信资源：应急通信资源状态、属性查询。

（7）网络状态感知资源：网络状态节点实时数据访问和展示。

（8）温度/湿度/压力/气体浓度传感资源：传感器节点实时数据访问和展示。

10.3.5　监测预警子系统

监测预警业务是对重大危险源的监测、预警、报警进行配置、分析和管理的业务。其实现需要通过以下环节：对重大危险源的监测指标进行分级分类管理、监测信息的管理和预测预警、报警处置的分析和跟踪督查、预警信息的发布和预警响应等，如图 10-26 和图 10-27 所示。

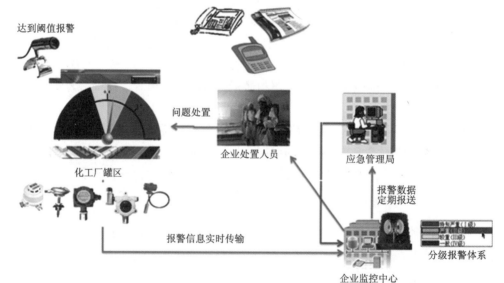

图 10-26　以危险化学品为例的重大危险源应用场景图（达到阈值报警）

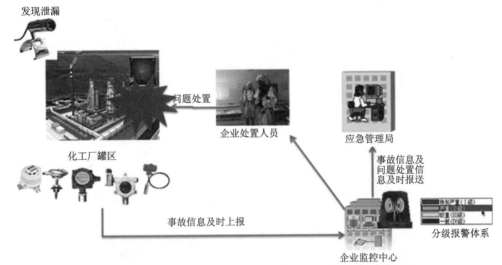

发现泄漏

问题处置

企业处置人员

化工厂罐区

应急管理局

事故信息及问题处置信息及时报送

事故信息及时上报

企业监控中心

分级报警体系

图 10-27 以危险化学品为例的重大危险源应用场景图（发生泄漏的情况下）

监测预警子系统是危化品监管平台的重要组成部分，主要围绕危化品行业的监测指标，通过全域感知技术和手段获取危化品行业涉及的危化品原材料仓储、危化品生产、危化品运输、危化品存储、危化品销售等各个环节的数据，应用视频结构化描述和大数据分析技术对数据进行分析和管理，深度挖掘潜在的行业风险点，为监测预警辅助决策提供信息支撑。

监测预警子系统功能包括安全监控子系统、预警子系统、安全管理子系统。

1. 安全监控子系统

1) 安全参数监控

监控特定企业、特定区域、特定设备的安全报警情况。

市监控中心可通过授权访问县（市、区）级监控平台，在事故状态下了解企业情况。

2) 视频监控

监控特定企业、特定区域、特定摄像头的实时和历史监控录像，在事故状态下了解企业情况。

3) 监测信息管理与预测预警

基于全域感知技术和手段，对危化品工业企业各类重大危险源进行动态信息监测；采用智能化的事故预测预警分析手段，进行预测预警自动分析和信息提示。当监测数据达到分级指标中报警的范围时，形成报警数据，根据报警级别不同采取对应的风险控制措施；经过各类数据综合智能分析，达到预设的预警条件后，按照预设的流程进入风险预警流程处理；所有的报警数据及处理过程信息需要长期保存供综合分析用。

（1）原料生产数据监管。通过传感器技术，实时对生产全程的工艺和过程监控，包括原料使用、环境、温湿度、水、土壤粉尘、排污等数据的采集与分析，政府监管部门可以掌握危化品生产中的实时、真实数据，如图 10-28 所示。

图 10-28　数据监测传感器

（2）成品仓储数据监管。通过生产环节传感器自动分析，以及危化品成品数量采集，动态显示危化品成品的存储地点、类型、数量以及运输时间、地点等信息，并能根据大数据形成热点分析图，如图 10-29 所示，便于政府监管部门实现对危化品的整体掌控，一旦出现安全事故，能及时处置。

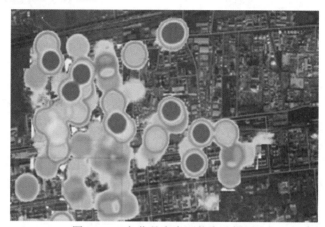

图 10-29　危化品安全源热点分析图

（3）运输全程数据监管。实现危化品运输全程视频监控，包括每辆危化品的位置、状态、可视化现场视频、司机、联系电话，以及运输危化品的品类、数量、运输目的地、救援方案、应急专家库等信息。同时根据运输车辆核准的线路实施动态监控，出现偏离线路、超速、疲劳等安全隐患自动提醒司机调整，设定关键节点，危化品运输未按预定时间到达，自动预警提醒，变原来的事后被动处置为事前主动预警，如图 10-30（a）所示。

（a）运输管理界面

（b）运输过程采集的实时视频

图 10-30　实时视频状态

车载视频传感器中增加了 ADAS、异常驾驶行为识别（DSM）、驾驶员身份识别、盲区识别等驾驶分析模块，通过驾驶大数据分析形成真实的安全驾驶员评判数据，配合从业人员健康大数据系统，筛选优秀驾驶员，确保运输安全，如图 10-30（b）所示。

（4）产品交接数据监管。通过运输车辆、产品交接人、监管人员的唯一身份识别代码（EID），实现危化品交接、安全巡视、路面巡查时的自动身份识别和节点记录，确保交接的真实性，保证数据可追溯。

2. 预警子系统

基于所辖区域的重大危险源、报警信息和安全参数进行分析预警，预警子系统应按照相关规定存储某个时间段的报警信息和安全参数信息，并支持具体分析和大数据统计挖掘。具体的报警指标阈值可根据县（市、区）级情况进行调整。

根据安全生产相关预案中对各级预警指标的规定，对事件预警分级核定，上报领导审批后，由预警的发布机关按预案规定进行发布。预警发布业务分为应急管理部门内部和外部预警信息发布。根据预案中的要求，制定预警响应措施、物资调度等预警响应方案，完成预警响应方案下发，针对预警发布的信息，记录应急管理部门及企业的响应情况。

1）预警信息生成和发布

通过趋势分析，预测可能的次生、衍生事件，并将需要关注的事件信息下发到相关部门，由专业机构或专家进行专业的预测分析并反馈预测结果。参考综合预警分析结果，开展对事件预警的分级核定，并将预警信息上报领导，经过领导审批后、由预警的发布机关进行发布，发布手段可采用短信、网络、电话等，对与企业直接相关的，直接发布给该企业联系人、生产负责人。在对预警动态跟踪过程中，根据相关情况，调整预警级别，预警完全结束后，解除预警发布。

预警发布包括应急管理局内部和外部预警信息发布。内部预警信息是指在应急管理部门、企业产生和发布的预警信息，外部预警信息是指来自气象部门等外部单位的预警信息。

预警信息主要包括可能发生的突发事件的类别、可能影响范围、起始时间、警示事项、预警级别、发布机关和相关措施等。

2）预警信息响应

应急管理部门协调相关专家、评估机构、企业代表，参考预警分析、判断、审核、综合评定工作后的综合预测分析结果，开展对事件预警的分级核定，并根据要求发布预警信息，在对预警动态跟踪过程中，根据相关情况，调整预警级别，预警完全结束后，解除预警发布。

对于四级级别的预警信息，应急管理部门根据预警信息进行分析判断，生产安全事故应急指挥部办公室相关人员到岗，确保通信畅通，通知事故应急救援队伍待命；同时通过电话、短信等方式联系企业安全责任人，向企业下达处理任务，并对事件处置过程进行跟踪，调用查看监测数据。事件处理结束后，记录处理过程，对预警过程进行总结、上报归档。

对于三级级别的预警信息，应急管理部门根据预警信息进行分析判断，通知应急救援队伍赶赴现场，调运事发地区应急救援物资到现场。告知附近街道、企事业单位、居民，但是事故暂时不会影响到居民的正常生活，做好万一事故扩大时的疏散准备；同时通过电话、短信等方式联系企业安全责任人，向企业下达处理任务，并对事件处置过程进行跟踪，调用查看监测数据。事件处理结束后，记录处理过程，对预警过程进行总结、上报归档。

对于二级级别的预警信息，应急管理部门根据事件情况进行分析判断，根据分析判断结果，人工筛选出相关的预警信息，并制定相应的措施，通过电话、短信、信息网络等多种方式通知相关单位做好准备，组织附近可能受到影响的人员立即进行疏散，跟踪预警状态，调用查看监测数据，接收情况反馈结果；在跟踪预警监控过程中，根据预警状态，调整预警级别。事件处理结束后，记录处理过程，对预警过程进行总结、上报归档。

对于一级级别的预警信息，应急管理部门根据事件情况进行分析判断，根据分析判断结果，人工筛选出相关的预警信息，并制定相应的措施，及时调运应急救援物资到现场，组织周边人员迅速进行疏散。事件处理结束后，记录处理过程，对预警过程进行总结、上报归档。

3. 安全管理子系统

1）在线监控预警监管

根据重大危险源在线监控预警工作管理需求，提供在线监控预警系统隐患排查活动、隐患监控、隐患整改通知、隐患整改报告、隐患治理项目等功能。

2）报警处置

该应用提供信息查看、情况核实、预案处置、报告生成等功能。

当某个重大危险源对象的监测数据达到分级指标中报警的范围时，形成报警数据，根据报警的不同级别采取对应的处置措施，形成报警处置数据。重大危险源报警监控由企业负责处理，同时将报警数据和处置信息定期报送至应急管理部门。应急管理部门定期组织专家、企业对报警数据和处置情况进行分析，提出改进措施和建议，修正报警指标体系和监控方案。

3）任务管理

提供任务下达和任务报告功能，满足县（市、区）级用户与上级和企业的工作沟通需要。

（1）消防资源：①展示消防车辆和消防人员数量、位置、属性信息；②展示消防栓等消防设施位置、数量和属性信息；③同消防车和消防人员进行音视频通信，发布指令。

（2）医疗资源：①展示救护车辆和医护人员数量、位置、属性信息；②展示医院等医护设施位置、数量和属性信息；③同救护车和救护人员进行音视频通信，发布指令。

（3）警力资源：①展示警务车辆和警务人员数量、位置、属性信息；②展示道路和区域临时限行信息；③同警务车辆和警务人员进行音视频通信，发布指令。

4. 应急指挥调度系统

这一部分旨在实现指挥救援的扁平化和可视化，通过与地理信息系统、视频监控系统、卫星感知系统、视频会议系统、地基应急通信系统、移动应急平台等深度对接，采用标准化的技术架构，建立具有统一规范和安全保障的应急指挥调度系统。设计上采用扁平化架构，可灵活扩展下级指挥中心和可视接入节点数量，不受传统视频会商接入容量限制的影响，系统最大支持 8 级数字级联，满足应急指挥系统的横向和纵向分布式部署需求。这种扩展能力实现了应急指挥的最大化应用，同时实现了专业数据、应用、专家和领导的分布式协同。不仅可以调用各应急单位的专业数据，还能以视频方式在视联网内的任意节点进行共享，真正实现了"领导在哪里，哪里就是指挥中心"的应急指挥。

该模块主要包括实时调度、通讯录管理、应急指挥会议预配置、终端管理、多路解码器配置、录制管理和用户管理等功能。

1）实时调度

实时调度是应急指挥调度系统中最常用的功能，用于操作所有音视频的调度切换。通过设置不同的分屏模式以供切换调度重点关注的信号源画面，确保信息大屏幕的最佳布局。在实际使用中，信息大屏幕的信号源显示可以根据不同指挥中心单独调度切换。根据应急指挥调度中心的设定，省中心的信息大屏幕显示内容可以与其他下级指挥中心的显示内容完全不同。通常情况下，下级指挥中心只关注其所属单位的子系统，因此其信息大屏幕分屏和现实的内容相对固定，而省级指挥中心关心全局资源，需要能够随时调度某一个下级单位的资源数据。

除调度视频信号源外，在应急指挥会议中还可即时与特定指挥中心或与会方进行实时通信，采用可视通话或语音通话形式进行会商讨论。根据需求，还可加入多人讨论，使参与人员无论身处何地均可实现面对面交流的效果。

2）应急指挥会议预配置

在启动应急指挥会议之前，可提前设定会议的详细属性，包括会议名称、服务 IP、呼叫方式、参会人员名单等，并将这些配置保存为预设模板。当需要进行真正的应急调度或调试时，无须重新编辑，只需选择之前设置好的应急指挥会议模板，即可一键启动会议。由于应急指挥调度系统具备完备的用户管理功能，因此不同单位用户的应急指挥会议模板可以相同而互不冲突。

3）终端管理

在应急指挥调度系统投入使用之前的准备阶段，根据各种不同的应急预案需求，会将相关的分级单位已连接的终端设备添加至应急指挥会议模板中，以备使用。这些已连接的终端设备包括应急指挥分会场、应急管理地理信息系统、视频监控、移动应急平台和应急指挥车等。通过管理功能，可以进行终端的查询、修改、删除等操作，以便随时更新和调整应急指挥调度系统。

4）多路解码器配置

多路解码器配置功能旨在设置应急指挥会议中所有多路解码器终端的显示模式和信号源。这一功能可以在会前进行预编辑，也可以在会议进行中进行实时调整。预编辑的好处在于，若在实际应急指挥会议场景中配置了固定显示的信号源，便无须频繁切换调度，在一次编辑设置后即可在启动时生效。而会中编辑则更加灵活多变，特别是在较大型的省级突发事件应急指挥中，根据实际需要可以灵活快速地切换调度大量的信号源。

5）录制管理

提供全部对接系统、可视接入数据的录制能力，不仅能够将省指挥中心、分指挥中心的现场画面录制保存，还可以录制信息大屏幕、应急管理语音系统、视频监控、地理信息系统、移动应急平台等音视频信息。所有音视频信号按实际处理流程和时间单独录制成标准音视频格式，统一保存在视频存储服务器中以备之后查询调阅。

6）用户管理

用户管理功能是应急指挥调度系统的关键组成部分，不仅支持基本的用户添加、修改和删除等操作，还能够进行分级管理和权限分配。系统设计上严格管理用户的使用权限，防止越级指挥和操作控制等问题的发生。

7）通讯录管理

应急指挥调度系统通过结合各类突发事件应急预案，进一步细化应急组织指挥体系，实现全省组织指挥体系通讯录的动态和网络化管理。这包括对各级政府专项指挥部组成人员和工作人员的通讯录管理，并与政府综合指挥调度系统紧密结合。

具体地，系统能够实现应急单位及人员信息的维护管理，各单位在线更新。它建立了应急公共通讯录和个人通讯录，并提供通讯录名册的快速输出和查询功能，同时结合通信调度系统，实现了快速人员调度。此外，系统还提供了人员分组功能，能够根据突发事件特点快速检索到相关领导和人员。主要功能包括组织机构管理和人员信息分组管理，包括现场图像调度组、现场语音调度组、应急管理人员调度组、救援队伍调度组、应急专家调度组等。

应急指挥调度系统支持复杂的通讯录功能，可以对全省范围的应急指挥相关单位的组织架构通讯录进行管理。该功能可以与第三方移动通信 App 对接，从其他系统中获取全部单位的通讯录信息。通过严格的用户权限限制，只有上级单位可以查看所属下级单位的通讯录。用户可以自由设置横向和纵向的检索权限。

在应急指挥的实际场景中，有时需要立即找到相关的负责人。这时，用户可以从应急指挥调度系统的通讯录中查询到该负责人的联系方式，通过发送短信、语音、可视对讲等方式与其建立联系，进行命令的下达和指示。

当应急指挥任务结束时，用户可以通过录制功能录制视频、图像和信息对指挥调度过程进行复盘调阅。

10.4　无人机管控平台

无人机管控平台是天空地一体化数据预警预测平台中关于空基的部分，由非合作无人机管控系统和合作无人机管控系统组成。其中，非合作无人机管控系统又包含预警探测分系统、拒止防卫分系统、信息传输分系统、协同组网与综合管控分系统四部分内容。合作无人机综合管控系统包含身份收集与管理分系统、信息传输分系统、实时态势监控分系统和运行管理分系统四部分内容。

在合作和非合作无人机管控系统的建设基础上，将两者整合到一起，建立完整的无人机管控平台，为无人机管理提供全方位的管控能力。该平台既支持非合作无人机的管控，可以及时发现并消除安全威胁；它又支持合作无人机的管控，可以为监管部门提供合作无人机态势数据，为无人机的全面掌握和管理提供良好支撑。

无人机管控平台如图 10-31 所示。

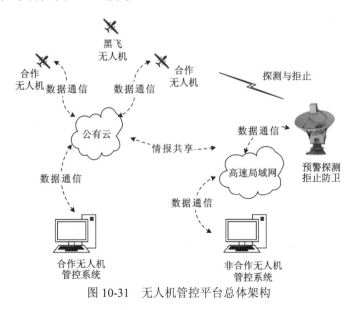

图 10-31　无人机管控平台总体架构

从图 10-31 可以看出，无人机管控平台包含合作无人机管控系统和非合作无人机管控系统两大部分，两者各自独立工作，但存在情报信息共享。其中合作无人机管控系统通过公有云和数据通信模块，对无人机的状态实施监控，它只能监控合作无人机，对黑飞目标无法监控；非合作无人机管控系统则通过主动探测手段（如雷达、信号侦察、光电等）对空域进行搜索，全天候、全天时主动发现、跟踪、识别和反制无人机，它能够发现黑飞无人机（合作无人机当然也能发现），生成关注空域的目标态势，为真正无死角的目标监控提供支撑。下面就合作和非合作两类无人机管控系统的建设展开阐述。

10.4.1 非合作无人机管控系统

与合作无人机不同，非合作无人机的出现时间、区域、路径、目的都是未知的，系统很难通过行政监管手段和外挂监管设备的方式来事先获知非合作无人机的状态信息。加上无人机属于典型的"低、慢、小"目标，对其进行探测存在诸多技术上的困难。因此，非合作无人机是造成无人机安全威胁的主要因素，也是无人机管控的重中之重。

由于无人机探测困难，一般管控系统都采用组合探测方式，多种设备在不同特征域和层面对无人机进行探测，以保证非合作无人机的综合探测效果。图 10-32 给出了非合作无人机管控系统的典型组合。

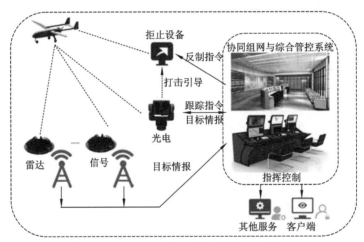

图 10-32　非合作无人机管控系统典型组合

在实际的应用中，非合作无人机管控系统的配置组成会因具体任务的需求差异而有所不同，影响系统组成的需求要素主要有两个：成本预算和电磁辐射管制需求。比如，有些防卫区域要求电磁静默，则不能使用雷达和干扰机，又比如在人员密集场区，一般不能使用摧毁型反制措施等。但就黑飞无人机探测和反制系统而言，一个比较可靠和完整的系统应该包括如图 10-33 所示内容。

图 10-33 是非合作无人机管控系统四个分系统：预警探测分系统、拒止防卫分系统、信息传输分系统、协同组网与综合管控分系统。

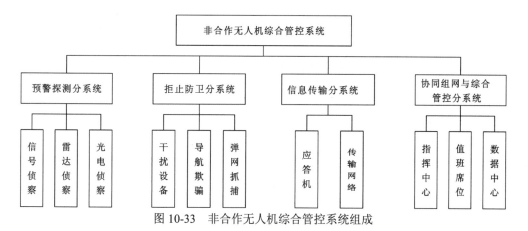

图 10-33　非合作无人机综合管控系统组成

其中，预警探测分系统负责探测、发现、跟踪和识别空中的无人机；拒止防卫分系统负责响应决策指令对无人机实施反制；信息传输分系统负责将系统的各部连接，保障高速率的数据通信和指令传输；协同组网与综合管控分系统负责对各设备进行组网协同探测，对获得的情报信息进行综合处理生成统一态势，并提供指挥控制所需的统一人机交互支持。上述四个系统相互协同，各有分工，共同支撑关注区域内的非合作无人机综合管控任务。

1. 预警探测分系统及主要设备

无人机属于典型的"低、慢、小"目标，对其进行探测存在诸多技术上的困难。目前可用于探测无人机的设备主要有四种：雷达、信号侦察、光电侦察和声源定位。它们各有优缺点，单纯依靠一种设备很难有效保证无人机预警探测效果，因此，一般系统方案都采用多种不同设备组合探测的模式来保障无人机的有效探测。

下面对各类探测设备的特点进行介绍，以方便不同需求时的设备组合选型。

1）无人机探测雷达

雷达依靠主动发射特定的电磁波波形照射目标，并对目标散射的电磁波进行处理和分析，以此来发现、定位、跟踪和识别空域内的无人机目标。由于是主动探测，雷达可以全天候、全天时工作，定位精度比较高，目标识别能力较差。针对用户需要探测范围的大小不同，提供适用于中小范围探测和大范围探测的两种雷达设备，X 波段相控阵无人机探测雷达和 S 波段机械扫描无人机探测雷达，下面对这两种典型体制的无人机探测雷达进行简要介绍。

2）X 波段相控阵无人机探测雷达

X 波段相控阵无人机探测雷达采用调频连续波体制，电控波束，因此没有近程盲区，空域搜索效率高，采用先进的相参积累处理技术和动目标检测技术，具有优良的地面、海面、低空杂波抑制能力，因此，它很适用于近距离（4 km 以内）的低、慢、小目标探测场景。

3）S 波段机械扫描无人机探测雷达

S 波段机械扫描无人机探测雷达有两组天线，分别扫描方位和俯仰向，从而实现三坐标探测。该雷达采用脉冲多普勒体制，脉冲体制的峰值功率高，可探测距离远，但是近程存在一定的距离盲区（由脉冲宽度决定）。总体来说，该雷达作用距离远、探测精度高、可靠性极强，非常适用于大范围探测需求的场景。

4）信号侦察设备

信号侦察设备依靠侦收、分析和识别无人机辐射的电磁信号来发现、跟踪无人机目标。

该设备的优点是电磁静默，不发射电磁波，隐蔽性好；另外，其目标识别能力强，每个目标的辐射特性都存在或多或少的差异，不同类别目标之间的差异则更大，通过分析无人机的电磁辐射特性对其进行识别的准确度高；其探测范围大，由于只是接收电磁信号，不需要像雷达反射一次，因此，其作用距离远。

但是，该设备也存在一些缺点，比如，目标定位精度差，由于为非合作探测方式，受各类因素影响大，其目标定位精度通常比雷达要低；此外，该设备的探测依赖目标的电磁辐射，当目标电磁静默时是没有办法发现目标的。

为应对不同的探测需求，可以提供两种型号的信号侦察设备供用户选择。一种是全向信号侦察设备，其作用距离较远（>3 km），测量精度一般，单站只能测量目标方位，定位效果差，但支持多单交叉定位，定位精度较高；另一种是定向信号侦察设备，它只能探测 90° 范围内的目标，但可同时探测方位和俯仰向，定位精度较高，作用距离相对较近（<2 km），用户可以根据自身需要选择相应的设备。下面给出这两款设备的简要介绍。

（1）全向信号侦察设备。全向信号侦察设备可以侦收、分析和发现 360° 的电磁辐射信号，作用距离较远（>3 km），单站工作时，只能测方位角，测距能力较差，支持多站协同工作，多站协同时可以交叉定位目标，同时现实目标测角和测距，精度较好，适用于探测范围广的应用场景。

（2）定向信号侦察设备。定向信号侦察设备天线固定不动时可以同时侦搜、分析、识别定位 90° 扇区内的电磁辐射信号，作用距离相对较近（<2 km），单站独立工作时，既能测方位角，也能测俯仰角，测距能力较差，在管控系统的支持下可以支持多站协同定位，此时，可以输出目标的方位、距离、俯仰，以及信号分析结果，适用于探测精度要求高的应用场景。

5）光电侦察

光电侦察设备可以探测飞机、车辆、行人和低空无人机目标。通过可见光成像和红外成像侦察，实现对重点区域重要目标的远距离、大范围和长时间的侦察监视，设备可以对无人机实施跟踪、抓拍、识别、取证、反制过程记录等操作，当其与其他探测设备协同工作时，可以高精度地记录目标定位和轨迹，也是无人机反制中目标取证和反制精确引导必不可少的探测设备。

2. 信息传输分系统及主要设备

信息传输分系统为系统内各设备、模块提供数据链路支撑，保障情报信息、设备状态信息、控制指令等的实时传输。对于防卫区域较大的应用场景，探测设备通常是分布式布设的，此时，信息传输分系统是管控系统能够正常工作的基本前提。以机场防卫为例，其防卫区域为糖果形（图10-34），防卫范围为40 km×20 km。此时传感器必须分布式部署。

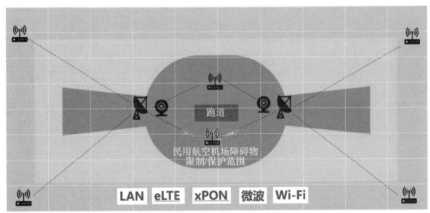

图 10-34　分布式部署下的多模组网信息传输分系统示例

在分布式布置的非合作无人机管控系统涉及的设备类型、数量，以及与外部对接的数据接口和协议数据量非常多，加上地形遮挡、基础通信设备覆盖能力和链路带宽不足等因素的影响，为了保障任务的正常进行，信息传输分系统必须采用多模复合组网测控的方式，才能有效保障系统各设备和模块的正常数据交互。

提供多模组网测控技术和相关设备的支持，所提供的设备包括 LAN、eLTE、xPON、微波、Wi-Fi 等体制，通过这些设备的组合组网，保障复杂环境的数据通信质量。

3. 协同组网与综合管控分系统

协同组网与综合管控分系统是整个非合作无人机管控系统的处理、调度和控制中枢。所有的设备、模块都与该分系统相连，为其提供状态数据和探测到的情报数据，同时也接受管控协同的调度与控制。该分系统是最终的人机交互界面，监控区域的态势展示、系统状态展示、人工操作席位、数据中心、地理信息系统等都在该分系统上提供。

首先，需要构建一套完整系统性解决方案，在具体的防卫区域，可以进行有选择性的系统裁减与定制，得到符合当地实际需求的协同组网与综合管控系统架构，从而得到有针对性的无人机管控系统，满足具体的实战要求。

下面就完整的系统解决方案，阐述协同组网与综合管控分系统的组成和具体表现形式。

协同组网与综合管控分系统是整个非合作无人机管控系统的调度、监控与智能处理的核心，以及最终的人机交互界面。该系统的好坏直接决定着这个管控系统的好坏。一个完整的协同组网和综合管控系统的组成如图10-35所示。

由图10-35可知，非合作无人机管控平台由多个模块组成，包括以下模块。

（1）设备接入与控制。该模块属于数据接口和协议的范畴，它是系统适配和顺利接入设备的基础。目前主要适配的设备有上面提到的各类探测设备与拒止防卫装置，包括雷达、信号侦察设备、光电侦察设备和拒止防卫设备。

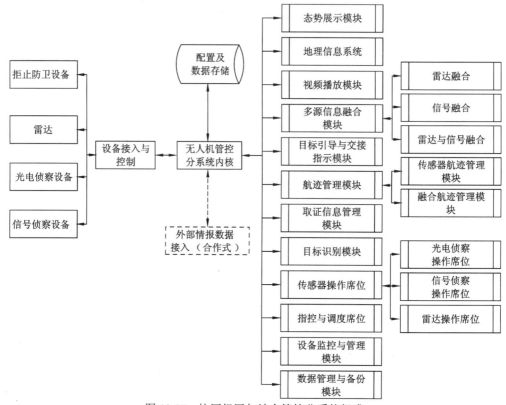

图 10-35　协同组网与综合管控分系统组成

（2）配置及数据存储。主要是指数据管理及存储系统，系统的各种配置数据、情报数据、操控数据以及日志数据的存储与管理。

（3）外部情报数据接入。这里主要考虑合作无人机管控系统提供的合作无人机的情报数据接入，这些数据在帮助筛选出黑飞无人机目标方面很有价值。

（4）态势展示模块。属于指控大厅的内容，该模块负责将整个系统的态势（主要是指目标态势）通过合适的方式展示出来，方便指挥员观察和决策。

（5）地理信息系统。对掌控态势来说，所有的信息与地理信息系统相关联时展示效果是最直观的。指控系统内一般都配备地理信息系统，以最直观的方式展示探测到的空域态势。

（6）视频播放模块。用于获取光电设备的在线视频并播放展示出来，方便指挥控制人员观察和判别。

（7）多源信息融合模块。该模块是智能处理的核心内容之一，它负责将多种传感器送来的信息数据进行融合处理，最终形成区域内的统一态势。它包含三部分内容，雷达与雷达的侦察信息融合、信号与信号的侦察信息融合，以及雷达与信号的侦察信息融合。

（8）目标引导与交接指示模块。该模块是多传感器之间目标交接、设备引导搜索和无人机反制过程所必需的，它负责解决目标安全、高效、准确地从一个传感器交接到另外一个传感器的问题。

（9）航迹管理模块。该模块负责管理两类航迹数据，一类是原始的传感器观测航迹，各传感器的数据独立管理；另一类是融合处理后的航迹数据，它是最终的空域态势。

（10）取证信息管理模块。无人机反制操作必须要有理有据，因此，管控系统在反制操作前先要对目标进行取证存档，反制执行过程中也需要对过程进行取证存档。该模块便是为此而设置的，它支持取证信息的管理和快速浏览。

（11）目标识别模块。该模块具有重要的智能处理功能，它负责对获取的目标切片数据进行分析、特征提取和识别，自动化地得到目标的类别判断，可以大大提升指挥控制系统的工作效率和效果。

（12）传感器操作席位。该模块提供多种传感器的情报直观展示界面，方便较为专业的情报分析人员观察情报态势和操控传感器工作。因此，它除提供传感器的情报态势展示以外，还提供传感器的操控支持。该系统提供了雷达、信号侦察和光电设备三类传感器的指挥控制系统。

（13）指控与调度席位。该席位是指挥员操作席位，通过它可掌握当前态势，并可以下达相应的反制指令。

（14）设备监控与管理模块。该模块也是属于指挥控制大厅的内容，主要负责收集系统内各设备的状态信息，并实时展示到指挥控制大厅相应的界面上，方便管理员监控系统的运行状态。

（15）数据管理与备份模块。该模块是为数据管理服务的，系统的数据安全是极其重要的内容，该模块提供数据备份、迁移和导入/导出人机交互。

上面给出的是功能和手段完备时的系统组成方案，此时，系统能力得到最大化，效果也最好，但成本也最高。实际中，不同的应用背景有不同的需求，比如，有些成本预算低，有些不能使用雷达，有些不能使用干扰机。因此，在实际的非合作无人机管控系统建设中，在不同的区域通常会做不同程度的裁减。

4. 非合作无人机管控的典型工作流程

上面给出了完整非合作无人机管控系统的组成、关键设备介绍，以及系统效果介绍。由于系统的组成是根据具体的需求而调整与裁减的，因此，系统在实际中怎么工作很难给出统一的操作流程。但是，就无人机的探测、预警和反制任务本身来说，典型的无人机反制流程可以分为四个步骤：首先，探测预警系统发现并跟踪无人机，并向系统发出警告；其次，无人机进入光电防区后，引导光电设备精确跟踪和识别无人机，并完成取证；然后，指挥控制人员下达反制指令，系统引导拒止防卫设备对无人机实施反制，同时光电系统对反制过程进行取证；最后对反制过程进行评估，确定是否要继续实施反制操作。

当与实际的公安网络和系统对接后，系统可以将发现的预警信息、目标的定位信息、识别结论、取证切片、反制过程录像等信息分发和推送到相应的机构、部门及人员，实现人、设备、系统的大联动，大联网和信息大共享，为区域的防卫提供更可靠的保障。

10.4.2 合作无人机管控系统

与非合作无人机不同，合作无人机可以通过行政监管手段和外挂监管设备的方式来获知合作无人机的基础信息、任务信息和实时状态信息。因此，对合作无人机的管控问题，更多的是要建立一套机制和一个平台，使得公安系统能够准确掌握合作无人机实时状态信息，并提供技术手段，使得系统能够发现合作无人机的闯禁、越界、偏航及失控行为，能够驱离或接管无人机的控制，避免安全事故的发生。图 10-36 给出了合作无人机管控系统的典型组成。

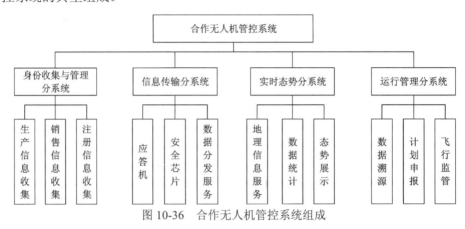

图 10-36　合作无人机管控系统组成

整个合作无人机管控系统由四大部分组成。

（1）身份收集与管理分系统。它负责从生产、销售、注册，及飞行审批、飞行过程各环节收集无人机的基础数据和实时状态数据。

（2）信息传输分系统。它为无人机与系统之间架设通信链路，保证无人机的实时状态数据能够传递到管控系统。

（3）实时态势分系统。数据中心对监视区域内的数据进行分析和处理，生成实时的空域内合作无人机态势，供指控人员及系统调阅。

（4）运行管理分系统。它负责对合作无人机的飞行申请、计划执行情况、飞行状态、飞机状态等信息进行全方位的监视与分析，保证飞行的安全进行。

由于合作无人机管控系统的建设更多关注的是机制和平台的建立，因此，在阐述该系统时先对上述功能组成进行软件系统级别概念抽象，整个系统可以抽象为几个典型的处理层：①数据采集层。通过平台和软硬件设备来保障系统数据的及时准确收集；②数据资源层。对系统各类数据资源进行统一建模与管理；③应用支撑层。抽象共性的应用需求，建立基础构件与服务，支撑后续应用层的开发和数据需求；④应用层建设。针对用户需求，建立典型的应用支持，比如飞行管理、设备管理、数据共享等，为无人机管控提供完整的应用工具与手段。

下面就上述各层的建设展开详细阐述。

1. 数据采集层

1）应答机数据接入

应答机方式有三种设备接入数据。

（1）UAT 应答机。广播式自动相关监视（ADS-B）是由目标主动广播自身位置等信息供外界对其进行监视的一种监视方式。UAT 数据链是构成 ADS-B 系统的主要通信链路之一，通过 UAT 主机广播飞机自身位置向管制中心系统或其他飞机提供监视信息。

基于 UAT 数据链的 ADS-B 系统实现空空、空地双向链路通信，提供监视空域内的交通态势信息，减小飞机的间隔，提高空域容量。UAT 机载终端接收地面上传的和邻近飞机广播的 ADS-B 信息，使飞行器及时了解周围空中交通态势信息。UAT 地面站获取 ADS-B 信息后，通过地面通信网络传输到管制中心系统，向管制员提供飞行航迹以进行空中交通管理。

（2）北斗应答机。可接收我国北斗卫星信号、GPS 信号，具备北斗/GPS 定位、北斗通信、通播接收等功能。主要功能：实现 BD1+GPS 卫星信号接收转发；RS232 串口连接采集卡，实现数据实时监测。

（3）移动应答机。通过 GPRS 信号，借助接收站接收实时定位数据。

2）网络测控链路数据接入

根据用户需求，可提供消费级无人机（大疆）和工业级无人机的数据接入方式。

消费级无人机（大疆）：通过集成大疆 SDK 获取遥测数据和视频图像数据，从无人机的相机、云台、飞控状态信息获取等接口入手，通过大疆提供的代码库向无人机发送多种控制指令，完成特定的飞行任务。DJI 首款 2.4G 全高清数字图像传输系统，最高可传输 1 080 p 的全高清图像数据，实测有效传输距离高达 1.7 km，同时内置 2.4G 遥控器链路和 OSD 飞行数据叠加系统。

工业级无人机：基于中国联通通信网络，利用现有基站、数据中心等资源，搭建无人机中长距离空中专用测控走廊，解决传统无人机飞行测控时测控距离近、建设成本高、利用率低、建设时间长、建设条件多等问题。实现强实时、长距离、跨地域、高可靠、低成本的无人机飞行协同测控。

2. 数据资源层

1）数据资源层建设概述

数据资源层建设示意图如图 10-37 所示。

图 10-37　数据资源层建设示意图

无人机的数据过程包括数据采集、数据预处理、数据抽析、数据融合、数据解译、专题数据处理、数据归档及数据发布。通过采集到的遥测数据和视频图像数据，在任务计算机进行数据预处理操作，预处理包括遥测数据的解析、视频编解码、图像识别、数据融合等。然后将处理好的有效数据分发存储，同时将遥测和视频数据上传到云端，将数据分发给用户使用。

2）数据预处理说明

当接收到飞机的遥测和视频数据后，系统平台会对数据进行预处理，将视频数据叠加 GIS 数据，当需要获取视频某一点数据时，同时可以获取 GIS 数据，对可疑目标的定位更加准确。

3）各类数据资源说明

ADS-B 应答服务：能够提供 ADS-B 标准的 1 090、UAT 等系列应答机地面站的数据接入、存储、管理和分发应用服务，特殊情况下可为用户提供基于 UAT 应答机的搜索定位服务。

移动应答服务：能够为用户提供基于移动通信网络的航空数据服务套餐，包括移动应答机租用、局部网络优化、移动资费套餐和应答数据接入、存储、管理和分发应用服务等一体化航空移动数据通信解决方案。

北斗应答服务：能够为空中平台和地面用户提供基于互联网和专网的一体化北斗短信应用服务，包括应答机租用和数据接入、转发、管理等服务。

网络测控链路，是基于中国联通通信网络，利用现有基站、数据中心等资源，搭建无人机中长距离空中专用测控走廊，解决传统无人机飞行测控时测控距离近、建设成本高、利用率低、建设时间长、建设条件多等问题。实现强实时、长距离、跨地域、高可靠、低成本的无人机飞行协同测控。

4）数据资源层数据流向

无人机的遥测数据或者视频图片数据，通过 4G 网络或者基站回传到接收服务器，服务器通过运算和处理后，将数据存储分发到客户端展示，如图 10-38 所示。

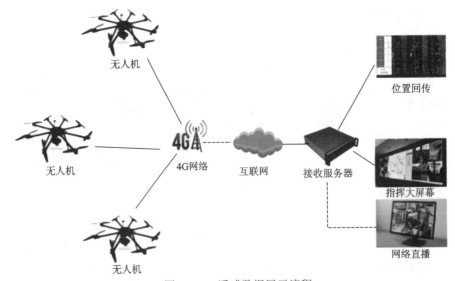

图 10-38　遥感数据展示流程

5）专题库建设

（1）目标识别：利用无人机飞行信息，建立目标信息库，通过目标的飞行轨迹及姿态来识别目标。

（2）图像对比技术：利用深度学习技术，建立图像比对模型，将提取的特征和原始图像一起存入专题库中，同时，为每个图像建立索引，便于后续检索和比对。

（3）警用安防：无人机凭借灵活、智能、成本低等优点，能够完成日常巡逻、搜索跟踪、应对突发社会事件、空中侦查抓捕罪犯等任务。

（4）安检巡逻：在边界巡逻方面，由于中国边境线长，且多数自然条件恶劣，无人机可以取代人力，对国与国交界的丛林等进行监视、警戒。

（5）城市测绘：无人机可以快速采集地理信息，可以生产直观的高精度三维模型进行对比分析。

（6）消防救灾：在消防救灾中，结合无人机回传的实时画面、红外热成像等信息，通过空中对复杂地形和复杂结构建筑进行火灾隐患巡查、现场救援指挥、火情侦测及防控。

3. 应用支撑层

1）服务接口

采用微服务架构设计，整个系统由多个子系统构成，各子系统之间独立运行，某个系统出现问题时只影响部分功能的使用，不会影响其他正常功能的使用。

接口采用两种数据传输方式，基于 HTTP 和基于 TCP/IP 的消息订阅发布，数据采用 JSON 格式传递（数据可加密），如果其他系统需要接入该系统的数据时可根据接口规范进行数据的获取和解析。

提供两种接口类型 HTTP 和 TCP/IP，适应不同的接入场景。不同类型的接口在功能上是等价的，但它们的约束条件、开发量、性能等方面各有优缺点，开发数据接入程序时应视具体的情况进行选择。

（1）HTTP 接口。HTTP 接口是最常见的一种跨系统的数据交换方式。系统对外提供的 HTTP 接口符合 restful 规范，上下行数据均通过 json 格式封装，可以根据调用方权限或 IP 判断是否开放了相应的接口，从而维护数据访问的安全性。

（2）基于 TCP/IP 的消息订阅发布接口。消息订阅/发布接口只需要订阅关注的数据，在有数据到达时会自动将数据发送给订阅方，数据的传输通过 json 格式封装，相比 HTTP 接口可支持更高的并发，数据延迟也好于 HTTP 接口，在数据安全性方面可以根据数据的安全级别进行加密，只有拥有相应权限的系统才能对数据进行解析。

该系统的数据安全保护等级如表 10-3 所示。

表 10-3　数据安全保护等级

数据资源	安全等级	安全措施
可向公众公开的信息	第一级（自主保护级）	用户验证、日志记录等
可在部门内共享的信息	第二级（指导保护级）	用户验证、日志记录、加密存储、加密传输、数字签名、访问控制等
只提供给特定部门使用的信息	第二级（指导保护级）	用户验证、日志记录、加密存储、加密传输、数字签名、访问控制等

2）应用支撑分析引擎

下面对应用支撑分析引擎进行简要说明，如图10-39所示。

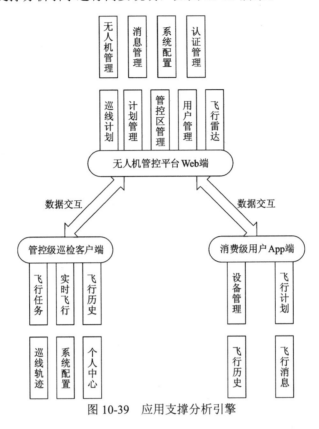

图 10-39　应用支撑分析引擎

（1）飞行任务：飞行任务界面具备地理信息图和飞行计划管理两大功能。地理信息图中可查看无人机飞行航迹，地图可在卫星影像、电子地图、地形图中切换，选择飞行任务，在地理信息图中展示该任务的计划航迹和航迹高程图；飞行计划管理中导入由无人机管控平台Web端创建并通过审核的巡线计划。选择飞行任务，确认开始飞行后，系统开始接收无人机实时飞行的遥测数据及图像直播数据。

（2）实时飞行：实时飞行界面具备视频直播、实时航迹和飞行监测三大功能。视频直播是指无人机载荷视频经公有云实时推送到客户端，可在直播画面上对目标进行标注；实时航迹由二维地图呈现，包含计划轨迹和实际飞行位置；飞行监测通过无人机实时的导航遥测数据（位置、速度、姿态），对无人机的飞行态势实时监测。

（3）飞行历史：飞行历史界面具备历史任务检索、历史飞行回看两大功能。历史任务检索通过检索功能，快速找到历史飞行任务，并在地理信息图中锁定飞行轨迹，显示标注数量；历史飞行回看界面与实时飞行界面相同，包含视频回看、历史航迹、历史飞行监测。

（4）巡线轨迹：巡线轨迹具备查询巡线轨迹功能。查询巡线轨迹可按时间段查询巡线员的工作行动轨迹，并在地图中随机用不同颜色的线画出。

（5）系统配置：系统配置具备接口连接配置功能。连接配置功能可配置云接口、中继服务器的 IP 和端口，测试接口通断情况。

（6）个人中心：个人中心具备无人机列表管理功能。列表管理功能包括添加无人机、删除无人机、查看无人机信息功能。

（7）飞行雷达：飞行雷达具备二维飞行雷达和三维飞行雷达两种功能，飞行雷达形态可在二维三维之间切换。二维飞行雷达具备无人机地理信息监测功能，地理信息监测功能在地理信息图上标注全国飞行禁区，显示实时在飞无人机地理位置信息、操控手信息以及提示进入禁飞区无人机；三维飞行雷达具有无人机地理信息监测功能和飞行跟随监测功能，三维飞行雷达较二维飞行雷达，侧重于无人机飞行运动监测，其中地理信息监测功能在三维数字地球上标注全国飞行禁区，显示实时在飞无人机地理位置信息以及提示进入禁飞区无人机，飞行跟随监测功能在三维地理高程图上，视角跟随无人机，呈现无人机三维飞行态势及轨迹，跟踪输出无人机飞行下导航遥测数据。

（8）巡线计划：巡线计划具备管理巡线任务功能。巡线任务管理可创建编辑巡线任务，规划巡线轨迹，通过审核后，推送到巡检客户端。

（9）计划管理：计划管理具备管理消费级无人机、巡检无人机计划功能。计划管理界面可检索用户计划，对用户计划进行审批管理，审批通过的计划方可飞行。

（10）认证管理：认证管理具备管理个人用户认证功能。认证管理界面可对个人用户认证请求进行检索、审批管理。

（11）用户管理：用户管理面向消费级无人机用户，具备管理用户账号功能。用户管理界面显示用户账号信息，可对用户账号进行冻结管理。

（12）管控区管理：管控区管理具备管理无人机禁飞区功能。管控区管理界面可创建无人机禁飞区，对已创建禁飞区进行检索、管理。

（13）无人机管理：无人机管理具备创建无人机型号的功能，创建后可对无人机型号进行管理。

（14）消息管理：消息管理界面具备向三方无人机用户推送消息的功能，推送方式可选择即时推送或延迟推送。

（15）系统配置：系统配置具备消息模板和预警设置两大功能。消息模板定义飞行通知类型固定消息，和预警设置绑定，对用户危险飞行告警；预警设置中可对禁飞区类型警告进行参数和消息模板关联设置。

3）基础数据处理系统

互联网端采用阿里云对象存储服务（OSS）或者表格存储（table store）来存储数据，作为面向海量数据、极低成本、高度灵活的存储平台，云上客户存储了大量的流水数据、日志数据、监控数据等，然而这些数据目前不具备低成本、灵活高效的分析能力。

4. 应用层建设

1）指挥管理

（1）飞行状态全息展示。通过数据的接入，可以看到所有全国飞机飞行态势信息，包括用户信息、无人机信息、实时遥测数据。空地一体化立体防御系统可将合作无人机的飞行态势实时展示在界面上，同时将探测到的空中非合作无人机的方位展示到界面上，日常管控值班人员可以方便快捷地发现空中的态势情况。

（2）飞行云台控制：①支持对云台镜头的全功能远程控制，控制分 8 个方向，即上、下、左、右、左上、右上、左下、右下，可以对摄像机进行焦距、焦点、光圈的调整，支持转动速度控制，还可以对摄像机的雨刷、加热器等辅助设备进行控制；②支持 3D 缩放、定位功能，用鼠标拖曳的方式控制摄像机的监控方位、视角，实现快速拉近、推远、定焦被监控对象；③具备视频自动复位功能，即可对监控点的摄像机设定默认监视状态，正常状态下摄像机保持默认状态，在控制完成的可设定的时间段内恢复默认监视状态；④对于重要或调用频率高的监控点，可设置预置点，保存摄像机的方向、角度、焦距等信息，多个预置点组成巡航路径后，可实现单个摄像机在多个预置点之间的视频巡航，巡航的预置点顺序、巡航时间和巡航速度可配置；⑤支持对摄像机云台操作轨迹进行记录，调用轨迹时摄像机会沿着记录进行运动；⑥支持海康专有键盘及摇杆控制视频播放、切换焦点窗口及对焦点窗口进行云台控制。

视频图像实时回传如图 10-40 所示。

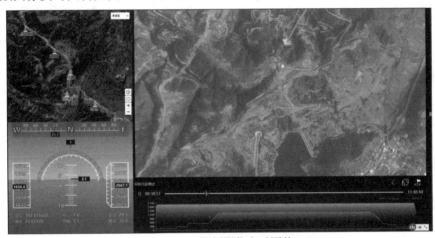

图 10-40　视频图像实时回传

飞行状态显示无人机计划航迹、实时飞行航迹、实时位置信息、偏向、俯仰、横滚、速度、高度等信息。可看到飞机载荷中实时视频。

（3）飞行路线管理。用户可以根据自己的飞行任务自定义航迹，为了避免用户飞行任务航迹进入禁飞区、限制区、机场等区域，在创建计划时系统会自动识别航迹是否有效。同时可以设置每个点飞行的高度，避免飞机在飞行过程中造成损失。

（4）飞行任务管理。用户提交的飞行计划，需要监管部门进行审核，包括飞行线路、天气、用户飞行资质、空域报批单等情况。对用户提交的飞行计划进行系统校验航迹合规性。航迹合规和资质真伪二者均通过，该计划予以通过，用户可按照其计划进行飞行。

（5）飞行任务备案。在军事设施周围飞行，必须备案。在远离军事设施的地方，如果只是小型机用来航拍，没固定航线，几个小时就完事的，不用备案。小无人机送快递不用备案。农用无人机喷药不用备案。需要以一定规律和频率占用低空航线，而且飞行时间较长，必须备案，比如大型无人机定点送货。系统平台会永久保存用户飞行的记录，如航线、时间、飞机型号、无人机注册号、飞行资质、空域申请信息。

2）飞行应用

（1）目标测距与定位。通过终端的屏幕进行指点，可选择测距起点、测距终点，软件自动求解测距对应的实际距离，并将结果显示在测距线旁边，如图 10-41 所示。

图 10-41　目标测距与定位

（2）变化检测。可以目标采集，前后对比，侦察。支持历史正射图比对，支持通过视频及图片的方式比对，自动记录航线，可广泛用于城市管理和预警管理，如图 10-42 所示。

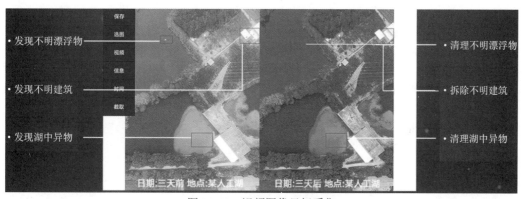

图 10-42　视频图像目标采集

（3）运动目标检测。无人机在飞行过程中，视频回传的实时信息，可观察可疑目标，对目标跟踪识别。

（4）侦察预警。系统对无人机的测控信号进行监测，早期发现非法入侵的无人机并预警，能够精确测量信号参数完成无人机型号识别。支持界面预警、声音预警等多种方式，支持预警策略的设置；可告知无人机的型号、位置、通信频段等信息。

3）历史记录

（1）飞行历史记录查询。飞行历史，支持时间、无人机注册号条件查询，可查看其飞行的历史数据（计划航迹、飞行航迹，飞行态势信息，如果有载荷视频可以回放视频）。

（2）飞行历史记录分析。由于在飞行过程中，能够完成数据的实时采集，记录无人机飞行过程中的数据信息，包括遥测和视频，可以建立完整的无人机检测维护、飞行安全及飞行质量管理体系，它能保证无人机飞行安全。可以对无人机的飞行质量及无人机操作过程进行评估分析。可以对无人机操作员飞行提供意见反馈，是提高飞行技能的有效途径。监管操作员在飞行过程中是否有违规行为，记录归档。

4）设备管理

（1）设备注册。用户需要进行设备注册，无人机类别、空机重量、起飞重量是必填项，信息的完整性作为系统设备备案，如图 10-43 所示。用户注册后，系统会根据无人机云规范生成统一规则无人机编号，当用户飞行过程中，可以根据无人机编号查看是在哪家无人机云系统下注册，同时可以查询到用户信息，把设备和人绑定。

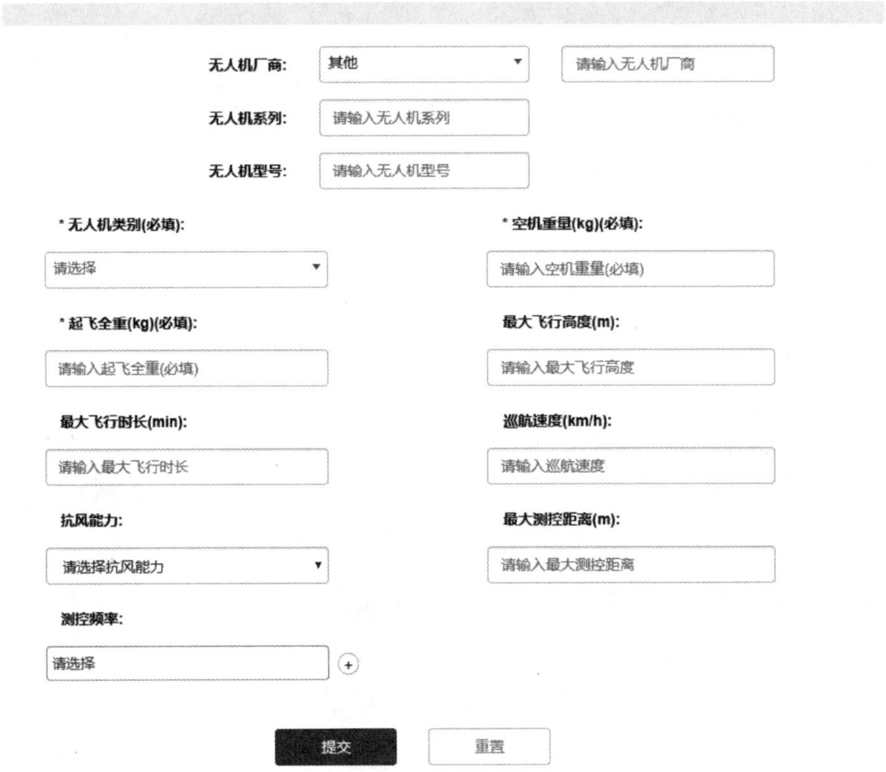

图 10-43　用户注册界面

（2）设备信息查询。用户的设备信息备案入库，可以根据无人机类型、厂商、型号或者无人机注册号检索，如图 10-44 所示。

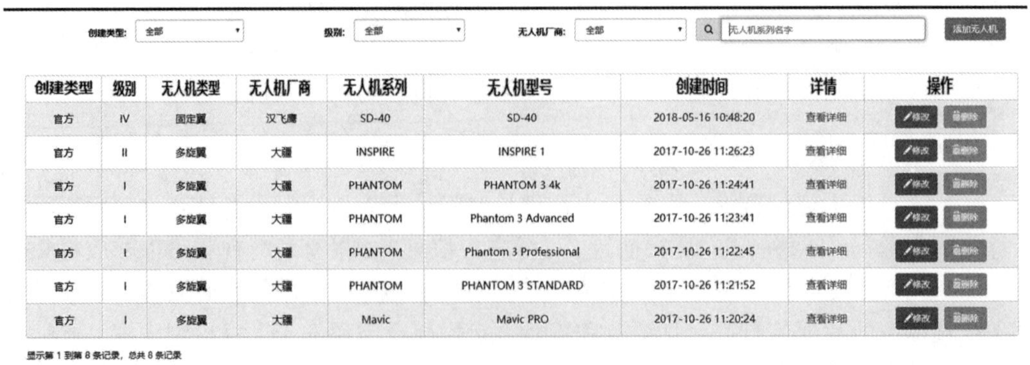

创建类型	级别	无人机类型	无人机厂商	无人机系列	无人机型号	创建时间	详情	操作
官方	IV	固定翼	汉飞鹰	SD-40	SD-40	2018-05-16 10:48:20	查看详细	修改 删除
官方	II	多旋翼	大疆	INSPIRE	INSPIRE 1	2017-10-26 11:26:23	查看详细	修改 删除
官方	I	多旋翼	大疆	PHANTOM	PHANTOM 3 4k	2017-10-26 11:24:41	查看详细	修改 删除
官方	I	多旋翼	大疆	PHANTOM	Phantom 3 Advanced	2017-10-26 11:23:41	查看详细	修改 删除
官方	I	多旋翼	大疆	PHANTOM	Phantom 3 Professional	2017-10-26 11:22:45	查看详细	修改 删除
官方	I	多旋翼	大疆	PHANTOM	PHANTOM 3 STANDARD	2017-10-26 11:21:52	查看详细	修改 删除
官方	I	多旋翼	大疆	Mavic	Mavic PRO	2017-10-26 11:20:24	查看详细	修改 删除

显示第 1 到第 8 条记录，总共 8 条记录

图 10-44　设备查询界面

（3）设备状态实时管理。无人机飞行中，实时监测无人机飞行状态，续航时间、油门模态、转速、空速、低速等。可以切换手动控制飞机，应急解决突发情况。保证飞行的安全性、可靠性，如图 10-45 所示。

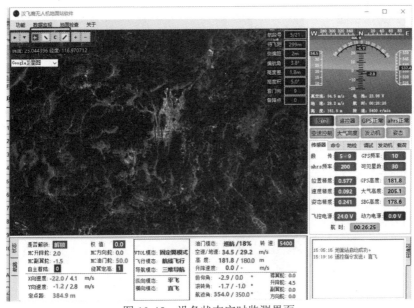

图 10-45　设备状态实时监测界面

（4）设备生命周期管理。通过设备信息库，对设备的购入日期、累计工作时长、飞行记录、养护记录进行分析。如果飞机的性能不达标，或者已经超过生命周期，需要把设备清库，防止安全隐患。

5）数据共享

（1）飞行数据共享。为了进一步确保无人机的规范应用和飞行安全，积极配合各级政府单位及监管部门开展无人机安全监管工作，将飞行数据接口开放给空管委、公安部门、民航局的云平台，同时为各级农业部门、植保站等提供方便其进行管理的相关信息。除政府单位外，开放数据给所有政府单位明确认可的第三方无人机监管平台和机构。数据的安全共享，能协助各级政府监管部门实现无人机的高效管理。

（2）航线共享。飞行器可使用航线规划功能进行任务作业，可将飞行航线共享至存储系统或云端共享平台，如图 10-46 所示，任一系统内无人机均可实现相同航线路径的再次飞行任务，可大幅度提高作业的规范性、流程化。

图 10-46　视频图像实时回传

10.5　天空地应急指挥平台

10.5.1　业务流程

应急执法指挥业务主要包括接报警业务、案事件管理业务、应急通信业务、指挥调度业务、遥感地信业务和其他资源业务等，流程如图 10-47 所示。

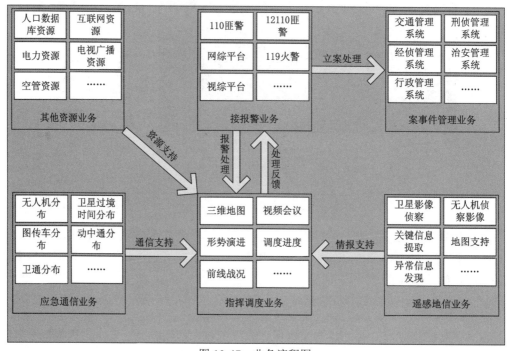

图 10-47　业务流程图

（1）接报警业务负责对电话、短信、微信等多渠道报警信息进行筛选和登记，并把有效报警信息交给指挥调度业务和案事件管理业务处理。

（2）案事件管理业务负责对案件进行管理，对案件进行立案登记、办案过程记录等。

（3）应急通信业务，应指挥调度业务的请求，负责利用内嵌北斗芯片的移动警务终端、便携式卫星通信设备、移动中的卫星地面站通信系统、通信卫星、卫星站、无人机、通信飞艇搭载 350M 集群升空，保障区域内前方侦察队员之间和前后方之间的信息通信。

（4）遥感地信业务，应指挥调度业务的请求，负责利用卫星和无人机等手段对遥感影像进行快速获取和生成敏感区域内包含路网、水网、山脉等要素的三维地图；通过卫星获取遥感影像数据，检测铁丝网、电线杆和工程营地等；利用卫星和无人机等手段对遥感影像进行快速获取和生成，应用数字图像处理技术对无人区或同一区域前后时间点的遥感影像图进行自动比对，发现相对异常点；利用智能识别算法，快速准确地检测建筑物、道路、河流、车辆、行人等信息。

（5）指挥调度业务，负责展示关键情报资源，调度警力、设备等资源协同处置。

应急执法指挥业务需求关系如表 10-4 所示。

表 10-4　业务–遥感地信资源需求–成果落地关系表

序号	业务		遥感地信资源	需求强度	成果形式
1	接报警业务	定位报警和案发地点	地图数据 遥感影像数据	强	地图
2	应急通信业务	在无人区使用飞艇搭载 350M 通信集群部署应急通信网络	地图数据 三维地形数据	中	地图
3		在无人区使用直升机协助在高点部署应急通信网络	地图数据 三维地形数据	中	地图和遥感影像数据
4	指挥调度业务	在地图上展示警力资源和调度	地图数据 移动警务	强	地图和遥感影像数据，子系统
5		在地图上展示无人机资源和调度	地图数据 无人机	强	地图和遥感影像数据
6		在地图上展示视频监控资源和调度	地图数据 视频监控 遥感影像	强	地图和遥感影像数据 子系统
7		在地图上三维展示战场态势图	地图数据 遥感影像 地形数据	强	地图和遥感影像数据 子系统
8	遥感地信业务	PGIS*地图更新	遥感影像数据，地图数据	强	地图和遥感影像数据
9		无人区中异常点和人工作业现场的发现	卫星遥感影像，地图数据	强	软件模块
10		快速拼接和生成无人区三维地形图	无人机遥感影像，地图数据	强	软件模块
11		识别无人区中车辆等	卫星和无人机遥感影像，地图数据	强	软件模块
12	案事件管理业务	案件遥感影像线索和证据	卫星和无人机遥感影像，地图数据	中	遥感影像数据

注：PGIS（police geographic information system）警用地理信息系统

10.5.2　系统设计

应急执法指挥应用示范系统业务结构如图 10-48 所示，该系统主要包含地图基础操作、警力资源调度、视频资源调度、可疑人员监控等业务模块。地图基础操作模块包括地图放大、地图缩小、地图平移、地图复位、地图数据比例动态显示、地图标绘、地图基础量算、数据图层切换、基础数据显示、基础数据选择、卫星影像图叠加、无人机影像图叠加、矢量图层叠加、二三维切换等功能。警力资源调度模块包括警员手台单呼、警员手台组呼、警员手台发送短报文、警员实时位置查看、警员行动轨迹查看等功能。视频资源调度模块包括实时视频查看、历史视频查看、视频截图、视频圈选组播等功能。可疑人员监控模块包括可疑人员实时监控、可疑人员历史监控等功能。

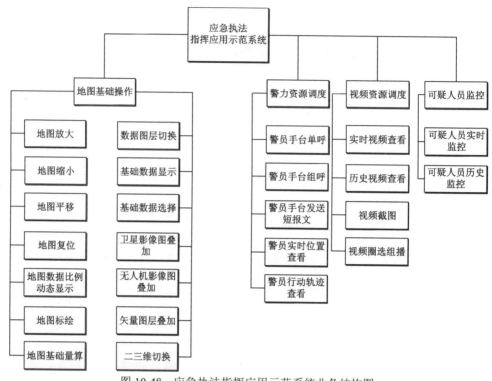

图 10-48　应急执法指挥应用示范系统业务结构图

　　系统利用卫星、无人机遥感的协调观测手段，可快速提供准确的情报，进一步深化遥感信息在公安行业的应用，根据业务需要，系统内部信息处理流程如图 10-49 所示。

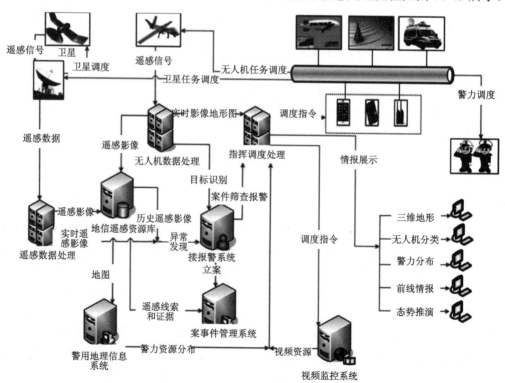

图 10-49　系统内部信息流程图

（1）情报展示：系统将处理获取的前线战况、战地三维地形图、无人机分布、警力分布、态势推演等情报可视化展示给指挥人员面前。

（2）指挥调度处理：接收涉恐案件报警信息、无人机实时地信遥感信息和 PGIS 情报，向无人机、卫星站、情报展示、移动通信终端和视频监控系统发送调度指令，收发相关指挥命令。

（3）无人机数据处理：接收无人机遥感信号进行信息处理，向地信遥感资源库输出遥感影像，向接报警系统提供涉恐目标的情报，向指挥调度系统提供前线实时影像和地形图。

（4）地信遥感资源库：接收并存储处理后的卫星和无人机遥感影像数据，向 PGIS 系统发送最新的地图影像，向案件管理系统发送遥感地信线索和证据，向接报警系统发送历史遥感影像。

（5）遥感数据处理：接收遥感信号处理成遥感影像，发送至地信遥感资源库进行存储备份，向接报警系统提供当前的遥感影像。

（6）警用地理信息系统（PGIS）：接收遥感地信资源库最新地图，向指挥调度系统提供 PGIS 支持。

10.5.3　系统接口

系统外部接口如图 10-50 所示，外接 PGIS 软件系统，向其提供遥感影像数据；外接视频监控系统，访问视频专网的历史视频和在线视频；外接案件管理系统，为其提供关键影像信息；外接移动警务终端，为其提供地图，手台发送其位置信息；外接接报警系统，接收报警的时间和地点等关键信息；外接无人机后台处理器，接收遥感影像的片段，提供拼接好的影像。外接视频会议系统，为其提供相关信息的展示平台。

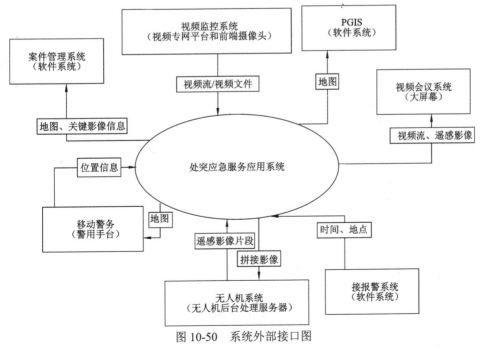

图 10-50　系统外部接口图

10.5.4　系统功能

系统功能包含卫星无人机资源快速调度、遥感地信情报快速获取和分析、无人区中目标快速发现、无人区中应急通信快速灵活部署和处突一体化指挥执法 5 大功能，如图 10-51 所示。

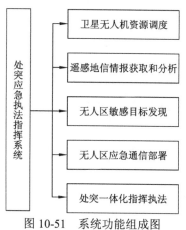

图 10-51　系统功能组成图

卫星无人机资源调度：不仅采用警用直升机、视频监控网络、手机电话等传统手段搜集和采集现场小范围局部数据，还应用侦察卫星、无人侦察机、侦察飞艇等搭载 350 M 通信集群等遥感设备采集大范围全局数据。

遥感地信情报获取和分析：面对缺乏地形、河流、山川和道路等地理信息的无人区，利用卫星和无人机等手段对敏感区域遥感影像进行快速获取和生成，为应急处突提供关键的地理信息情报资源。

无人区敏感目标发现：利用卫星和无人机等手段对敏感区域遥感影像进行快速获取和生成，应用数字图像处理技术对无人区同一区域前后时间点的遥感影像进行自动比对，发现相对异常点，利用计算机视觉技术对车辆等目标进行检测和识别，为应急处突提供第一时间的可疑目标情报资源。

无人区应急通信部署：在没有任何通信设施，没有信号的无人区，利用通信卫星、卫星站、无人机、通信车和飞艇等设施和装备快速搭建局域通信网络，实现前方侦察队员之间和前后方之间的信息通信。

处突一体化指挥执法：利用卫星和无人机等手段提供的最新地图，实现对区域内带有北斗定位芯片的移动警务终端显示，双向音视频交流，以达到快速有效地调度警力，支援现场工作。

1. 地图基础操作

（1）地图放大：对当前显示地图进行放大操作。
（2）地图缩小：对当前显示地图进行缩小操作。
（3）地图平移：对当前显示地图进行平移操作。
（4）地图复位：使当前的地图跳转至该地图原本显示的位置。

（5）地图数据比例动态显示：根据地图级别的动态变化，自动适应不同比例尺数据。

（6）地图标绘：通过鼠标点击选择需要标绘的图案，标注关注区域。

（7）地图基础量算：提供基础的地图量算功能，包括距离量算和面积量算。

（8）数据图层切换：根据需求，对图层管理中的各个数据图层可以自由切换。

（9）基础数据显示：根据需求，可以显示图层管理中的各个基础点位数据。

（10）基础数据选择：通过鼠标点击地图上的基础数据图标，可以打开对应功能窗口。

（11）卫星影像图叠加：根据需求，可以在地图上显示正常叠加的卫星影像图。

（12）无人机影像图叠加：根据需求，可以在地图上显示正常叠加的无人机影像图。

（13）矢量图层叠加：根据需求，可以在地图上显示正常叠加的矢量图层。

（14）二三维切换：根据需求，可以在二维地图模式和三维建模模式间来回切换。

2. 警力资源调度

（1）警员手台单呼：根据接入系统的警员的实时位置，可对相应警员进行呼叫。

（2）警员手台组呼：在地图上圈选需要呼叫的警员区域，选择警员组呼功能，并进行呼叫。

（3）警员手台发送短报文：根据接入系统的警员的实时位置，可对相应警员发送短报文。

（4）警员位置实时查看：在地图上可以实时动态获取警员位置信息。

（5）警员行动轨迹查看：在地图上可以查看警员历史行动轨迹的信息。

3. 视频资源调度

（1）实时视频查看：可以查看相应摄像头的实时视频。

（2）历史视频查看：可以查看相应摄像头的相应时间的历史视频。

（3）视频截图：可以对播放的视频进行截图，并查看截图。

（4）视频圈选组播：选择需要查看的范围，可以同时对相应的多个摄像头进行视频播放。

4. 应急处突示范

（1）某地区综合应急处突示范验证数据采集，包含大戈壁荒漠中遥感手段采集（动用卫星和无人机高空采集敏感区域的遥感影像数据）和城市中的传统手段采集（动用视频监控网络等普通传感器采集的多媒体信息）。

（2）某地区综合应急处突示范验证数据传输，包含遥感数据依靠卫星地面接收站和移动接收车传输，其他多媒体数据依靠因特网、视频专网等网络传输。

（3）某地区综合应急处突示范验证信息存储，包含通过自有的传感器获取的供平台内部使用的敏感地区的地理信息、敏感人员信息、敏感车辆信息及其应急模型资源。

（4）某地区综合应急处突示范验证应用包含以下 3 个模块。

①信息展示模块：访问内外部视频资源，通过视频终端展示现场实时视频或历史录像；访问警力分布资源并结合 PGIS，通过视频终端展示现场警力警种的分布；访问车管所资源并结合 PGIS，通过视频终端展示区域内车辆的分布；访问交通信息库，通过视频

终端展示路网分布；访问民政资源并结合 PGIS，通过视频终端展示救灾物资的分布等；访问地理信息资源并结合 PGIS，通过视频终端展示地质分布等。

②会商决策模块：通过电视电话会议系统，同各级指挥部沟通交流和会商；通过短信系统给公众发布预警和防范消息；通过专有电台给前方处置人员发布行动指令；前方处置人员通过专用的可视化手台接收和反馈信息给上级指挥部。

③应急预案决策模块：融合内外部信息资源，针对不同的应急事件构造相应的模型，进行形势推演与风险评估，为会商决策模块提供先期预决策信息支持。

（5）数据采集是反恐应急服务应用示范的信息基础，它位于整个示范应用的最底层，负责情报数据搜集。该层不仅采用警用直升机、视频监控网络、手机电话等传统手段搜集和采集现场小范围局部数据，还将应用侦察卫星、无人侦察机等遥感设备采集大范围全局数据。

传统的视频监控、警用直升机、手机电话等是反恐应急服务应用示范中数据采集的主要手段。

（6）数据传输是反恐应急服务应用示范的通信基础，它位于整个示范应用的第二层，负责前方情报数据的快速共享和传输。该层不仅使用光纤、通信基站等常规的通信手段实现固定式的监控设备音视频、移动式的手机短信微信等信息高效稳定的传输，还采用通信卫星、卫星站、通信车等装备进行战时数据传输。光纤、通信基站、卫星地面站等设施是数据传输的主要手段。

（7）信息提取是反恐应急服务应用示范实战化应用的关键，它位于整个示范应用的第三层，负责对搜集到的情报数据进行快速地处理、准确地提取有效信息，实现对异常的智能预警。

基于搜集到的遥感、监控等视频图像数据，利用智能识别算法，快速准确地检测出敏感区域中的建筑物、帐篷、道路、河流、车辆、行人等信息；基于同一区域的历史数据，快速比对，准确发现区域内的异常变化；基于搜集到的无人机遥感数据，对关注的移动目标进行跟踪。

（8）应急服务是某地区反恐应急服务应用示范实战化应用的直接体现，它位于整个示范应用的第四层，负责为应急指挥部提供和展示直观、清晰和准确的情报。

快速准确地获取三维地图：基于已有的地图信息和实时提取的道路、建筑物、河流等信息，通过应急服务模块快速和准确地生成三维地图。

快速准确地获取边界工程态势遥感影像图：通过卫星获取某地区边界工程的遥感影像数据，检测铁丝网、电线杆和工程营地等。

快速灵活搭建通信网络：通过卫星、飞艇、无人机等装备随时随地构建稳定和有效的通信网络，保障应急前线情报的快速回传和后方指令的准确发布，指挥特战队员安全和果断处置。

敏感目标和异常情况快速发现：通过卫星遥感情报，主动发现疑似恐怖主义营地、汽车。

高效指挥调度：通过前线音视频战况实时回传和展现，让后方指挥人员及时掌握一线战情；通过三维地图，让后方指挥人员直观地了解敌我双方的地理位置和力量对比，为制定处置决策提供支持。